Gruber I Neumann

Erfolg im Mathe-Abi 2022

Prüfungsaufgaben
Teil 2: wissenschaftlicher Taschenrechner (WTR)
Grundkurs Hessen

mit Tipps und Lösungen

Freiburger Verlag

Helmut Gruber, geb. 1968, studierte Mathematik und Physik in Konstanz und Freiburg und ist seit 1995 Mathematiklehrer in der Oberstufe.

Robert Neumann, geb. 1970, studierte Mathematik und Physik in Freiburg und unterrichtet Mathematik in der Oberstufe seit 1999.

Printed in EU
www.freiburger-verlag.de

Inhaltsverzeichnis

Analysis

1 Fluss 9

2 Brücke 11

3 Straße 13

4 Mond 14

5 Virus 16

6 App 19

7 Stausee 21

8 Grippe 23

Lineare Algebra/ Analytische Geometrie

9 Flugzeuge 25

10 Platte 26

11 Turm 27

12 Pyramide 28

13 Haus 29

14 Glas 31

15 Gebäude 32

Stochastik

16 Zugverspätung 33

17 Handys 34

18 Tischtennis 35

19 Bildschirm 36

20 Unfallstatistik 38

Tipps 41

Lösungen 62

Abituraufgaben 2019 139

Abituraufgaben 2020 174

Abituraufgaben 2021 211

Stichwortverzeichnis 256

Erfolg von Anfang an

Dieses Übungsbuch ist speziell auf die Anforderungen des zentralen Mathematik-Abiturs im Grundkurs abgestimmt. Es enthält Übungsaufgaben auf Prüfungsniveau sowie die Original-Prüfungsaufgaben mit vielen hilfreichen Tipps und ausführlichen, verständlichen Lösungen. Es umfasst die drei großen Themenbereiche Analysis, Lineare Algebra/Analytische Geometrie und Stochastik. Thematisch geht es meistens um anwendungsbezogene Aufgaben, um das Modellieren realitätsnaher Problemstellungen, um das Herstellen von Zusammenhängen und um das Entwickeln von Lösungsstrategien.

Der blaue Tippteil

Hat man keine Idee, wie man eine Aufgabe angehen soll, hilft der blaue Tippteil in der Mitte des Buches weiter: Zu jeder Aufgabe gibt es dort Tipps, die helfen, einen Ansatz zu finden, ohne die Lösung vorwegzunehmen.

Taschenrechner

Je nachdem, welcher Operator in einer Aufgabe angegeben ist, kann man den Taschenrechner verwenden. Bei «berechnen Sie» ist ein ausführlicher Lösungsweg «von Hand» ohne Taschenrechner verlangt, bei «bestimmen Sie» oder «geben Sie an» sollen die Funktionen des Taschenrechners genutzt werden.

Die im Abitur verwendeten Taschenrechner können sehr viel mehr als nur die Grundrechenarten: Sie können z.B. lineare Gleichungssysteme und quadratische oder kubische Gleichungen lösen, Integrale bestimmen, das Vektor- und Skalarprodukt von Vektoren angeben oder Werte der (kumulierten) Binomialverteilung ausgeben, etc.

Daher befindet sich im Buch an den Stellen, an denen es Sinn macht, die entsprechende Funktion des Taschenrechners zu nutzen, ein QR-Code und ein Direktlink auf das entsprechende Video, in dem diese Funktion des Tachenrechners kurz erklärt wird.* Der QR-Code kann mit einer entsprechenden App gescannt werden. Alternativ lässt sich auch der Link unter dem Code benutzen.

Der Code neben diesem Text verweist beispielsweise auf ein Video zur Bestimmung der kumulierten Binomialverteilung.

frv.tv/ck

Wie arbeitet man mit diesem Buch?

Am Anfang befinden sich die Aufgaben aus den drei Themenbereichen Analysis, Lineare Algebra/Analytische Geometrie und Stochastik.

In der Mitte des Buches befindet sich der blaue Tippteil mit Denk- und Lösungshilfen. Die Lösungen mit ausführlichem Lösungsweg bilden den dritten Teil des Übungsbuchs. Hier findet man die notwendigen Formeln, Rechenverfahren und Denkschritte sowie sinnvolle alternative Lösungswege.

Erklärvideos

Im Internet finden Sie unter **frv.tv/hessen** weitere Videos, in denen die grundlegenden Themen an einfachen Beispielen erklärt werden.

Einige Übungsaufgaben sind als Musterbeispiele für die Abiturprüfung von öffentlichen Stellen veröffentlicht worden. Die Urheber- und Nutzungsrechte für diese Aufgaben liegen bei dem jeweiligen Kultusministerium bzw. Landesinstitut. Die Tipps und die Lösungen hierzu stammen wie bei allen anderen Aufgaben von den Autoren.

Allen Schülerinnen und Schülern, die sich auf das Abitur vorbereiten, wünschen wir viel Erfolg!

Helmut Gruber und Robert Neumann

---

*Beim Rechnen mit Vektoren ist es oft aufwändiger, mit dem Taschenrechner z.B. Winkel zu berechnen, als "mit der Hand". Wenn Berechnungen "mit der Hand“ einfacher sind, als mit dem Taschenrechner, sind keine QR-Codes angegeben.

Die Abiturprüfung

Seit 2019 gilt für die Mathematikaufgaben der schriftlichen Abiturprüfung in Hessen das neue Kerncurriculum. Dort sind die Themen für die Einführungs- und Qualifikationsphase aufgelistet:

Analysis 1

- E.1: Funktionen und ihre Darstellung
- E.2: Einführung des Ableitungsbegriffs
- E.3: Anwendungen des Ableitungsbegriffs
- E.4: Exponentialfunktionen
- E.5: Trigonometrische Funktionen
- E.6: Weitere Ableitungsregeln.

Analysis II

- Q1.1: Einführung in die Integralrechnung
- Q1.2: Anwendungen der Integralrechnung
- Q1.3: Vertiefung der Differenzial- und Integralrechnung
- Q1.4: Funktionenscharen

Lineare Algebra und Analytische Geometrie

- Q2.1: Lineare Gleichungssysteme (LGS)
- Q2.2: Orientieren und Bewegen im Raum
- Q2.3: Geraden und Ebenen im Raum
- Q2.6: Vertiefung der Analytischen Geometrie

Stochastik

- Q3.1: Grundlegende Begriffe der Stochastik
- Q3.2: Berechnung von Wahrscheinlichkeiten
- Q3.3: Wahrscheinlichkeitsverteilungen
- Q3.4: Hypothesentests (für binomialverteilte Zufallsgrößen)

Der Ablauf der Abiturprüfung

Die Abiturprüfung besteht aus zwei Teilen:

Prüfungsteil 1, Hilfsmittelfreier Prüfungsteil (Erlaubte Hilfsmittel: Ein Wörterbuch der deutschen Rechtschreibung und eine Liste der fachspezifische Operatoren)

Prüfungsteil 2, Aufgaben differenziert nach Rechnertechnologie (Erlaubte Hilfsmittel: Ein Wörterbuch der deutschen Rechtschreibung, ein wissenschaftlich-technischer Taschenrechner oder ein CAS, eine gedruckte Formelsammlung eines Schulbuchverlags sowie eine Liste der fachspezifische Operatoren)

Die Schülerin/ der Schüler wählt vor der Prüfung aus den zur Verfügung gestellten Aufgaben der Bereiche B und C jeweils eine Aufgabe aus:

Prüfungsteil 1 (45 Minuten)

Analysis Lineare Algebra/ Analytische Geometrie Stochastik

A (HMF)

Prüfungsteil 2 (3,5 Stunden)

Analysis

B 1

oder

Analysis

B 2

Lineare Algebra
Analytische Geometrie

C 1

oder

Stochastik

C 2

Die Abiturprüfung besteht also aus drei Teilaufgaben: Dem hilfsmittelfreien Teil, einer Analysisaufgabe B1 oder B2 und einer Aufgabe der Analytischen Geometrie C1 oder einer Stochastikaufgabe C2. Die Gesamtprüfungszeit beträgt 255 Minuten, d.h. 4 Stunden und 15 Minuten.

Analysis

1 Fluss

Tipps ab Seite 41, Lösungen ab Seite 62

Die südliche Uferlinie eines Flusses werde in einem Koordinatensystem durch den Graphen der Funktion f mit

$$f(x) = 0,05 \cdot x^3 - 0,6 \cdot x^2 + 1,35 \cdot x\,;\; x \in [0;\ 10]$$

beschrieben Dabei zeigt die x-Achse nach Osten und die y-Achse nach Norden. Eine Einheit entspricht 10 m in der Wirklichkeit.

Die nördliche Uferlinie werde durch den Graphen der Funktion g mit

$$g(x) = e^{x-8} + 2\,;\; x \in [0;\ 10]$$

beschrieben.

Runden Sie im Folgenden alle Werte auf zwei Stellen nach dem Komma.

1 1.1 Berechnen Sie die Nullstellen, Extrempunkte und Wendepunkte des Graphen der Funktion f im gegebenen Intervall.

1.2 Zeichnen Sie den Graphen der Funktion f auf das beigefügte Blatt, auf dem der Graph der Funktion g bereits dargestellt ist.

2 Im Norden des Flusses ist ein Überlaufgebiet geplant. Das Überlaufgebiet wird begrenzt durch den Graphen einer Funktion h mit

$$h(x) = e^{ax} + b\,; \quad x \in [0;\ 10],\ a,\ b \in \mathbb{R}.$$

2.1 Bestimmen Sie die Parameter a und b so, dass das Überlaufgebiet an den Stellen $x_0 = 0$ und $x_1 = 10$ mit dem Nordufer des Flusses zusammentrifft.
Verwenden Sie im Folgenden $h(x) = e^{0,21x} + 1$.

2.2 Berechnen Sie die größte Ausdehnung des Überlaufgebiets in Nord-Süd-Richtung.

3 Von der Wasseroberfläche des Flusses im Intervall $[3;\ 9]$ sind zu einem bestimmten Zeitpunkt $150\,m^2$ von Algen bedeckt.
Die in diesem Intervall bedeckte Wasserfläche vergrößert sich wöchentlich um 30%.

Berechnen Sie den Zeitpunkt, zu dem 80% der Wasseroberfläche im Intervall $[3; 9]$ von Algen bedeckt ist.

Beiblatt

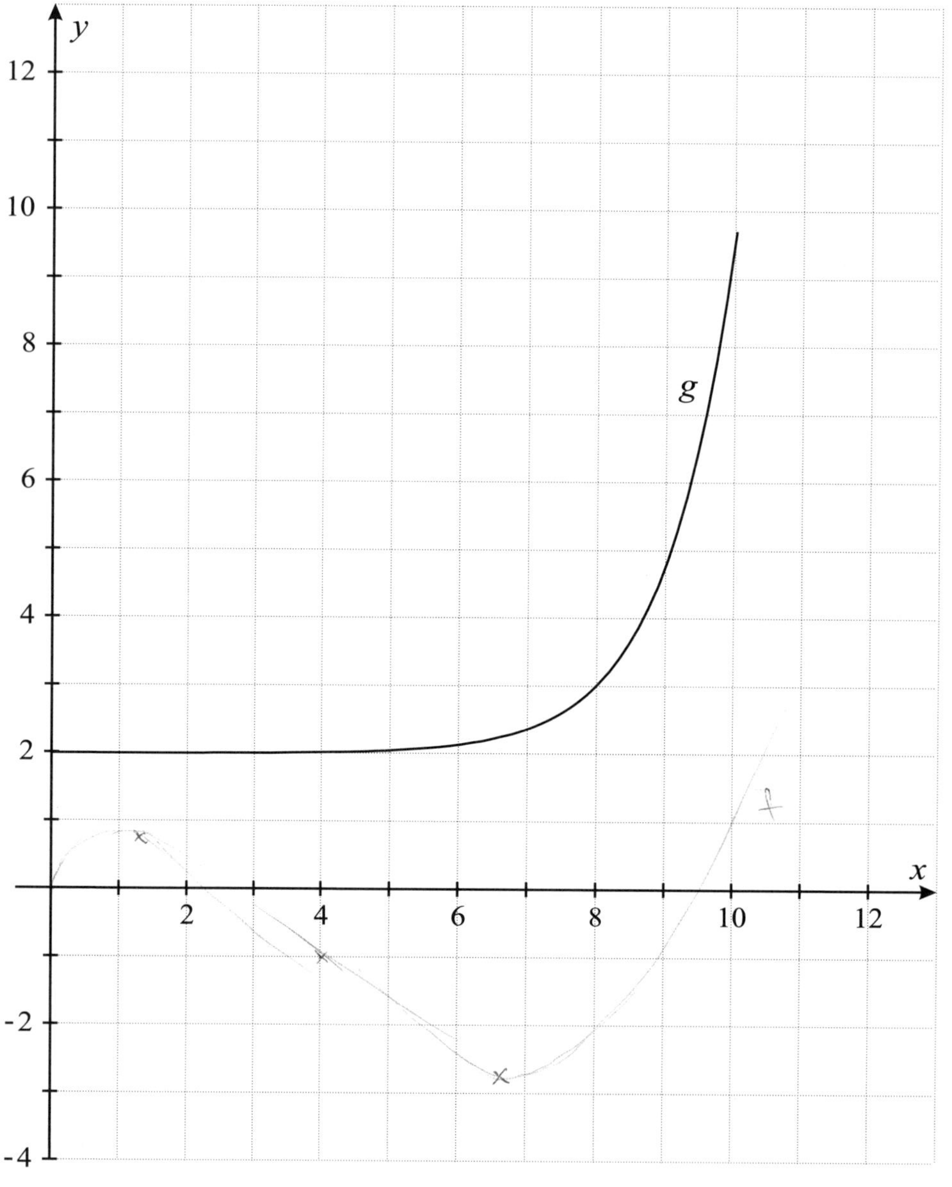

2 Brücke

Tipps ab Seite 42, Lösungen ab Seite 67

Vor einiger Zeit plante man in Hamburg eine von zwei Stützpfeilern (Pylonen) getragene Seilbahn über die Elbe. Die folgende Abbildung zeigt einen entsprechenden Entwurf. Dabei stellt die x-Achse den Verlauf der Erdbodenlinie dar. Eine Längeneinheit entspricht 100 m in der Wirklichkeit.

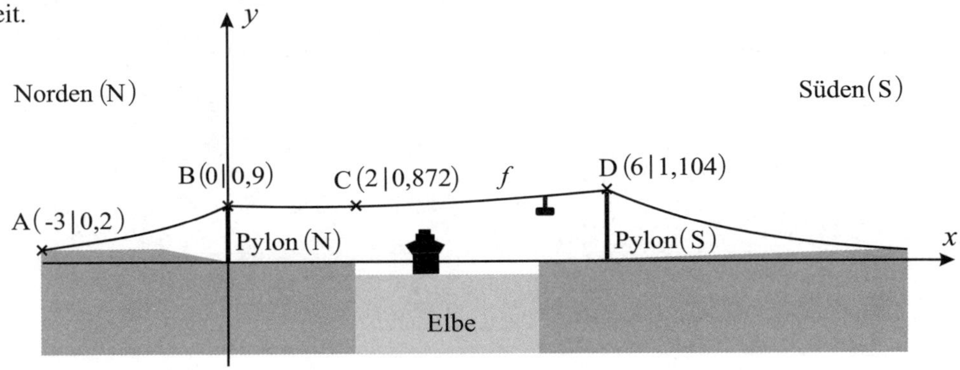

Die Pylonenspitze B befindet sich 90 m über dem Erdboden. Die Pylonenspitze D liegt 110,4 m über dem Erdboden. Der Abstand der beiden Pylonen beträgt 600 m. Das nördliche Elbufer ist 200 m vom nördlichen Pylonen entfernt. Der Punkt C liegt senkrecht über dem nördlichen Elbufer. Die Seilhöhe beträgt hier 87,2 m über dem Erdboden und die Steigung des Seils im Punkt C ist 1,8 %.

1 Zwischen den Pylonen kann der Verlauf des Seiles näherungsweise durch eine ganzrationale Funktion f dritten Grades beschrieben werden.

1.1 Bestimmen Sie eine zugehörige Funktionsgleichung.
[Kontrolle: $f(x) = -\frac{1}{1000} \cdot x^3 + \frac{1}{50} \cdot x^2 - \frac{1}{20} \cdot x + \frac{9}{10}$]

1.2 Berechnen Sie im Bereich zwischen den Pylonen die minimale Höhe des Seiles über der Erdbodenlinie.

1.3 Zu einem bestimmten Zeitpunkt befindet sich die Wasseroberfläche der Elbe 10 m unter der Erdbodenlinie. Die Elbe ist im geplanten Bereich 290 m breit. Berechnen Sie die durchschnittliche Höhe des Seiles über der Wasseroberfläche.

2 2.1 Die Funktion f hat eine Wendestelle. Zeigen Sie, dass diese nicht im Intervall $[0;6]$ liegt.

2.2 Berechnen Sie die maximale Steigung des Graphen von f im Intervall $[0;6]$.

2.3 Begründen Sie, warum die Modellierung des Seiles durch einen Graphen mit einer Wendestelle x_W mit $0 < x_W < 6$ nicht sinnvoll ist.

3 Die Station A auf dem Nordufer ist 300 m vom nördlichen Pylonen entfernt. Das Seil befindet sich hier in einer Höhe von 20 m über der Erdbodenlinie.
Der Verlauf des Seils zwischen der Station und dem nördlichen Pylonen kann durch eine Funktion g mit $g(x) = a \cdot e^{0,5x} + b \cdot e^{-0,5x}$ beschrieben werden.

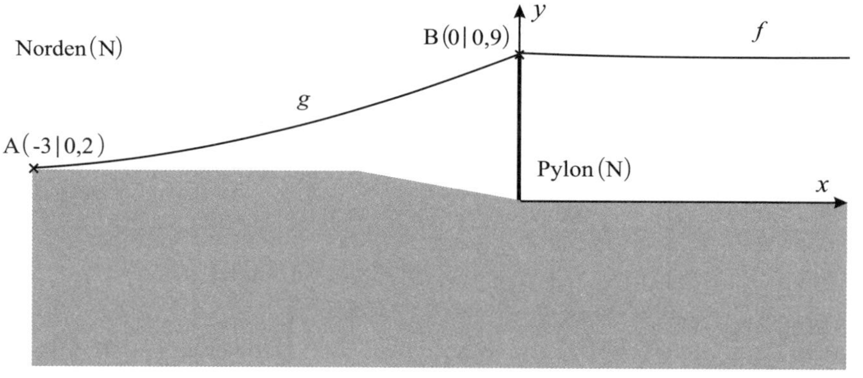

3.1 Berechnen Sie die beiden Koeffizienten a und b.

3.2 Berechnen Sie den Winkel, unter dem die Seile am nördlichen Pylonen aufeinandertreffen.

3 Straße

☐

Tipps ab Seite 43, Lösungen ab Seite 71

Die Abbildung zeigt den Verlauf einer Umgehungsstraße zur Entlastung der Ortsdurchfahrt AB einer Gemeinde. Das Gemeindegebiet ist kreisförmig mit dem Mittelpunkt M und dem Radius 1,5 km. Die Umgehungsstraße verläuft durch die Punkte A und B und wird beschrieben durch die Funktion f mit

$$f(x) = -0,1x^3 - 0,3x^2 + 0,4x + 3,2$$

1 LE entspricht 1 km.

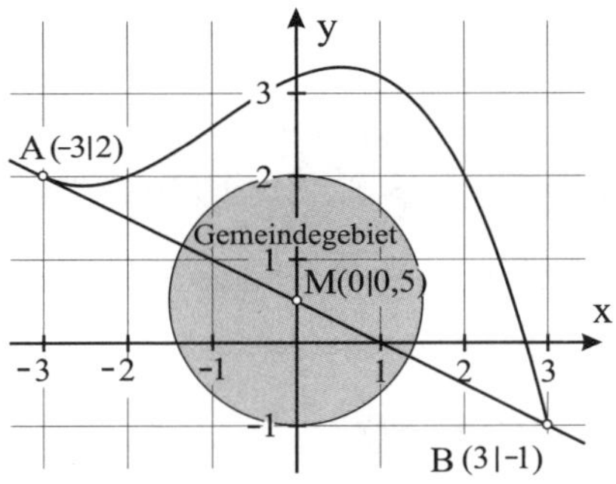

1 1.1 Berechnen Sie die Koordinaten des nördlichsten Punktes der Umgehungsstraße.

1.2 Bestimmen Sie rechnerisch die Entfernung dieses Punktes vom Ortsmittelpunkt M.

1.3 Die Umgehungsstraße beschreibt eine Linkskurve und eine Rechtskurve. Bestimmen Sie den Punkt, in dem diese beiden Abschnitte ineinander übergehen.

1.4 Zeigen Sie, dass die Umgehungsstraße im Punkt A ohne Knick in die Ortsdurchfahrt einmündet.

2 Zur Bewertung von Grundstücken wird die Fläche zwischen der Ortsdurchfahrt und der Umgehungsstraße vermessen. Berechnen Sie, wie viel Prozent dieser Fläche außerhalb des Gemeindegebiets liegen.

3 Im Punkt $P(1,5 \mid 3)$ befindet sich eine Windkraftanlage. Ein Fahrzeug fährt von B aus auf der Umgehungsstraße.

3.1 Zeigen Sie, dass der Fahrer die Windkraftanlage im Punkt $B(2 \mid 2)$ genau in Fahrtrichtung vor sich sieht.

3.2 Bestimmen Sie die Koordinaten desjenigen Punktes der Umgehungsstraße, in welchem ein Fahrzeug parallel zur Ortsdurchfahrt AB fährt.

4 Mond

Tipps ab Seite 43, Lösungen ab Seite 75

Im Verlauf von etwa 30 Tagen ändert der Mond beständig sein Erscheinungsbild (siehe Abbildung).

Der beleuchtete Anteil der erdzugewandten Seite des Mondes wird modellhaft durch die Funktion A mit

$$A(t) = \frac{1}{2} + \frac{1}{2} \cdot \sin\left(\frac{\pi}{15} \cdot t\right) \;;\; 0 \leqslant t \leqslant 30$$

beschrieben. Dabei steht t für die Tage seit Beobachtungsbeginn, beispielsweise ist $t = 1$ das Ende des ersten Tages.

Bei Vollmond hat der beleuchtete Anteil den Wert 1.

Die Abbildung zeigt den Graph von A:

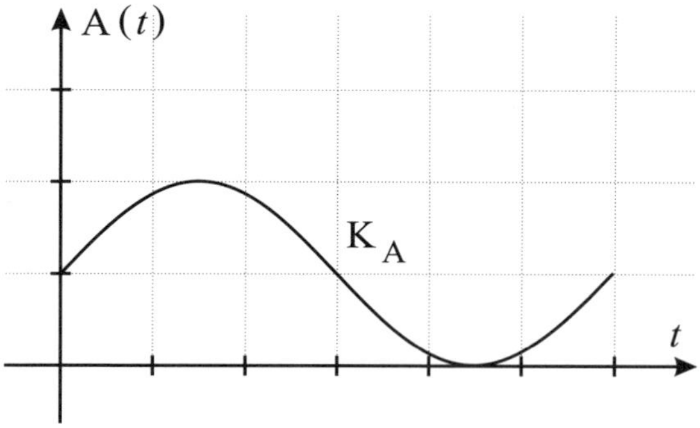

1 1.1 Ergänzen Sie die Skalierung der Achsen in der Abbildung.

1.2 Formulieren Sie im Sachzusammenhang eine Frage, die durch Lösen der Gleichung $A(t) = 0{,}95$ beantwortet werden kann. Berechnen Sie die Lösungen dieser Gleichung.

1.3 Bestimmen Sie rechnerisch die Zunahme der Beleuchtung des Mondes zu Beobachtungsbeginn.

1.4 Geben Sie eine Gleichung an, mit der man diejenigen Zeitpunkte bestimmen kann, zu denen die Zunahme der Beleuchtung des Mondes halb so groß ist wie zu Beobachtungsbeginn.

2 Ermitteln Sie den durchschnittlichen Anteil, der von Beobachtungsbeginn bis zum Ende des fünfzehnten Tages beleuchtet wird.

3 Das Modell A soll nun zu einem Modell B abgeändert werden, sodass der Zeitpunkt $t = 0$ der Beleuchtung bei Vollmond entspricht.

3.1 Bestimmen Sie hierzu einen Wert für c, sodass die Funktion B mit

$$\mathrm{B}(t) = \frac{1}{2} + \frac{1}{2} \cdot \sin\left(\frac{\pi}{15} \cdot t + c\right) \; ; 0 \leqslant t \leqslant 30,$$

diesen Sachverhalt modelliert.

3.2 Geben Sie eine weitere Funktion der Form $\mathrm{C}(t) = a \cdot \cos(b \cdot t - c) + d$ für Modell B an.

4 Gegeben ist die Funktionenschar g_a durch $g_a(x) = ax^2 - 4x + 2$; $a \neq 0$. Ihr Graph sei K_a.

4.1 Zeigen Sie rechnerisch, dass alle K_a einen gemeinsamen Punkt $\mathrm{B}(0 \mid 2)$ und in diesem Punkt eine gemeinsame Tangente haben. Erläutern Sie die geometrische Bedeutung dieses Sachverhalts.

4.2 Bestimmen Sie die Gleichung der Normalen n_a an K_a an der Stelle $x = 1$ in Abhängigkeit von a.
Berechnen Sie diejenigen Werte von a, für die die Normale n_a die y-Achse in $\mathrm{Z}(0 \mid 1{,}5)$ schneidet.

5 Virus

Tipps ab Seite 45, Lösungen ab Seite 80

In einer großen Stadt breitet sich eine Viruserkrankung aus.
Die momentane Erkrankungsrate wird modellhaft beschrieben durch die Funktion f mit

$$f(t) = 150 \cdot t^2 \cdot e^{-0{,}2t} \; ; \; t \geqslant 0$$

Dabei ist t die Zeit in Wochen seit Beobachtungsbeginn und $f(t)$ die Anzahl der Neuerkrankungen pro Woche. Der Graph von f ist durch folgende Abbildung gegeben:

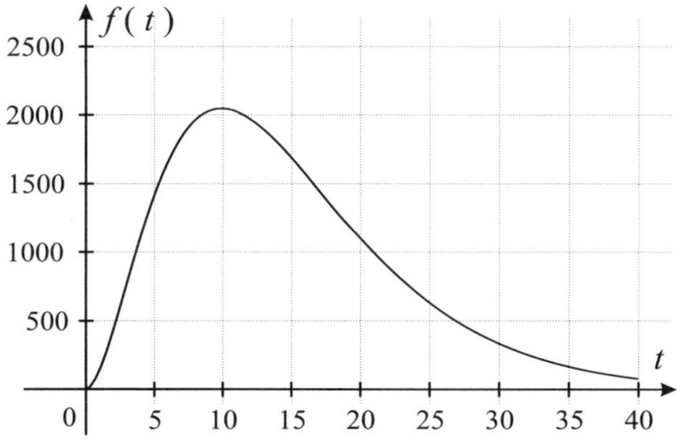

1 1.1 Weisen Sie nach, dass 10 Wochen nach Beobachtungsbeginn die Anzahl der Neuerkrankungen am höchsten ist.

1.2 Bestimmen Sie den Maximalwert an Neuerkrankungen und zeigen Sie, dass ab diesem Zeitpunkt die momentane Erkrankungsrate rückläufig ist.

1.3 Bestimmen Sie den Zeitraum, in welchem es mehr als 1500 Neuerkrankungen pro Woche gibt.

1.4 Geben Sie die Bedeutung von $\frac{1}{10}\int_5^{15} f(t)\,\mathrm{d}t$ im Sachzusammenhang an.

2 Alle Neuerkrankungen werden sofort dem Gesundheitsamt gemeldet. Bei Beobachtungsbeginn sind bereits 100 Personen gemeldet.

2.1 Zeigen Sie, dass die Funktion F mit $\mathrm{F}(t) = -750 \cdot \left(t^2 + 10t + 50\right) \cdot e^{-0{,}2t}$ eine Stammfunktion von f ist.

2.2 Bestimmen Sie eine Funktion für die Gesamtzahl der gemeldeten Personen nach t Wochen.

2.3 Berechnen Sie, wie viele Personen nach 12 Wochen insgesamt gemeldet sind.

2.4 Weisen Sie nach, dass die Anzahl der Meldungen unter 40 000 bleiben wird.

3 In einer benachbarten Stadt mit 30 000 Einwohnern ist bei Beobachtungsbeginn bereits die Hälfte der Einwohner an diesem Virus erkrankt. Es ist davon auszugehen, dass im Laufe der Zeit alle Einwohner von der Krankheit erfasst werden.
Die Anzahl der von der Krankheit erfassten Personen wird beschrieben durch die Funktion

$$\mathrm{B}(t) = \mathrm{a} - b \cdot e^{-0{,}1 \cdot t}$$

(t in Wochen, $\mathrm{B}(t)$ in Anzahl der von der Krankheit erfassten Personen).

3.1 Bestimmen Sie eine Funktion, welche die Anzahl der von der Krankheit erfassten Personen beschreibt.

3.2 Berechnen Sie den Zeitpunkt, zu dem 95% aller Einwohner von der Krankheit erfasst sind.

4 Gegeben ist die Funktion f mit $f(x) = 6x - \frac{1}{2}x^3$.
Der Graph von f ist durch folgende Abbildung gegeben:

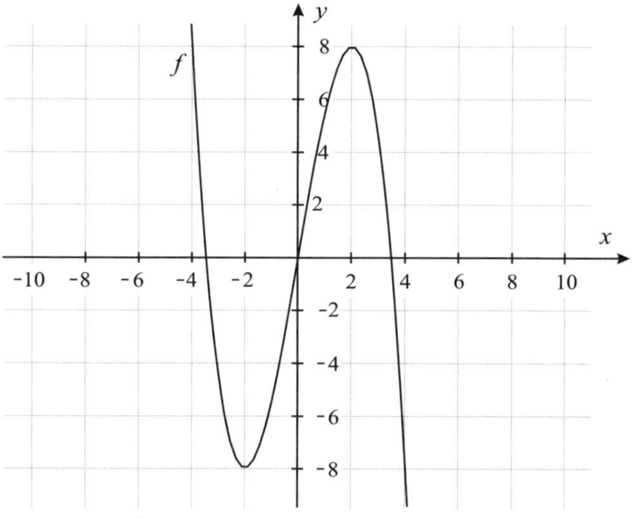

4.1 Berechnen Sie für $t > 0$ den Wert von t exakt so, dass der Mittelwert der Funktionswerte von f auf dem Intervall $[0; t]$ möglichst groß ist.

4.2 Die Gerade $x = u$ mit $0 < u < \sqrt{12}$ schneidet die x-Achse im Punkt $\mathrm{P}(u \mid 0)$ und den Graph von f im Punkt $\mathrm{Q}(u \mid f(u))$.

Damit entsteht das Dreieck OPQ.

Erläutern Sie folgende Rechenschritte und geben Sie deren geometrische Bedeutung an:

$$\begin{array}{lll} \text{(I)} & \mathrm{A}(u) & = \dfrac{u \cdot f(u)}{2} = 3u^2 - \dfrac{1}{4}u^4 \\ \text{(II)} & \mathrm{A}'(u) & = 0 \Rightarrow u_1 = 0\,,\, u_2 = \sqrt{6} \\ \text{(III)} & \mathrm{A}''\left(\sqrt{6}\right) & = -12 \\ \text{(IV)} & \mathrm{A}\left(\sqrt{6}\right) & = 9 \end{array}$$

6 App

Tipps ab Seite 46, Lösungen ab Seite 85

Die Anzahl der Käufer einer neu eingeführten Smartphone-App soll modelliert werden. Dabei wird die momentane Änderungsrate beschrieben durch die Funktion f mit

$$f(t) = 6000 \cdot t \cdot e^{-0,5t}\ ;\ t \geqslant 0$$

(t in Monaten nach der Einführung, $f(t)$ in Käufer pro Monat).

Der Graph von f ist durch folgende Abbildung gegeben:

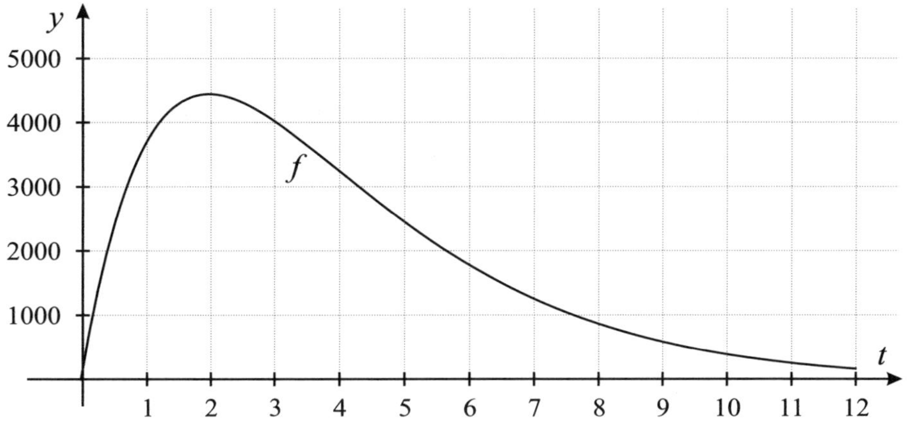

1 Zunächst werden nur die ersten zwölf Monate nach der Einführung betrachtet.

1.1 Geben Sie die maximale momentane Änderungsrate an.

1.2 Bestimmen Sie den Zeitraum, in dem die momentane Änderungsrate größer als 4000 Käufer pro Monat ist.

1.3 Bestimmen Sie näherungsweise die Zeitpunkte, zu denen die momentane Änderungsrate am stärksten abnimmt bzw. zunimmt.

2 2.1 Zeigen Sie, dass für $t > 2$ die Funktion f streng monoton fallend ist und nur positive Werte annimmt.

2.2 Interpretieren Sie dies in Bezug auf die Entwicklung der Käuferzahlen.

3 3.1 Ermitteln Sie die Gesamtzahl der Käufer sechs Monate nach Einführung der App.

3.2 Erläutern Sie im Sachzusammenhang, was mit folgender Gleichung berechnet werden kann:

$$\int_t^{t+2} f(t)\,\mathrm{d}t = 5000$$

4 Bei einer anderen neuen App erwartet man auf lange Sicht 30 000 Käufer.
In einem Modell soll angenommen werden, dass sich die Gesamtzahl der Käufer nach dem Gesetz

$$G(t) = S - a \cdot e^{-k \cdot t}$$

(t in Monaten nach Verkaufsbeginn, $G(t)$ in Anzahl der Käufer) entwickelt.
Sechs Monate nach Verkaufsbeginn gibt es bereits 20 000 Käufer.
Bestimmen Sie einen Funktionsterm, welcher die Gesamtzahl der Käufer in Abhängigkeit von der Zeit beschreibt.

5 Die Funktion g ist gegeben durch $g(x) = x - \frac{1}{x^3}$; $x \neq 0$.

5.1 Die Tangente an den Graphen von g im Punkt B verläuft durch $P(0 \mid -0,5)$.
Bestimmen Sie die Koordinaten von B.

5.2 Es gibt einen Punkt auf dem Graphen von g, der den kleinsten Abstand zur Geraden mit der Gleichung $y = 2x - 1$ besitzt.
Ermitteln Sie die x-Koordinate dieses Punktes.

7 Stausee

Tipps ab Seite 47, Lösungen ab Seite 90

An einem Stausee wird der Zu- und Abfluss künstlich geregelt. Dabei wird die momentane Zuflussrate beschrieben durch die Funktion z mit

$$z(t) = 20 \cdot \sin\left(\frac{\pi}{12} \cdot t\right) + 25\,;\; t \geqslant 0$$

Die konstante Abflussrate wird beschrieben durch die Funktion a mit

$$a(t) = 19\,;\; t \geqslant 0$$

(t in Stunden seit Beobachtungsbeginn, $z(t)$ und $a(t)$ in $1\,000\,\frac{\mathrm{m}^3}{\mathrm{h}}$).

1 Zunächst werden die ersten 24 Stunden nach Beobachtungsbeginn betrachtet.

1.1 Zeichnen Sie die Graphen von z und a.

1.2 Bestimmen Sie die minimale momentane Zuflussrate.

1.3 Geben Sie an, in welchem Zeitraum die Wassermenge im Stausee abnimmt.

1.4 Bestimmen Sie die maximale momentane Änderungsrate der Wassermenge.

2 Zu Beobachtungsbeginn befinden sich $2\,500\,000\,\mathrm{m}^3$ Wasser im See.

2.1 Berechnen Sie die Wassermenge im Stausee 12 Stunden nach Beobachtungsbeginn.

2.2 Begründen Sie, dass die Wassermenge in jedem 24-Stunden-Zeitraum um $144\,000\,\mathrm{m}^3$ zunimmt.

2.3 Berechnen Sie den Wert, den die konstante Abflussrate haben müsste, damit nach Ablauf von 14 Tagen die Wassermenge im Stausee $4\,180\,000\,\mathrm{m}^3$ betragen würde.

3 Gegeben ist die Funktion f mit $f(x) = x^3 - 9x^2 + 24x - 14$.
Der Graph von f ist durch die Abbildung auf der folgenden Seite gegeben:

3.1 Berechnen Sie die Koordinaten der Extrempunkte des Graphen von f und skalieren Sie die Achsen in der Abbildung.
Die Gerade g durch den Hochpunkt H und den Tiefpunkt T des Graphen von f schneidet die Koordinatenachsen in den Punkten P und Q.
Bestimmen Sie den prozentualen Anteil der Strecke HT an der Strecke PQ.

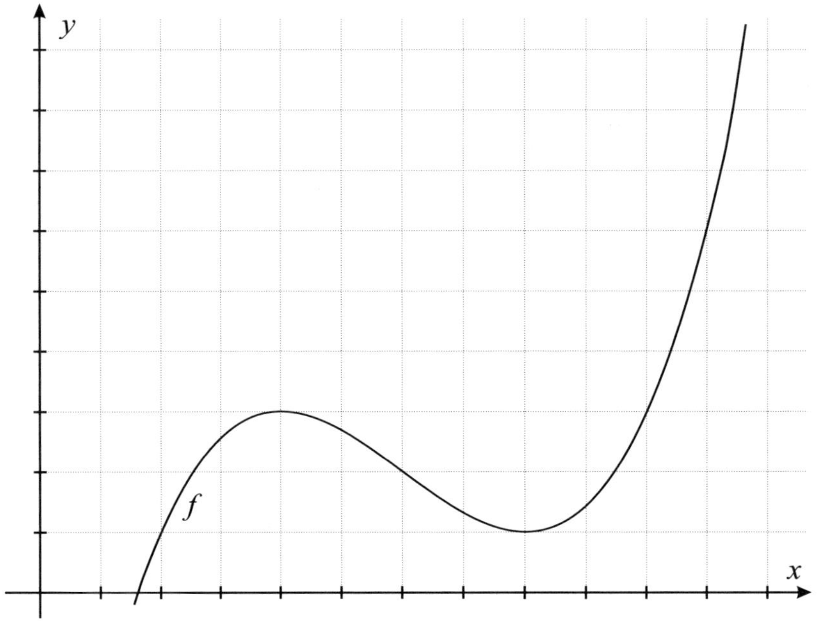

3.2 Begründen Sie, dass die Steigung des Graphen von f keine Werte kleiner als -3 annehmen kann.

3.3 Der Graph von f und die Gerade h mit der Gleichung $y = 2$ schließen eine Fläche ein.

Berechnen Sie den Flächeninhalt dieser Fläche.

8 Grippe

Tipps auf Seite 49, Lösungen ab Seite 97

Eine Schülerin ist an einem grippalen Infekt erkrankt. Die Funktion f mit

$$f(t) = 4t \cdot e^{-0,5t} + 36,6 \; ; \; t > 0$$

modelliert ihre Körpertemperatur während des Infektes. Dabei gibt t die Zeit in Tagen nach Auftreten des Infektes und $f(t)$ die Körpertemperatur in °C an.
Es gilt $f'(t) = (4-2t) \cdot e^{-0,5t}$.

1 1.1 Berechnen Sie die höchste Körpertemperatur der Schülerin während des Infektes.

1.2 Berechnen Sie die Koordinaten des Wendepunktes W des Graphen von f und interpretieren Sie diese im Sachzusammenhang.

1.3 Skizzieren Sie den Graphen der Funktion d mit $d(t) = 4t \cdot e^{-0,5t}$ im Intervall $[0; 10]$ und beschreiben Sie die Bedeutung der Funktion d im Sachzusammenhang.

2 2.1 Zeigen Sie, dass $\mathrm{F}(t) = (-8t-16) \cdot e^{-0,5t} + 36,6t$ eine mögliche Stammfunktion von f ist.

2.2 Bestimmen Sie die durchschnittliche Körpertemperatur der Schülerin innerhalb der ersten Woche des Infektes.

2.3 Es gibt eine Temperatur, die zu einem bestimmten Zeitpunkt und dann genau zwei Tage später erneut erreicht wird. Bestimmen Sie diese Temperatur und die Zeitpunkte, zu denen sie erreicht wird.

3 Die Funktion f beschreibt die Niederschlagsrate eines Dauerregens, die Funktion g die Wasserabflussrate (t in Stunden seit Einsetzen des Regens , $f(t)$ und $g(t)$ in Liter pro m^2 pro Stunde).
Die Abbildung zeigt die Graphen von f und g:

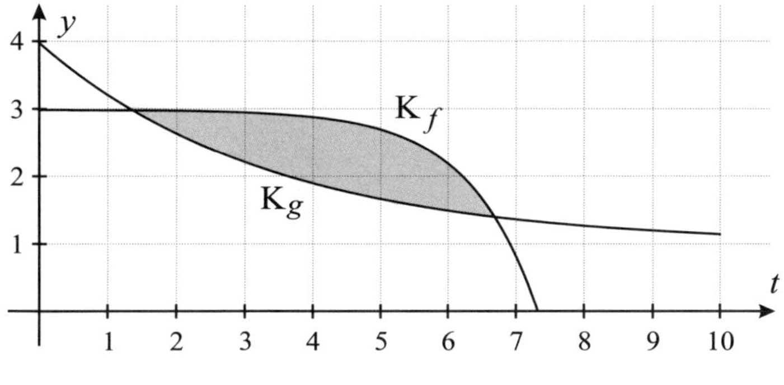

3.1 Beschreiben Sie den Verlauf der Intensität des Regens.
Bestimmen Sie näherungsweise den Zeitpunkt, wann der Regen aufhört.
Geben Sie einen Rechenausdruck an, mit dem man die gesamte Niederschlagsmenge während des Regens bestimmen kann.

3.2 Erläutern Sie die Bedeutung der grauen Fläche.
Bestimmen Sie eine Gleichung, mit der man berechnen kann, zu welchem Zeitpunkt T alle Pfützen verschwunden sind.

Lineare Algebra/ Analytische Geometrie

9 Flugzeuge

☐

Tipps ab Seite 51, Lösungen ab Seite 101

Die x-y-Ebene beschreibt eine flache Landschaft, in der ein Flugplatz liegt.
Eine Radarstation befindet sich im Punkt $R_1\,(6\,|\,3\,|\,0)$.
Das Radar erfasst ein Testflugzeug F_1 um 7.00 Uhr im Punkt $P\,(7\,|\,29\,|\,7)$ und ermittelt als Flugbahn des Flugzeugs

$$f_1 : \vec{x} = \begin{pmatrix} 7 \\ 29 \\ 7 \end{pmatrix} + t \cdot \begin{pmatrix} 3 \\ -2 \\ -1 \end{pmatrix} \quad (t \text{ in Minuten nach 7.00 Uhr, Koordinatenangaben in km}).$$

1 1.1 Bestimmen Sie die Koordinaten des Punktes, in welchem sich das Flugzeug um 7.01 Uhr befindet.

1.2 Erläutern Sie, woran Sie erkennen, dass sich das Flugzeug im Sinkflug befindet.

1.3 Bestimmen Sie die Geschwindigkeit des Flugzeugs in km/h.

1.4 Bestimmen Sie die Uhrzeit und den Punkt, wo das Flugzeug bei Beibehaltung dieser Flugbahn auf dem Boden aufsetzen würde.

2 Eine weitere Radarstation befindet sich im Punkt $R_2\,(17\,|\,9\,|\,0)$.

2.1 Der Anflug des Testflugzeugs F_1 auf den Flugplatz ist optimal, wenn die Flugbahn f_1 und die beiden Radarstationen in einer Ebene liegen. Prüfen Sie, ob das zutrifft.

2.2 Die Radarstation R_2 übernimmt die Flugüberwachung zu dem Zeitpunkt, ab dem sich das Flugzeug von R_1 entfernt. Bestimmen Sie die Uhrzeit, zu der dies der Fall ist.

3 Die Flugbahn eines zweiten Testflugzeugs F_2 wird beschrieben durch

$$f_2 : \vec{x} = \begin{pmatrix} 18 \\ 11 \\ 7 \end{pmatrix} + t \cdot \begin{pmatrix} 2 \\ 2 \\ 0 \end{pmatrix} \quad (t \text{ in Minuten nach 7.00 Uhr, Koordinatenangaben in km}).$$

3.1 Berechnen Sie die Entfernung der beiden Flugzeuge F_1 und F_2 um 7.04 Uhr.

3.2 Berechnen Sie die Zeitpunkte, zu denen die beiden Flugzeuge einen Abstand von 10 km haben.

10 Platte ☐

Tipps ab Seite 51, Lösungen ab Seite 104

An einer rechteckigen Platte mit den Eckpunkten A (10 | 6 | 0), B (0 | 6 | 0), C (0 | 0 | 3) und D (10 | 0 | 3) ist im Punkt F (5 | 6 | 0) ein 2 m langer Stab befestigt, der in positive z-Richtung zeigt.
Eine punktförmige Lichtquelle befindet sich zunächst im Punkt L (8 | 10 | 2) (Koordinatenangaben in m).

1 1.1 Bestimmen Sie eine Koordinatengleichung der Ebene E, in der die Platte liegt.

1.2 Stellen Sie die Platte, den Stab und die Lichtquelle in einem Koordinatensystem dar.

1.3 Berechnen Sie den Abstand des oberen Endes S des Stabes von der Ebene E.
(Teilergebnis: E: $y+2z=6$)

2 Der Stab wirft einen Schatten auf die Platte.

2.1 Bestimmen Sie den Schattenpunkt des oberen Endes des Stabes.

2.2 Begründen Sie, dass der Schatten vollständig auf der Platte liegt.

3 Die Lichtquelle bewegt sich von L aus auf einer zur x-y-Ebene parallelen Kreisbahn, deren Mittelpunkt das obere Ende des Stabes ist. Dabei kollidiert die Lichtquelle mit der Platte.
Berechnen Sie die Koordinaten der beiden möglichen Kollisionspunkte.

11 Turm

Tipps ab Seite 52, Lösungen ab Seite 108

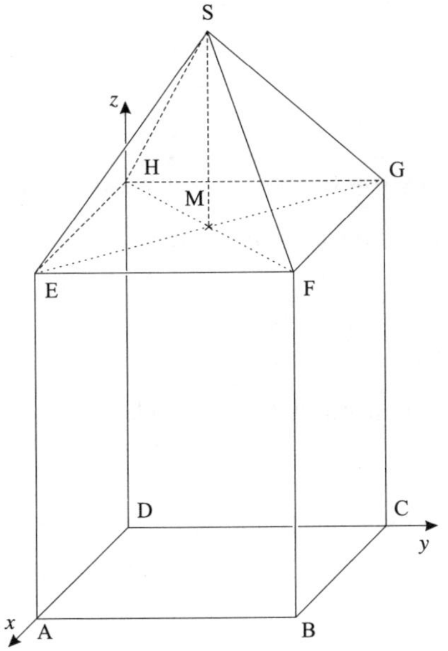

Ein Turm hat die Form einer senkrechten quadratischen Säule, der eine senkrechte Pyramide aufgesetzt ist (siehe Skizze). Die Gesamthöhe des Turms beträgt 24 m, die horizontalen Kanten sind 8 m, die vertikalen Kanten sind 18 m lang. Der Punkt D liegt im Ursprung eines kartesischen Koordinatensystems mit der Längeneinheit 1 m.

1 Geben Sie die Koordinaten aller Punkte an und berechnen Sie den Neigungswinkel des Daches (Winkel zwischen Pyramidengrundfläche und Seitenfläche) sowie die Größe der Dachfläche.

2 Im Punkt $P(18 \mid 4 \mid 0)$ steht ein 8 m hoher Fahnenmast.
Berechnen Sie die Länge des Schattens auf Boden und Turmwand, wenn das einfallende Sonnenlicht die Richtung $\begin{pmatrix} -10 \\ 1 \\ -2 \end{pmatrix}$ hat.

3 Ein Kind mit Augenhöhe 1 m läuft vom Punkt B aus in Richtung $\overrightarrow{DB}$ vom Turm weg.
In welcher Entfernung von der Turmkante BF kann das Kind die Turmspitze S erstmals sehen?

12 Pyramide

Tipps ab Seite 53, Lösungen ab Seite 110

Gegeben sind die Punkte $A(-3 \mid 1 \mid 2)$, $B(1 \mid -3 \mid 4)$, $C(3 \mid -2 \mid 2)$ und $S(9 \mid 9 \mid -4)$.
Die Punkte A, B und C liegen in der Ebene E.

1 1.1 Bestimmen Sie eine Koordinatengleichung von E.

1.2 Zeigen Sie, dass das Dreieck ABC rechtwinklig, aber nicht gleichschenklig ist.

1.3 Bestimmen Sie die Koordinaten des Punktes D so, dass das Viereck ABCD ein Rechteck ist.

2 2.1 Bestimmen Sie die Koordinaten des Mittelpunkts M des Rechtecks.

2.2 Berechnen Sie das Volumen der Pyramide ABCDS.

2.3 Die Ebene F enthält den Punkt S und alle Spitzen von Pyramiden, welche dieselbe Grundfläche und das gleiche Volumen wie die Pyramide ABCDS haben. Bestimmen Sie eine Koordinatengleichung von F.

3 Ein Laserstrahl hat die Richtung $\begin{pmatrix} -6 \\ 6 \\ 8 \end{pmatrix}$ und geht durch die Pyramidenspitze S.

Berechnen Sie die Durchstosspunkte des Laserstrahls durch die Koordinatenebenen.

13 Haus

Tipps ab Seite 54, Lösungen ab Seite 113

Gegeben ist das abgebildete Haus mit einem Walmdach sowie die Punkte $A(0\,|\,0\,|\,5)$, $B(0\,|\,8\,|\,5)$, $C(-12\,|\,8\,|\,5)$, $E(-2\,|\,4\,|\,8)$ und $F(-10\,|\,4\,|\,8)$.
Eine Längeneinheit entspricht einem Meter in der Natur.

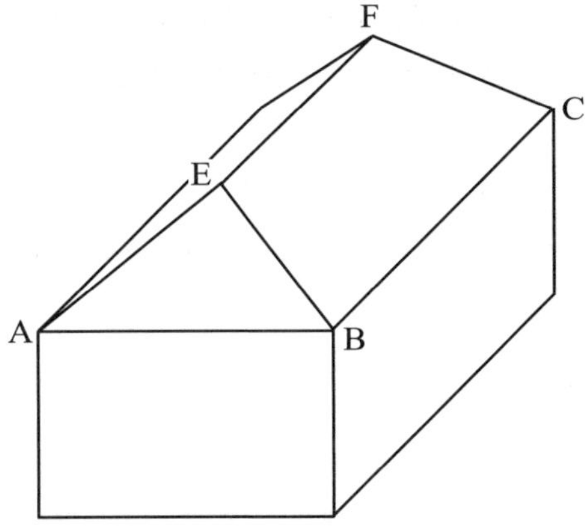

1 1.1 Berechnen Sie die Länge der Dachkante $\overline{EB}$.

1.2 E_1 sei die Ebene, in der die Punkte B, C und E liegen.
Zeigen Sie, dass auch der Punkt F in E_1 liegt, und berechnen Sie den Abstand des Punktes A von der Ebene E_1.
[zur Kontrolle: $E_1: 3y + 4z = 44$]

1.3 Berechnen Sie die Größe des Winkels, den die Kanten $\overline{BC}$ und $\overline{BE}$ einschließen.

1.4 Zeigen Sie, dass die Dachfläche BCFE ein achsensymmetrisches Trapez ist, und berechnen Sie dessen Flächeninhalt.

2 Das ursprüngliche Gebäude wird durch einen symmetrischen Anbau erweitert, der im rechten Winkel zum Haus steht und einen waagerechten First besitzt.

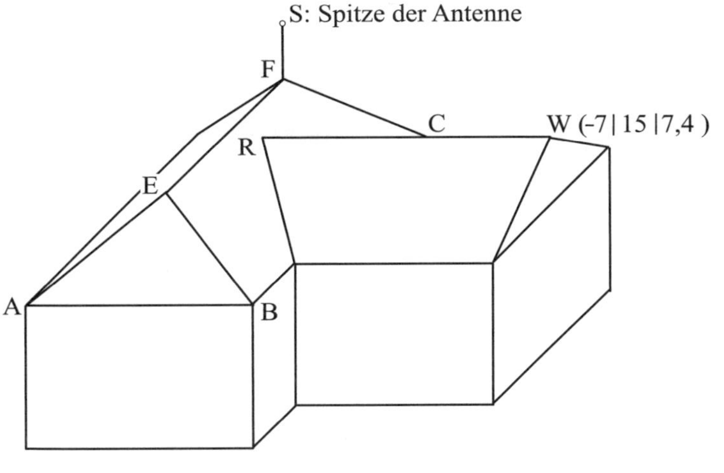

2.1 Berechnen Sie die Koordinaten des Punktes R, in dem der First des Anbaus auf die Dachfläche BCFE trifft.

2.2 Zwischen den Punkten P und Q, die auf den Kanten $\overline{AE}$ bzw. $\overline{BE}$ liegen, verläuft ein zwei Meter langer Balken parallel zur Kante $\overline{AB}$.
Berechnen Sie die Koordinaten des Punktes Q.

14 Glas

Tipps ab Seite 55, Lösungen ab Seite 117

In einer Festhalle wird ein Modell eines Trinkglases aufgehängt. Das Glas kann als Halbkugel mit geradlinigem Stiel betrachtet werden. Die Punkte A $(0,3 \mid 3,7 \mid 4,85)$, B $(-0,15 \mid 3,7 \mid 5,3)$ und C $(-0,3 \mid 4,3 \mid 5,15)$ liegen auf dem kreisförmigen Glasrand. Im Punkt S $(-0,3 \mid 3,85 \mid 4,7)$ ist der Stiel befestigt. Der Boden und die Decke der Festhalle sind parallel zur x-y-Ebene. Dabei entspricht eine Längeneinheit einem Meter in der Natur.
Die Stärke des Materials für das Glasmodell bleibt bei der Betrachtung unberücksichtigt.

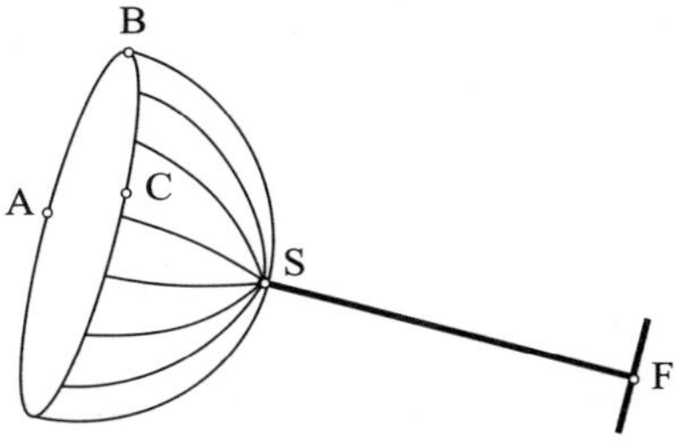

1 Bestimmen Sie eine Koordinatenform der Ebene E, in der der Glasrand mit den Punkten, A, B und C liegt.

2 Verwenden Sie im Folgenden E: $2x + y + 2z = 14$.

2.1 Berechnen Sie den Schnittwinkel dieser Ebene mit der Bodenebene.

2.2 Berechnen Sie den Abstand des Punktes S von der Ebene E.

3 3.1 Es wird das Lot von S auf die Ebene E gefällt. Zeigen Sie, dass der Lotfußpunkt der Mittelpunkt M des Glasrandkreises ist und bestimmen Sie den Radius des Glasrandkreises.
[Zur Kontrolle: M $(0 \mid 4 \mid 5)$, $r = 0,45$]

3.2 Bestimmen Sie die Koordinaten des Fußpunktes F des 1 m langen Glasmodellstiels, der in Richtung der Verlängerung der Strecke $\overline{MS}$ verläuft.

15 Gebäude

Tipps ab Seite 55, Lösungen ab Seite 120

Für das Ausstellungsgelände einer Kunstausstellung soll ein Gebäude eingerichtet werden. Weder die Bodenfläche noch die Wände sollen rechteckig sein.

In einem Entwurf haben die Eckpunkte des Gebäudes die Koordinaten $A(12{,}5 \mid 3 \mid 0)$, $B(2{,}5 \mid 6 \mid 0)$, $C(0 \mid 3 \mid 0)$, $D(10 \mid 0 \mid 0)$, $E(12{,}5 \mid 3 \mid 7)$, $F(2{,}5 \mid 6 \mid 3)$, $G(0 \mid 3 \mid 7)$ und $H(10 \mid 0 \mid 11)$.

Dabei entspricht eine Längeneinheit einem Meter in der Natur.

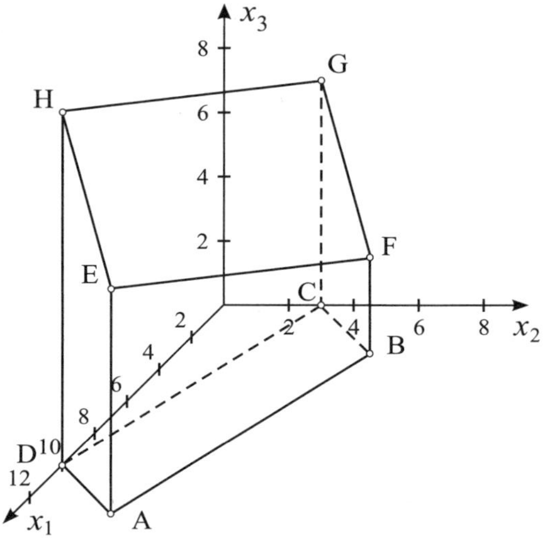

1 1.1 Zeigen Sie, dass die Bodenfläche ABCD des Gebäudes ein Parallelogramm ist und berechnen Sie die Innenwinkel des Parallelogramms.

1.2 Berechnen Sie den Inhalt der Bodenfläche.

2 2.1 Die Ebene E_1 enthält die Punkte E, F, G und H. Ermitteln Sie eine Gleichung der Ebene E_1 in Koordinatenform.
[Zur Kontrolle: $E_1: 4y + 3z = 33$.]

2.2 Weisen Sie nach, dass die Dachfläche EFGH ein Rechteck ist.

3 Auf der Dachfläche EFGH wird im Diagonalenschnittpunkt $P(6{,}25 \mid 3 \mid 7)$ ein Stab mit Spitze $S(6{,}5 \mid 3 \mid 9)$ montiert.

3.1 Bestimmen Sie den Punkt Q der Ebene E_1, der den kürzesten Abstand zur Spitze S des Stabes hat und berechnen Sie diesen Abstand.

3.2 Überprüfen Sie, ob der Punkt Q innerhalb des Rechtecks EFGH liegt.

Stochastik

16 Zugverspätung

Tipps ab Seite 57, Lösungen ab Seite 124

Die Bahngesellschaft Rapid hat verschiedene Aspekte zur Pünktlichkeit ihrer Züge überprüft.

1 Eine Teiluntersuchung betraf die Pünktlichkeit der Zugverbindungen zwischen den Städten A und B, die folgendes Ergebnis hatte: 60 % der untersuchten Züge hatten A und 40 % B als Ziel. Von den Zügen nach A hatten 10 % Verspätung, während nur 5 % der Züge nach B Verspätung hatten.

1.1 Stellen Sie den Sachverhalt in Form eines Baumdiagramms dar. Tragen Sie auch die vier Pfadwahrscheinlichkeiten ein.

1.2 Bestimmen Sie die Wahrscheinlichkeit, dass ein aus den pünktlichen Zügen zufällig auszuwählender Zug die Stadt A als Ziel hat.

2 Erfahrungsgemäß kommen im Winter durchschnittlich 20 % aller Züge der Bahngesellschaft Rapid zu spät.

2.1 Bestimmen Sie die Wahrscheinlichkeit, dass von 100 Zügen genau 20 Züge Verspätung haben.

2.2 Bestimmen Sie die Wahrscheinlichkeit, dass von 10 Zügen mehr als 2 Verspätung haben.

3 Die Bahngesellschaft Rapid behauptet, die Pünktlichkeit der Züge habe sich durch die Einführung neuer Triebwagen so verbessert, dass sich jetzt weniger als 10 % aller Züge verspäten werden.

3.1 Entwickeln Sie einen Signifikanztest mit dem Ziel, die Aussage der Bahngesellschaft Rapid bei einem Stichprobenumfang von 1150 Zügen auf dem Signifikanzniveau 0,5 % zu stützen.

3.2 Beschreiben Sie die Bedeutung des Fehlers 2. Art im Sachzusammenhang.

3.3 Bestimmen Sie den Fehler 2. Art unter der Annahme, dass die tatsächliche Wahrscheinlichkeit für eine Verspätung nur 8 % beträgt.

17 Handys

Tipps ab Seite 58, Lösungen ab Seite 127

Die Firma Noko stellt Handys in Massenproduktion her.
Jedes Handy ist mit einer Wahrscheinlichkeit von 10 % fehlerhaft.

1 Mit welchem mathematischen Modell lässt sich das Ziehen einer Stichprobe von 100 Handys beschreiben?
Bestimmen Sie die Wahrscheinlichkeit für folgende Ereignisse:
A: Weniger als 5 Handys sind fehlerhaft.
B: Genau 3 Handys sind fehlerhaft.
C: Mindestens 90 Handys funktionieren.

2 Wie viele Handys müssen der Produktion mindestens entnommen werden, damit mit einer Wahrscheinlichkeit von mehr als 99 % wenigstens ein fehlerhaftes dabei ist?

3 3.1 Zur Aussonderung fehlerhafter Handys gibt es eine Qualitätskontrolle, welche folgendes leistet:
Unter allen geprüften Handys beträgt der Anteil der Handys, die einwandfrei sind und dennoch ausgesondert werden, 4 %.

3.2 Insgesamt werden 93 % aller Handys nicht ausgesondert.
Bestimmen Sie die Wahrscheinlichkeit dafür, dass ein Handy fehlerhaft ist und ausgesondert wird.
Welcher Anteil der fehlerhaften Handys wird demnach ausgesondert?

4 Die Firma Noko garantiert nun, dass bei einer Lieferung höchstens 4 % der Handys fehlerhaft sind.
Der Großhändler macht eine Stichprobe mit 100 Handys und findet 7 fehlerhafte.
Kann er hieraus mit einer Irrtumswahrscheinlichkeit von 5 % schließen, dass die Firma Noko eine falsche Angabe gemacht hat?

18 Tischtennis

Tipps ab Seite 58, Lösungen ab Seite 129

Tischtennisbälle sind im Spielbetrieb extremen Belastungen ausgesetzt. Erst nach aufwändigen Testverfahren kommen die Turnierbälle als sogenannte «3-Stern-Bälle» in den Handel. Die Bälle, die bei der Herstellung durch die Kontrollen fallen, werden als Trainingsbälle angeboten.

1 Unter den Trainingsbällen wiederum befinden sich solche, die durch starke Verformungen (V) oder Nahtfehler (N) völlig unbrauchbar sind. Andere Fehler treten nicht auf.
5 % der Trainingsbälle des Herstellers «Ping und Pong» zeigen starke Verformungen und 7 % weisen defekte Nahtstellen auf. 2 % aller Trainingsbälle zeigen sogar beide Fehler.

1.1 Stellen Sie eine zugehörige Vierfeldertafel auf und zeigen Sie, dass 10 % der Trainingsbälle völlig unbrauchbar sind.

1.2 Bestimmen Sie die Wahrscheinlichkeit, dass ein zufällig zu entnehmender Tischtennisball mit Nahtfehlern Verformungen hat.

2 Gehen Sie im Folgenden davon aus, dass 10 % der Trainingsbälle der Firma «Ping und Pong» völlig unbrauchbar sind.

2.1 Trainingsbälle werden u.a. in Großpackungen zu 100 Stück angeboten. Berechnen Sie die Wahrscheinlichkeit dafür, dass man mehr als 11, aber höchstens 14 völlig unbrauchbare Bälle in einer solchen Packung findet.

2.2 Ermitteln Sie die Zahl der Trainingsbälle, die man der Produktion mindestens entnehmen müsste, um mit einer Wahrscheinlichkeit von mehr als 95 % mindestens einen völlig unbrauchbaren Ball zu erhalten.

3 Trotz der Kontrollen liegt der Anteil der einwandfreien Turnierbälle unter den verkauften «3-Stern-Bällen» der Firma «Ping und Pong» erfahrungsgemäß nur bei 92 %.
Für die Meisterschaften eines Tischtennis-Verbandes werden bei diesem Hersteller 1000 «3-Stern-Bälle» geordert.
Bestimmen Sie die größte Zahl k so, dass die Wahrscheinlichkeit, mit dieser Lieferung mindestens k einwandfreie Turnierbälle zu erhalten, größer als 98 % ist.

19 Bildschirm

Tipps ab Seite 59, Lösungen ab Seite 131

Eine Firma stellt Flachbildschirme her. Im Mittel ist einer von fünf hergestellten Bildschirmen fehlerhaft.

1 Es soll angenommen werden, dass die Anzahl fehlerhafter Geräte unter zufällig ausgewählten Bildschirmen durch eine binomialverteilte Zufallsgröße beschrieben werden kann. Bestimmen Sie die Wahrscheinlichkeiten folgender Ereignisse:
A: «Von 50 zufällig ausgewählten Bildschirmen sind höchstens 8 fehlerhaft.»
B: «Von 200 zufällig ausgewählten Bildschirmen sind mehr als 15% und weniger als 25% fehlerhaft.»
C: «Von 10 zufällig ausgewählten Bildschirmen sind genauso viele fehlerhaft, wie zu erwarten ist.»

2 Fehler der Bildschirme treten am häufigsten in Form eines defekten Displays sowie in Form eines defekten Netzteils auf. Für einen zufällig ausgewählten Bildschirm beträgt die Wahrscheinlichkeit dafür, dass das Display defekt ist, $10,7\,\%$, das Display und das Netzteil defekt sind, $1\,\%$, weder das Display noch das Netzteil defekt ist, $87,3\,\%$.

2.1 Stellen Sie den Sachverhalt in einer vollständig ausgefüllten Vierfeldertafel dar.

2.2 Bestimmen Sie die Wahrscheinlichkeit dafür, dass entweder das Display oder das Netzteil defekt ist.
Berechnen Sie die Wahrscheinlichkeit dafür, dass ein Bildschirm mit einem defekten Netzteil ein nicht-defektes Display hat.

2.3 Untersuchen Sie, ob die beiden betrachteten Defekte unabhängig voneinander auftreten.

3 Ein Mitarbeiter der Firma bezweifelt, dass im Mittel einer von fünf Bildschirmen fehlerhaft ist. Er vermutet, dass nach einer Produktionsumstellung höchstens einer von fünf Bildschirmen fehlerhaft ist. Um einen Schätzwert für den Anteil fehlerhafter Geräte zu ermitteln, zieht er eine Stichprobe vom Umfang 180. In der Stichprobe sind 27 Bildschirme fehlerhaft.

3.1 Zeigen Sie, dass der Mitarbeiter bei diesem Testergebnis die Nullhypothese:
«Im Mittel sind mehr als fünf Bildschirme fehlerhaft» auf einem Signifikanzniveau von 5% nicht verwerfen kann.

3.2 Entscheiden Sie, ob die Zweifel des Mitarbeiters damit ausgeräumt sind.

4 Tatsächlich sind 20% aller Bildschirme fehlerhaft.

Bei einer abschließenden Prüfung werden alle fehlerfreien Bildschirme auch als fehlerfrei eingestuft. Die Wahrscheinlichkeit dafür, dass ein fehlerhafter Bildschirm als fehlerhaft eingestuft wird, wird mit x bezeichnet. Ein im Rahmen der Prüfung als fehlerfrei eingestufter Bildschirm wird zufällig ausgewählt.

Bestimmen Sie den kleinstmöglichen Wert von x, für den die Wahrscheinlichkeit dafür, dass dieser Bildschirm fehlerhaft ist, höchstens 5% beträgt.

20 Unfallstatistik

Tipps ab Seite 60, Lösungen ab Seite 135

Nach einer Veröffentlichung zur Unfallstatistik beruhten im Jahr 2009 378 000 Unfälle mit Personenschaden im Straßenverkehr auf einem Fehlverhalten der Fahrzeugführer/ innen. Der Großteil hiervon, nämlich 260 000 Unfälle, hatte dabei ein Fehlverhalten eines PKW-Fahrers/ einer PKW-Fahrerin als Ursache. Bei den oben genannten 378 000 Unfällen war das häufigste festgestellte Fehlverhalten eine nicht angepasste Geschwindigkeit, die in 57 000 Fällen ermittelt wurde. 40 000 dieser Verstöße wurden dabei von PKW-Fahrern/ PKW-Fahrerinnen begangen.

1 1.1 Erstellen Sie aus den Daten eine vollständig ausgefüllte Vierfeldertafel mit auf 4 Nachkommastellen gerundeten relativen Häufigkeiten. Bezeichnen Sie mit G das Ereignis: «Die Ursache für den Unfall ist eine nicht angepasste Geschwindigkeit», A kennzeichne das Ereignis «Die Person fuhr einen PKW».

1.2 Bestimmen Sie die Wahrscheinlichkeit, dass ein von einem/ einer zufällig auszuwählenden PKW-Fahrer/ PKW-Fahrerin verursachter Unfall eine nicht angepasste Geschwindigkeit als Ursache hatte.

2 Im Jahr 2009 wurden etwa 190 000 Personen wegen Straftaten im Straßenverkehr verurteilt. In 54 % dieser Fälle ging es dabei um Alkoholdelikte. 85 % der verurteilten Personen, die alkoholisiert waren, waren zudem männlich. Für eine Aufklärungskampagne sollen die Straftaten, in denen es um Alkoholdelikte ging, genauer untersucht werden.

2.1 Geben Sie an, wie viele Männer 2009 wegen Alkoholvergehen im Straßenverkehr verurteilt wurden.

2.2 Berechnen Sie die Wahrscheinlichkeit, dass unter 50 zufällig auszuwählenden Personen, die wegen Alkoholvergehen im Straßenverkehr verurteilt wurden, genau 43 Männer sind.

2.3 Berechnen Sie die Wahrscheinlichkeit dafür, dass unter 500 zufällig auszuwählenden Personen, die wegen Alkoholvergehen im Straßenverkehr verurteilt wurden, mindestens 420 Männer sind.

2.4 Bestimmen Sie, wie viele Fälle von Verurteilungen aufgrund von Alkoholdelikten im Straßenverkehr man mindestens auswählen müsste, um mit einer Wahrscheinlichkeit von über 95 % wenigstens eine Frau zu finden.

3 Bei etwa 4,4 % der Unfälle, die im Jahr 2009 einen Personenschaden zur Folge hatten, war Alkoholeinfluss die Unfallursache. Die mit der Aufklärungskampagne von Aufgabenteil b) beauftragte Agentur behauptet, dass sich nach der Durchführung eines Probedurchlaufs in einem repräsentativen Landkreis der Anteil der unter Alkoholeinfluss verursachten Unfälle mit Personenschaden reduziert haben soll.
Entwickeln Sie einen Hypothesentest mit dem Ziel, die Behauptung der Agentur über eine Stichprobe von 450 Unfällen mit Personenschaden auf einem Signifikanzniveau von 1 % zu bestätigen. Geben Sie die dazugehörige Entscheidungsregel an.

4 Die angesprochene Aufklärungskampagne sollte vor allem junge Verkehrsteilnehmer/ innen (bis 25 Jahre) ansprechen. Eine repräsentative Umfrage nach dem Probedurchlauf ergab das folgende Ergebnis:
- 45 % der befragten Personen hatten von der Kampagne gehört und waren höchstens 25 Jahre alt.
- 10 % derjenigen, die von der Kampagne gehört hatten, waren älter als 25 Jahre.
- 40 % derjenigen, die nicht von der Kampagne gehört hatten, waren älter als 25 Jahre.
Zeigen Sie, dass drei Viertel der befragten Personen dieser Umfrage höchstens 25 Jahre alt waren.

Tipps – Analysis

1 Fluss

1 1.1 Die Nullstellen des Graphen von f erhalten Sie durch Lösen der Gleichung $f(x) = 0$. Verwenden Sie den Taschenrechner.

Zur Bestimmung der lokalen Extrempunkte des Graphen von f verwenden Sie die 1. und 2. Ableitung von f. Als notwendige Bedingung lösen Sie die Gleichung $f'(x) = 0$ mithilfe des Taschenrechners nach x auf. Setzen Sie die erhaltenen x-Werte in $f''(x)$ ein. Falls $f''(x) > 0$ handelt es sich um einen lokalen Tiefpunkt, falls $f''(x) < 0$ handelt es sich um einen lokalen Hochpunkt. Die zugehörigen y-Werte erhalten Sie, indem Sie die x-Werte in $f(x)$ einsetzen. Bestimmen Sie die Randwerte des Graphen von f im Intervall $[0;\ 10]$ um zu entscheiden, ob die lokalen Extrempunkte gleichzeitig absolute Extrempunkte sind.

Den Wendepunkt des Graphen von f erhalten Sie mit der 2. und 3. Ableitung: Als notwendige Bedingung lösen Sie die Gleichung $f''(x) = 0$ nach x auf. Setzen Sie den erhaltenen x-Wert in $f'''(x)$ ein. Falls $f'''(x) \neq 0$ handelt es sich um einen Wendepunkt. Den zugehörigen y-Wert erhalten Sie, indem Sie den x-Wert in $f(x)$ einsetzen.

1.2 Benutzen Sie die berechneten Punkte, um die Zeichnung anzufertigen.

2 2.1 Beachten Sie, dass die y-Werte von g und h an den Stellen $x_0 = 0$ und $x_1 = 10$ übereinstimmen. Stellen Sie ein Gleichungssystem auf und bestimmen Sie damit die Parameter a und b der Funktion h.

2.2 Die größte Ausdehnung des Überlaufgebiets in Nord-Süd-Richtung erhalten Sie, indem Sie das Maximum einer Funktion d berechnen, welche den Abstand der Graphen von g und h für $[0;\ 10]$ beschreibt. Bestimmen Sie die Gleichung der Funktion d sowie die 1. und 2. Ableitung mit der Kettenregel. Als notwendige Bedingung lösen Sie die Gleichung $d'(x) = 0$ nach x auf. Setzen Sie den erhaltenen x-Wert in $d''(x)$ ein. Falls $d''(x) < 0$ handelt es sich um ein Maximum. Prüfen Sie mithilfe der Randwerte, ob es sich um ein absolutes Maximum handelt. Den zugehörigen Funktionswert erhalten Sie, indem Sie den x-Wert in $d(x)$ einsetzen. Beachten Sie, dass einer Längeneinheit 10 m in der Wirklichkeit entspricht.

3 Den Flächeninhalt A der Wasseroberfläche im Intervall $[3;\ 9]$ erhalten Sie mithilfe eines Integrals. Beachten Sie, dass der Graph von g oberhalb des Graphen von f verläuft und verwenden Sie den Taschenrechner. Beachten Sie, dass einer Längeneinheit 10 m in der Wirklichkeit entspricht und bestimmen Sie den Wert, der einer Flächeneinheit entspricht.

Beschreiben Sie die von den Algen bedeckte Wasseroberfläche durch eine Funktion B mit $\mathrm{B}(t) = a \cdot e^{k \cdot t}$ (t in Wochen seit Beginn der Beobachtung, $\mathrm{B}(t)$ in m^2). Bestimmen Sie a und k, indem Sie mit zwei Bedingungen ein Gleichungssystem aufstellen und dieses lösen. Lösen Sie schließlich die Gleichung $\mathrm{B}(t) = 0{,}80 \cdot \mathrm{A}$ durch Logarithmieren.

2 Brücke

1 1.1 Als Ansatz für eine ganzrationale Funktion f dritten Grades verwenden Sie den Ansatz $f(x) = ax^3 + bx^2 + cx + d$ mit $f'(x) = 3ax^2 + 2bx + c$. Stellen Sie vier Gleichungen auf, indem Sie die drei gegebenen Punkte in den Ansatz und die gegebene Steigung in die 1. Ableitung einsetzen. Stellen Sie ein lineares Gleichungssystem auf und lösen Sie dieses mithilfe des Taschenrechners.

1.2 Die minimale Höhe des Seiles über der Erdbodenlinie zwischen den Pylonen erhalten Sie, indem Sie die Koordinaten des Tiefpunkts des Graphen von f mithilfe der 1. und 2. Ableitung von f berechnen. Lösen Sie als notwendige Bedingung die Gleichung $f'(x) = 0$ mithilfe des Taschenrechners nach x auf. Beachten Sie, dass wegen $0 \leqslant x \leqslant 6$ (zwischen den Pylonen) nur eine Lösung in Frage kommt. Setzen Sie den erhaltenen x-Wert in $f''(x)$ ein; falls $f''(x) > 0$ handelt es sich um einen lokalen Tiefpunkt. Den zugehörigen y-Wert erhalten Sie, indem Sie den berechneten x-Wert in $f(x)$ einsetzen. Vergleichen Sie den erhaltenen y-Wert mit den Randwerten bei $x = 0$ und bei $x = 6$. Beachten Sie, dass eine Längeneinheit 100 m entspricht.

1.3 Bestimmen Sie eine Gleichung $y = c$ für die Wasseroberfläche der Elbe. Bestimmen Sie aufgrund der gegebenen Breite der Elbe das Intervall der x-Werte und berechnen Sie die durchschnittliche Höhe $\overline{h}$ des Seiles über der Wasseroberfläche mithilfe eines Integrals unter Verwendung des Taschenrechners: $\overline{h} = \frac{1}{b-a} \cdot \int_a^b (f(x) - c)\,\mathrm{d}x$.

2 2.1 Die Wendestelle der Funktion f erhalten Sie mit der 2. Ableitung von f. Als notwendige Bedingung lösen Sie die Gleichung $f''(x) = 0$ nach x auf. Falls $f'''(x) \neq 0$ handelt es sich um eine Wendestelle.

2.2 Da die Wendestelle von f nicht im Intervall $[0; 6]$ liegt, ist die maximale Steigung an den Rändern des Intervalls zu finden. Setzen Sie $x_1 = 0$ und $x_2 = 6$ in $f'(x)$ ein, um die Steigungen zu berechnen.

2.3 Beachten Sie, dass das durchhängende Seil zwischen den Pylonen nur eine Krümmung aufweisen sollte. Überlegen Sie, welche Bedeutung eine Wendestelle für das Krümmungsverhalten eines Graphen hat.

3 3.1 Setzen Sie die Koordinaten der Punkte $A(-3 \mid 0{,}2)$ und $B(0 \mid 0{,}9)$ in $g(x)$ ein. Lösen Sie das Gleichungssystem, indem Sie aus der zweiten Gleichung a in Abhängigkeit von b bestimmen und in die erste Gleichung einsetzen. Lösen Sie die Gleichung nach b auf. Anschließend setzen Sie das erhaltene Ergebnis wieder ein, um a zu berechnen.

3.2 Um den Winkel, unter dem die Seile am nördlichen Pylonen aufeinandertreffen, zu berechnen, bestimmen Sie zuerst den spitzen Winkel α, den die beiden Tangenten an die Graphen von f bzw. g im Punkt B bilden. Die Tangentensteigungen m_1 und m_2 erhalten Sie mithilfe der 1. Ableitungen von f bzw. g, die Sie mit der Kettenregel bestimmen. Setzen Sie $x = 0$ in $f'(x)$ bzw. $g'(x)$ ein und verwenden Sie die Formel $\tan\alpha = \frac{m_1 - m_2}{1 + m_1 \cdot m_2}$. Da aber der stumpfe Winkel β gesucht ist, gilt: $\beta = 180° - \alpha$.

3 Straße

1 1.1 Die Koordinaten des nördlichsten Punktes der Umgehungsstraße erhalten Sie, indem Sie mithilfe der 1. und 2. Ableitung von f den Hochpunkt des Graphen von f bestimmen. Als notwendige Bedingung lösen Sie die Gleichung $f'(x) = 0$ mithilfe der abc-Formel nach x auf. Setzen Sie die erhaltenen x-Werte in $f''(x)$ ein; falls das Ergebnis kleiner als Null ist, handelt es sich um einen Hochpunkt. Den zugehörigen y-Wert erhalten Sie, indem Sie den x-Wert in $f(x)$ einsetzen.

1.2 Die Entfernung d von H zu M erhalten Sie mithilfe der Formel für den Abstand zweier Punkte: $d = \sqrt{(x_2 - x_1)^2 + (y_2 - y_1)^2}$

1.3 Bestimmen Sie die Wendestelle mithilfe der 2. und 3. Ableitung von $f(x)$. Als notwendige Bedingung lösen Sie die Gleichung $f''(x) = 0$ nach x auf. Den zugehörigen y-Wert erhalten Sie, indem Sie den berechneten x-Wert in $f(x)$ einsetzen.

1.4 Berechnen Sie mithilfe von $f'(x)$ die Steigung m_A der Kurve im Punkt A sowie die Steigung m_{AB} der Geraden durch die Punkte A und B mithilfe der Formel $m = \frac{y_2 - y_1}{x_2 - x_1}$. Falls $m_A = m_{AB}$ mündet die Umgehungsstraße ohne Knick in die Ortsdurchfahrt ein.

2 Die Gleichung der Geraden g durch A und B erhalten Sie mithilfe der Punkt-Steigungsform (PSF) $y = m \cdot (x - x_Q) + y_Q$. Setzen Sie die Koordinaten von A (oder B) und m_{AB} in die PSF ein. Den Flächeninhalt A_1 der Fläche zwischen dem Schaubild von $f(x)$ und der Geraden AB erhalten Sie mithilfe eines Integrals. Beachten Sie, dass das Schaubild von $f(x)$ oberhalb der Geraden g verläuft. Verwenden Sie den Hauptsatz der Differential- und Integralrechnung.
Die Teilfläche des Gemeindegebiets erhalten Sie, indem Sie den Flächeninhalt A_2 eines Halbkreises bestimmen. Berechnen Sie die Differenz von A_1 und A_2 und teilen Sie diese durch A_1, um den gesuchten Anteil zu erhalten.

3 3.1 Um zu zeigen, dass der Fahrer die Windkraftanlage im Punkt B genau in Fahrtrichtung vor sich sieht, stellen Sie die Gleichung der Tangente t im Punkt B auf. Die Steigung m_t in B erhalten Sie, indem Sie den x-Wert von B in $f'(x)$ einsetzen. Anschließend setzen Sie m_t und die Koordinaten von B in die Tangentengleichung $y = f'(u) \cdot (x - u) + f(u)$ ein. Prüfen Sie, ob der Punkt $P(1{,}5 \mid 3)$ auf der Tangente liegt, indem Sie seine Koordinaten in die Tangentengleichung einsetzen. Bei einer wahren Aussage liegt P auf t.

3.2 Lösen Sie die Gleichung $f'(x) = m_{AB}$ mithilfe der abc-Formel nach x auf. Überlegen Sie, welche Lösung in Frage kommt. Berechnen Sie den zugehörigen y-Wert.

4 Mond

1 1.1 Eine allgemeine Sinusfunktion hat die Form $f(x) = a \cdot \sin(b \cdot (x - c)) + d$.
Dabei gibt a die Streckung in y-Richtung, b die Streckung/Stauchung in x-Richtung,

c die Verschiebung in x-Richtung und d die Verschiebung in y-Richtung an. Die Periode p ergibt sich durch $p = \frac{2\pi}{b}$. Überlegen Sie, was beim vorliegenden Fall zutrifft. Damit oder eventuell mithilfe einer Wertetabelle können Sie die Achsen skalieren.

1.2 Beachten Sie, dass $\mathrm{A}(t)$ der beleuchtete Anteil der erdzugewandten Seite des Mondes ist und 0,95 einem Prozentsatz von 95% entspricht. Die Lösungen der Gleichung $\mathrm{A}(t) = 0{,}95$ erhalten Sie durch Substitution und Symmetrieüberlegungen. Substituieren Sie $\frac{\pi}{15} \cdot t = z$ und lösen Sie die Gleichung. Mithilfe des WTR erhalten Sie eine Lösung z_1. Beachten Sie, dass der Graph von $\sin(z)$ achsensymmetrisch zu $z = \frac{\pi}{2}$ verläuft, so dass Sie als zweite Lösung $z_2 = \frac{\pi}{2} + \left(\frac{\pi}{2} - z_1\right)$ erhalten. Resubstituieren Sie anschließend, um die t-Werte zu erhalten.

1.3 Die Zunahme des Anteils der Beleuchtung des Mondes zu Beobachtungsbeginn erhalten Sie mithilfe der 1. Ableitung von A, die Sie mit der Kettenregel bestimmen. Setzen Sie $t = 0$ in $\mathrm{A}'(t)$ ein.

1.4 Um eine Gleichung, mit der man diejenigen Zeitpunkte bestimmen kann, zu denen die Zunahme der Beleuchtung des Mondes halb so groß ist wie zu Beobachtungsbeginn, aufzustellen, beachten Sie, dass $\mathrm{A}'(t)$ der Zunahme entspricht.

2 Den durchschnittlichen Anteil $\overline{\mathrm{A}}$, der von Beobachtungsbeginn bis zum Ende des fünfzehnten Tages beleuchtet wird, erhalten Sie mithilfe eines Integrals: $\overline{\mathrm{A}} = \frac{1}{b-a} \cdot \int_a^b \mathrm{A}(t)\,\mathrm{d}t$ (Mittelwert).

3 3.1 Beachten Sie, dass das Schaubild von Modell A um 7,5 LE nach links verschoben werden muss, um Modell B zu erhalten. Bestimmen Sie also $\mathrm{B}(t) = \mathrm{A}(t+7{,}5)$ und daraus c. Alternativ können Sie auch die Gleichung $\mathrm{B}(0) = 1$ nach c auflösen.

3.2 Überlegen Sie, wie die Kosinusfunktion verläuft.

4 4.1 Um zu zeigen, dass alle K_a einen gemeinsamen Punkt $\mathrm{B}(0 \mid 2)$ haben, machen Sie eine Punktprobe. Hierzu setzen Sie die Koordinaten von B in die Funktionsgleichung $g_a(x)$ ein. Bei einer wahren Aussage liegt der Punkt B auf allen Graphen von g_a.
Um zu zeigen, dass alle K_a in diesem Punkt eine gemeinsame Tangente haben, stellen Sie die Gleichung der Tangente auf. Die Steigung m_t der Tangente erhalten Sie mithilfe der 1. Ableitung $g_a{}'(x)$. Setzen Sie den x-Wert von B in $g_a{}'(x)$ ein. Die Tangentengleichung erhalten Sie mit der Formel $y = f'(u) \cdot (x-u) + f(u)$. Prüfen Sie, ob die Tangentengleichung unabhängig von a ist. Um die Koordinaten der Extrempunkte in Abhängigkeit von a zu berechnen, verwenden Sie die 1. und 2. Ableitung von g_a. Als notwendige Bedingung lösen Sie die Gleichung $g_a{}'(x) = 0$ nach x auf. Setzen Sie den erhaltenen x-Wert in $g_a{}''(x)$ ein. Falls $g_a{}''(x) \neq 0$ handelt es sich um eine Extremstelle. Den zugehörigen y-Wert erhalten Sie, indem Sie den x-Wert in $g_a(x)$ einsetzen.

4.2 Die Gleichung der Normalen n_a an K_a an der Stelle $x = 1$ erhalten Sie, indem Sie zuerst den zugehörigen y-Wert bestimmen. Diesen erhalten Sie, indem Sie $x = 1$

in $g_a(x)$ einsetzen. Die Steigung m_t der Tangente an der Stelle $x = 1$ erhalten Sie, indem Sie $x = 1$ in $g_a{}'(x)$ einsetzen. Die Steigung m_n der Normalen ist der negative Kehrwert der Tangentensteigung. Setzen Sie die Koordinaten von T und m_n in die Normalengleichung $y = -\frac{1}{f'(u)} \cdot (x-u) + f(u)$ ein.
Setzen Sie die Koordinaten von Z in die Normalengleichung ein und lösen Sie die Gleichung mithilfe der *abc*-Formel nach a auf.

5 Virus

1 1.1 Um nachzuweisen, dass 10 Wochen nach Beobachtungsbeginn die Anzahl der Neuerkrankungen am höchsten ist, verwenden Sie die 1. Ableitung von f, die Sie mithilfe der Produkt- und Kettenregel bestimmen. Setzen Sie $t = 10$ in $f'(t)$ ein. Falls das Ergebnis Null ergibt, ist die notwendige Bedingung für ein Maximum erfüllt. Als hinreichende Bedingung verwenden Sie die gegebene Abbildung. Den Maximalwert an Neuerkrankungen erhalten Sie, indem Sie $t = 10$ in $f(t)$ einsetzen.

1.2 Um zu zeigen, dass ab diesem Zeitpunkt die momentane Erkrankungsrate rückläufig ist, betrachten Sie $f'(t)$. Überlegen Sie, ob ab einem bestimmten t-Wert $f'(t) < 0$ gilt; beachten Sie, dass $e^{-0,2t}$ stets größer als Null ist.

1.3 Den Zeitraum, in welchem es mehr als 1500 Neuerkrankungen pro Woche gibt, erhalten Sie, indem Sie die Gerade $y = 1500$ mit dem Graph von f schneiden und die Schnittstellen näherungsweise ablesen.

1.4 Überlegen Sie, was mithilfe des angegebenen Integrals summiert wird und warum durch 10 geteilt wird.

2 2.1 Um zu zeigen, dass die Funktion F eine Stammfunktion von f ist, bestimmen Sie mithilfe der Produkt- und Kettenregel die 1. Ableitung von F. Falls $\mathrm{F}'(t) = f(t)$ ist F eine Stammfunktion von f.

2.2 Die Anzahl $\mathrm{A}(t)$ der Personen, die nach t Wochen insgesamt krank gemeldet sind, erhalten Sie mithilfe der gegebenen Stammfunktion F und der Nebenbedingung, dass zu Beginn 100 Personen erkrankt sind. Als Ansatz verwenden Sie $\mathrm{A}(t) = \mathrm{F}(t) + c$. Mit der Nebenbedingung $\mathrm{A}(0) = 100$ erhalten Sie c.

2.3 Die Anzahl der Personen, die nach 12 Wochen insgesamt krank gemeldet sind, erhalten Sie, indem Sie $t = 12$ in $\mathrm{A}(t)$ einsetzen.

2.4 Um nachzuweisen, dass die Anzahl der Meldungen unter 40 000 bleiben wird, bestimmen Sie den Grenzwert von $\mathrm{A}(t)$ für $t \to \infty$. Überlegen Sie, ob $\mathrm{A}'(t) > 0$ für $t > 0$ ist und beachten Sie, dass $e^{-0,2t}$ für $t \to \infty$ gegen Null geht.

3 3.1 Bestimmen Sie den Grenzwert von $\mathrm{B}(t)$ für $t \to \infty$ und Sie erhalten damit a.
Mit der Nebenbedingung, dass zu Beginn $(t = 0)$ bereits die Hälfte der Einwohner $(15\,000)$ an diesem Virus erkrankt sind, erhalten Sie b sowie die Funktionsgleichung von B.

3.2 Den Zeitpunkt, zu dem 95% aller Einwohner von der Krankheit erfasst sind, erhalten Sie, indem Sie die Gleichung $B(t) = 0,95 \cdot 30000$ durch Logarithmieren nach t auflösen.

4 4.1 Den Mittelwert $\overline{m}(t)$ der Funktionswerte von f auf dem Intervall $[0 : t]$ erhalten Sie mithilfe eines Integrals. Berechnen Sie mithilfe der 1. und 2. Ableitung von $\overline{m}(t)$ das Maximum. Als notwendige Bedingung lösen Sie die Gleichung $\overline{m}'(t) = 0$ nach t auf. Überlegen Sie, welche Lösung in Frage kommt. Setzen Sie den entsprechenden t-Wert in $\overline{m}''(t)$ ein. Falls das Ergebnis kleiner als Null ist, handelt es sich um ein Maximum.

4.2 Skizzieren Sie das Dreieck OPQ. Überlegen Sie, welche Bedeutung $A(u)$ für das Dreieck OPQ hat. Beachten Sie, dass mit der 1. und 2. Ableitung einer Funktion Extremwerte bestimmt werden. Überlegen Sie, welcher Art der Extremwert ist.

6 App

1 1.1 Die maximale momentane Änderungsrate erhalten Sie, indem Sie anhand des Graphen von f die Extremstelle ablesen und den zugehörigen y-Wert mithilfe des WTR bestimmen.

1.2 Den Zeitraum, in dem die momentane Änderungsrate größer als 4000 Käufer pro Monat ist, erhalten Sie, indem Sie die Gerade $y = 4000$ mit dem Graphen von f schneiden und die Schnittstellen bestimmen.

1.3 Die Zeitpunkte, zu denen die momentane Änderungsrate am stärksten abnimmt bzw. zunimmt, erhalten Sie, indem Sie anhand des Graphen von f die Stellen mit maximaler und minimaler Tangentensteigung bestimmen.

2 2.1 Bestimmen Sie die 1. Ableitung von $f(t)$ mithilfe der Produkt- und Kettenregel. Beachten Sie, dass f streng monoton fallend ist, wenn $f'(t) < 0$ ist. Bestimmen Sie diejenigen t-Werte, für die dies der Fall ist. Überlegen Sie anhand der Gleichung von $f(t)$, ob $f(t)$ negativ werden kann.

2.2 Beachten Sie, dass $f(t)$ die Änderungsrate der Käufer und nicht die Anzahl der Käufer beschreibt.

3 3.1 Die Gesamtzahl K der Käufer sechs Monate nach Einführung der App erhalten Sie mithilfe eines Integrals. Beachten Sie, dass der Wert dieses Integrals dem Flächeninhalt der Fläche zwischen dem Graphen von f und der x-Achse im angegebenen Intervall entspricht. Durch «Kästchenzählen» können Sie den Flächeninhalt näherungsweise bestimmen. Beachten Sie, dass einem Kästchen 1000 Käufer entsprechen.

3.2 Überlegen Sie, welche Summe mithilfe der gegebenen Integralgleichung berechnet wird und welche Bedeutung das Intervall $[t\,; t+2]$ hat.

4 Beachten Sie, dass für $t \longrightarrow \infty$ der Term $a \cdot e^{-k \cdot t}$ gegen Null geht und bestimmen Sie damit S.
Beachten Sie, dass beim Verkaufsstart noch keine Käufer vorhanden sind. Stellen Sie mithilfe der gegebenen Daten zwei Gleichungen auf und lösen Sie das entstandene Gleichungssystem.

5 5.1 Zur Veranschaulichung der Problemstellung skizzieren Sie den Graphen von g mithilfe einer Wertetabelle und zeichnen die Tangente t an den Graphen von g in einem Punkt $\mathrm{B}\,(u \mid g(u))$ durch $\mathrm{P}(0 \mid -0,5)$ ein. Die Koordinaten des Berührpunktes $\mathrm{B}\,(u \mid g(u))$ erhalten Sie, indem Sie zuerst die Steigung im Punkt B auf zweierlei Arten bestimmen: mithilfe der 1. Ableitung von g und mithilfe der Steigung zwischen den zwei Punkten B und P. Durch Gleichsetzen erhalten Sie eine Gleichung, die Sie nach u auflösen können. Alternativ können Sie die Koordinaten von P auch in die Tangentengleichung $y = g'(u) \cdot (x-u) + g(u)$ einsetzen und die entstandene Gleichung nach u auflösen. Setzen Sie den erhaltenen u-Wert in $g(u)$ ein und bestimmen Sie damit die Koordinaten von B.

5.2 Zur Veranschaulichung der Problemstellung skizzieren Sie den Graphen von g und die Gerade mit der Gleichung $y = 2x - 1$. Beachten Sie, dass der Punkt $\mathrm{Q}\,(x \mid g(x))$ auf dem Graphen von g, der den kleinsten Abstand zur Geraden mit der Gleichung $y = 2x - 1$ besitzt, auf der zu dieser Geraden parallelen Tangente liegen muss. Bestimmen Sie damit die Steigung m der Tangente in Q und lösen Sie die Gleichung $g'(x) = m$. Überlegen Sie anhand des Graphen von g, welcher Wert in Frage kommt.

7 Stausee

1 1.1 Zeichnen Sie den Graphen von z mithilfe einer Wertetabelle oder bestimmen Sie die Periode $p = \frac{2\pi}{b}$ sowie die Gleichung der Mittellinie und den Streckfaktor in y-Richtung. Beachten Sie, dass der Graph von a eine Parallele zur t-Achse ist.

1.2 Die minimale momentane Zuflussrate erhalten Sie, indem Sie das Minimum der Funktion $z(t)$ für $0 \leqslant t \leqslant 24$ mithilfe des Graphen von z bestimmen. Beachten Sie die Einheit von $z(t)$.

1.3 Um anzugeben, in welchem Zeitraum die Wassermenge im Stausee abnimmt, bestimmen Sie zuerst die Schnittstellen der Graphen von $z(t)$ und $a(t)$. Überlegen Sie anhand der skizzierten Graphen, welcher Bereich gesucht ist.

1.4 Die maximale momentane Änderungsrate der Wassermenge erhalten Sie, indem Sie das Maximum der Funktion $w(t) = z(t) - a(t)$ bestimmen. Verwenden Sie dazu die Periode $p = \frac{2\pi}{b}$, die Mittellinie und den Streckfaktor in y-Richtung.

2 2.1 Bestimmen Sie das Volumen bei $t = 0$. Die Wassermenge im Stausee 12 Stunden nach Beobachtungsbeginn erhalten Sie mithilfe eines Integrals, da die Zuwächse addiert werden. Berücksichtigen Sie die Anfangsbedingung und verwenden Sie den Hauptsatz der Differential- und Integralrechnung.

2.2 Um zu begründen, dass die Wassermenge in jedem 24-Stunden-Zeitraum um $144\,000\,\text{m}^3$ zunimmt, betrachten Sie die Funktion $w(t) = z(t) - a(t)$. Beachten Sie die Periode $\text{p} = \frac{2\pi}{b}$ und bestimmen Sie die mittlere momentane Änderungsrate der Wassermenge in jedem 24-Stunden-Zeitraum. Multiplizieren sie diese mit 24 Stunden.

2.3 Berechnen Sie die Zunahme der Wassermenge nach Ablauf von 14 Tagen und bestimmen Sie die durchschnittliche Zunahme der Wassermenge pro Tag und pro Stunde. Überlegen Sie anhand von $z(t)$, wie hoch der durchschnittliche Zufluss pro Stunde ist, um den stündlichen konstanten Abfluss zu bestimmen.

3 3.1 Die Koordinaten des Hochpunkts und des Tiefpunkts des Graphen von f erhalten Sie mithilfe der 1. und 2. Ableitung von f. Als notwendige Bedingung lösen Sie die Gleichung $f'(x) = 0$ mithilfe der abc-Formel nach x auf. Setzen Sie die erhaltenen x-Werte in $f''(x)$ ein; falls $f''(x) < 0$ handelt es sich um einen Hochpunkt, falls $f''(x) > 0$ um einen Tiefpunkt. Die zugehörigen y-Werte erhalten Sie, indem Sie die x-Werte in $f(x)$ einsetzen. Die Gleichung der Geraden g durch den Hochpunkt H und den Tiefpunkt T des Graphen von f erhalten Sie, indem Sie die Steigung $m = \frac{y_T - y_H}{x_T - x_H}$ bestimmen und anschließend die Koordinaten von H und m in die Punkt-Steigungsform $y = m \cdot (x - x_H) + y_H$ einsetzen. Den Schnittpunkt P von g mit der y-Achse erhalten Sie, indem Sie $x = 0$ in die Geradengleichung einsetzen. Den Schnittpunkt Q von g mit der x-Achse erhalten Sie, indem Sie die Gleichung $y = 0$ nach x auflösen. Die Längen der Strecken HT und PQ erhalten Sie mithilfe der Formel für den Abstand zweier Punkte $\text{d} = \sqrt{(x_2 - x_1)^2 + (y_2 - y_1)^2}$. Den prozentualen Anteil der Strecke HT an der Strecke PQ erhalten Sie, indem Sie $\overline{\text{HT}}$ durch $\overline{\text{PQ}}$ teilen und das Ergebnis in Prozent angeben.

3.2 Um zu begründen, dass die Steigung des Graphen von f keine Werte kleiner als -3 annehmen kann, bestimmen Sie die Lösungen der Ungleichung $f'(x) < -3$. Formen Sie die Ungleichung so um, dass Null auf einer Seite steht. Überlegen Sie, wie das Schaubild der zugehörigen Funktion h aussieht und bestimmen Sie die Nullstellen der Funktion mithilfe der abc-Formel. Beachten Sie, ob die x-Werte gesucht sind, für die das Schaubild oberhalb oder unterhalb der x-Achse verläuft.
Alternativ bestimmen Sie das Minimum der Funktion f', welche die Steigung des Graphen beschreibt, mithilfe der 1. und 2. Ableitung von f'.

3.3 Bestimmen Sie die Schnittstellen des Graphen von f und der Geraden h mit der Gleichung $y = 2$ mithilfe der Wertetabelle. Den Flächeninhalt A der Fläche, den der Graph von f und die Gerade h mit der Gleichung $y = 2$ einschließen, erhalten Sie mithilfe eines Integrals. Beachten Sie, dass der Graph von f oberhalb der Geraden verläuft und verwenden Sie den Hauptsatz der Differential- und Integralrechnung.

8 Grippe

1 1.1 Die höchste Körpertemperatur der Schülerin während des Infektes erhalten Sie, indem Sie die Koordinaten des Hochpunkts des Graphen von f mit der 1. und 2. Ableitung von f berechnen. Als notwendige Bedingung lösen Sie die Gleichung $f'(t) = 0$ nach t auf. Setzen Sie den erhaltenen t-Wert in $f''(t)$ ein. Falls $f''(t) < 0$ handelt es sich um einen lokalen Hochpunkt. Beachten Sie, dass keine weiteren Extremstellen vorliegen. Den zugehörigen y-Wert erhalten Sie, indem Sie den erhaltenen t-Wert in $f(t)$ einsetzen.

1.2 Die Koordinaten des Wendepunktes W des Graphen von f erhalten Sie mit der 2. Ableitung von f. Als notwendige Bedingung lösen Sie die Gleichung $f''(t) = 0$ nach t auf. Beachten Sie, dass f'' beim erhaltenen t-Wert einen Vorzeichenwechsel von $-$ nach $+$ hat. Den zugehörigen y-Wert erhalten Sie, indem Sie den erhaltenen t-Wert in $f(t)$ einsetzen. Beachten Sie, dass bei einem Wendepunkt die Steigung maximal oder minimal ist.

1.3 Zum Skizzieren des Graphen der Funktion d im Intervall $[0; 10]$ erstellen Sie mithilfe des Taschenrechners eine Wertetabelle. Beachten Sie, dass $d(t) = f(t) - 36,6$ gilt und d somit eine Differenz in Bezug auf die Körpertemperatur angibt.

2 2.1 Um zu zeigen, dass F eine Stammfunktion von f ist, leiten Sie F mit Hilfe der Produkt- und Kettenregel ab. Falls $F'(t) = f(t)$ ist F eine Stammfunktion von f.

2.2 Die durchschnittliche Körpertemperatur $\overline{T}$ für $t \in [0; 7]$ erhalten Sie mithilfe eines Integrals unter Verwendung des Taschenrechners: $\overline{T} = \frac{1}{b-a} \int_a^b f(t)\mathrm{d}t$.

2.3 Die Temperatur, die zu einem bestimmten Zeitpunkt t und dann genau zwei Tage später $(t+2)$ erneut erreicht wird, erhalten Sie, indem Sie die Gleichung $f(t) = f(t+2)$ «von Hand» oder mithilfe des Taschenrechners lösen. Die zugehörige Temperatur T erhalten Sie, indem Sie den erhaltenen t-Wert in $f(t)$ einsetzen.

3 3.1 Beschreiben Sie anhand des Graphen von f, in welchem Zeitraum die Niederschlagsrate gleichbleibend hoch ist und wie sie sich anschließend verändert. Bestimmen Sie näherunsweise die Nullstelle von f. Um die gesamte Niederschlagsmenge M während des Regens zu bestimmen, verwenden Sie ein Integral, da alle Niederschlagsraten während des Regens summiert werden müssen.

3.2 Bestimmen Sie näherungsweise die Schnittstellen der Graphen von f und g. Beachten Sie, dass bei der schraffierten Fläche, die von den Graphen von f und g eingeschlossen wird, der Graph von f oberhalb des Graphen von g verläuft. Überlegen Sie, welches Integral zur schraffierten Fläche gehört und welche Summe damit berechnet wird.

Einen Rechenausdruck, mit dem man berechnen kann, zu welchem Zeitpunkt T alle Pfützen verschwunden sind, erhalten Sie mithilfe von Integralen. Überlegen Sie, wie die einzelnen Abflussmengen berechnet werden können.

Lineare Algebra/ Analytische Geometrie

Das Vektorprodukt

Wenn man einen Vektor $\vec{n}$ sucht, der senkrecht auf zwei gegebenen Vektoren $\vec{a}$ und $\vec{b}$ steht (der Normalenvektor), geschieht dies einfach und schnell mit dem Vektorprodukt:

$$\vec{n} = \left(\vec{a} \times \vec{b}\right) = \begin{pmatrix} a_y b_z & - & a_z b_y \\ a_z b_x & - & a_x b_z \\ a_x b_y & - & a_y b_x \end{pmatrix}$$

Die Merkhilfe dazu:

1. Beide Vektoren werden je zweimal untereinandergeschrieben, dann werden die erste und die letzte Zeile gestrichen.
2. Anschließend wird «über Kreuz» multipliziert. Dabei erhalten die abwärts gerichteten Pfeile ein positives und die aufwärts gerichteten Pfeile ein negatives Vorzeichen.
3. Die einzelnen Komponenten werden subtrahiert – fertig!

$$\begin{array}{cc} \cancel{a_x} & \cancel{b_x} \\ a_y & b_y \\ a_z & b_z \\ a_x & b_x \\ a_y & b_y \\ \cancel{a_z} & \cancel{b_z} \end{array} \Rightarrow \begin{array}{ccc} a_y & \times & b_y \\ a_z & \times & b_z \\ a_x & \times & b_x \\ a_y & & b_y \end{array} \Rightarrow \begin{pmatrix} a_y b_z - a_z b_y \\ a_z b_x - a_x b_z \\ a_x b_y - a_y b_x \end{pmatrix}$$

Anmerkung: Der Betrag des senkrecht stehenden Vektors entspricht genau der Flächenmaßzahl des Parallelogramms, das von den beiden Vektoren aufgespannt wird.

Beispiel: Sind $\vec{a} = \begin{pmatrix} 1 \\ 3 \\ 2 \end{pmatrix}$ und $\vec{b} = \begin{pmatrix} -1 \\ 4 \\ 0 \end{pmatrix}$, ergibt sich für den gesuchten Vektor:

$$\begin{array}{cc} \cancel{1} & \cancel{-1} \\ 3 & 4 \\ 2 & 0 \\ 1 & -1 \\ 3 & 4 \\ \cancel{2} & \cancel{0} \end{array} \Rightarrow \begin{array}{ccc} 3 & \times & 4 \\ 2 & \times & 0 \\ 1 & \times & -1 \\ 3 & & 4 \end{array} \Rightarrow \begin{pmatrix} 3 \cdot 0 - 2 \cdot 4 \\ 2 \cdot (-1) - 1 \cdot 0 \\ 1 \cdot 4 - 3 \cdot (-1) \end{pmatrix} = \begin{pmatrix} -8 \\ -2 \\ 7 \end{pmatrix}$$

9 Flugzeuge

1 1.1 Sie erhalten die Koordinaten eines Punktes Q, in dem sich das Flugzeug um 7.01 befindet, indem Sie $t = 1$ in f_1 einsetzen.

1.2 Zum Nachweis des Sinkflugs betrachten Sie die z-Komponente des Richtungsvektors der Flugbahn von f_1.

1.3 Die Geschwindigkeit in km/h erhalten Sie, indem Sie den Abstand von P zum berechneten Punkt Q berechnen und durch die benötigte Zeit $\frac{1}{60}$ Stunde teilen.

1.4 Schneiden Sie f_1 mit der x-y-Ebene $(z = 0)$.

2 2.1 Stellen Sie mithilfe von R_1 und f_1 die Parameterform einer Ebene E auf; die Spannvektoren sind der Richtungsvektor $\vec{u}_1$ von f_1 und der Verbindungsvektor von R_1 zu P. Prüfen Sie, ob R_2 auch auf E liegt, indem Sie den Ortsvektor von R_2 in E einsetzen und das entstandene Gleichungssystem lösen.

2.2 Skizzieren Sie die Problemstellung. Das Flugzeug F_1 entfernt sich von R_1 ab demjenigen Zeitpunkt, an dem der Abstand von R_1 zu f_1 minimal ist. Hierzu stellen Sie eine zu f_1 orthogonale Hilfsebene E_H auf, die den Punkt R_1 enthält und deren Normalenvektor der Richtungsvektor $\vec{u}_1$ von f_1 ist. Setzen Sie die Koordinaten eines gegebenen Punktes in den Ansatz $ax + by + cz = d$ ein und bestimmen Sie so d. Alternativ können Sie die Punkt-Normalenform verwenden. Anschließend schneiden Sie E_H mit f_1.

3 3.1 Setzen Sie $t = 4$ in f_1 und f_2 ein und berechnen Sie den Abstand d der beiden zugehörigen Punkte A und B.

3.2 Bestimmen Sie den Abstand $d(t)$ der beiden Positionen A_t und B_t zum Zeitpunkt t, indem Sie den Betrag des Verbindungsvektors berechnen; anschließend lösen Sie die Gleichung $d(t) = 10$ durch Quadrieren nach t auf.

10 Platte

1 1.1 Verwenden Sie für die Parametergleichung der Ebene E, in der die Platte mit den Eckpunkten A, B und C liegt, beispielsweise den Stützpunkt A und die Spannvektoren $\overrightarrow{AB}$ und $\overrightarrow{AC}$. Einen Normalenvektor $\vec{n}$ von E erhalten Sie mithilfe des Kreuzprodukts (siehe Seite 50) der Spannvektoren $\overrightarrow{AB}$ und $\overrightarrow{AC}$. Alternativ können Sie $\vec{n}$ auch mithilfe des Skalarprodukts bestimmen, da $\vec{n}$ sowohl auf $\overrightarrow{AB}$ als auch auf $\overrightarrow{AC}$ senkrecht steht. Eine Koordinatengleichung von E erhalten Sie, indem Sie die Koordinaten eines gegebenen Punktes in den Ansatz $ax + by + cz = d$ einsetzen und d bestimmen. Alternativ verwenden Sie die Punkt-Normalenform: $(\vec{x} - \vec{a}) \cdot \vec{n} = 0$.

1.2 Bestimmen Sie die Koordinaten des oberen Endes des Stabes. Den Abstand d des oberen Endes S des Stabes von der Ebene E erhalten Sie mithilfe des Lotfusspunktverfahrens. Dazu stellen Sie eine Lotgerade l auf, die durch S geht und orthogonal zur

Ebene E ist. Als Richtungsvektor von l wählen Sie den Normalenvektor von E. Anschließend berechnen Sie den Schnittpunkt K von l und der Ebene E. Hierzu setzen Sie den allgemeinen Punkt P_t von l in die Koordinatengleichung von E ein. Setzen Sie den erhaltenen t-Wert in P_t ein.

1.3 Den Abstand d von S zu K erhalten Sie, indem Sie den Betrag des entsprechenden Verbindungsvektors bestimmen.

2 2.1 Bestimmen Sie die Koordinaten des Punktes S des oberen Endes des Stabes. Den Schattenpunkt S^* des oberen Endes des Stabes auf der Platte erhalten Sie, indem Sie die Gerade g durch die Punkte S und L aufstellen und mit der Ebene E, in der die Platte liegt, schneiden. Setzen Sie dazu den allgemeinen Punkt P_t von g in die Koordinatengleichung von E ein und lösen Sie die Gleichung nach t auf. Anschließend setzen Sie den erhaltenen t-Wert in P_t ein.

2.2 Um zu begründen, dass der Schatten vollständig auf der Platte liegt, prüfen Sie, ob das untere Ende des Stabes auf der Platte liegt und anhand von Koordinatenvergleichen, ob der Schattenpunkt S^* auf der Platte liegt.

3 Überlegen Sie, in welcher Ebene K sich die Kreisbahn befindet. Bestimmen Sie die Gleichung der Schnittgeraden s der Ebene K und E, indem Sie das zugehörige Gleichungssystem lösen. Die Koordinaten der beiden möglichen Kollisionspunkte erhalten Sie, indem Sie den Abstand eines allgemeinen Punktes P_t von s zum Mittelpunkt S des Kreises gleichsetzen mit dem Radius r der Kreisbahn.

Den Radius r der Kreisbahn erhalten Sie, indem Sie den Abstand von S zu L mithilfe des Betrags des zugehörigen Verbindungsvektors bestimmen. Den Abstand d_t eines allgemeinen Punktes P_t von s zum Mittelpunkt S des Kreises erhalten Sie ebenfalls mithilfe des Betrags des zugehörigen Verbindungsvektors. Lösen Sie die Gleichung $d_t = r$ durch Quadrieren nach t auf. Setzen Sie die erhaltenen t-Werte in P_t ein.

11 Turm

1 Aus der Skizze können Sie sehen, dass die horizontalen Kanten AB, DC, EF und HG parallel zur y-Achse und die horizontalen Kanten DA, CB, HE und GF parallel zur x-Achse liegen. Als vertikale Kanten bleiben AE, BF, CG und DH übrig.

Die Spitze S liegt 6 m über dem Mittelpunkt des Quadrates EFGH.

Für die Berechnungen des Neigungswinkels können Sie entweder den Winkel zwischen zwei Ebenen berechnen oder einfacher die Pyramide in der Spitze parallel zur y-z-Ebene durchschneiden und mit einer geeigneten Skizze den Winkel trigonometrisch berechnen.

Für die Berechnung der Dachfläche sind die Dreiecksflächen zu berechnen, die Dreieckshöhe ist aber nicht die Pyramidenhöhe, sondern ergibt sich mithilfe des Satzes des Pythagoras.

2 Bestimmen Sie zuerst die Koordinaten der Spitze des Mastes und überlegen Sie, wo der Schatten der Spitze auf der Wand liegt. Um die Schattenlänge zu erhalten, müssen Sie noch überlegen, in welchem Punkt der Schatten vom Boden auf die Wand übergeht.

3 Überlegen Sie, wie man den Standort des Kindes erhalten könnte: Entweder Sie schneiden eine Gerade mit einer Ebene oder Sie schneiden zwei Geraden miteinander. Zum Schluss die Entfernung zur Kante nicht vergessen!

12 Pyramide

1 1.1 Die Koordinatengleichung von E erhalten Sie durch Bestimmen der Spannvektoren (Verbindungsvektoren), des Normalenvektors mithilfe des Vektorproduktes (siehe Seite 50) sowie einsetzen in die allgemeine Koordinatenform und Bestimmen von d.

1.2 Zur Prüfung der Rechtwinkligkeit berechnen Sie das Skalarprodukt von je zwei Verbindungsvektoren, zur Prüfung der Gleichschenkligkeit die Länge der Verbindungsvektoren.

1.3 Punkt D erhalten Sie durch Aufstellen einer Vektorkette.

2 2.1 Den Mittelpunkt des Rechtecks erhalten Sie als Mittelpunkt der Strecke AC oder BD.

2.2 Zur Bestimmung des Volumens der Pyramide verwenden Sie die Formel $V = \frac{1}{3} \cdot G \cdot h$. G ist die Grundfläche (Rechtecksfläche), h ist der Abstand von S zu E. Diesen erhalten Sie mit Hilfe des Lotfusspunktverfahrens. Stellen Sie eine Gerade l auf, die durch S geht und orthogonal zu E ist. Dazu stellt man eine Lotgerade l auf, die durch S geht und orthogonal zur Ebene E ist. Als Richtungsvektor von l wählen Sie den Normalenvektor von E. Anschließend berechnen Sie den Schnittpunkt F von l und der Ebene E. Hierzu setzt man den allgemeinen Punkt P_t von l in die Koordinatengleichung von E ein. Setzen Sie den erhaltenen t-Wert in P_t ein. Den Abstand von S zu F erhalten Sie, indem Sie den Betrag des entsprechenden Verbindungsvektors bestimmen.

2.3 Überlegen Sie, wie die Ebene F bezüglich der Ebene E liegt.

3 Stellen Sie eine Gerade auf und schneiden Sie diese mit den Koordinatenebenen.

13 Haus

1 1.1 Die Länge der Dachkante $\overline{EB}$ erhalten Sie, indem Sie die Länge des Verbindungsvektors von E zu B bestimmen.

1.2 Stellen Sie zuerst eine Parametergleichung und anschließend eine Koordinatengleichung der Ebene E_1 auf.

Die Ebene E_1 hat beispielsweise den Stützpunkt B und die Spannvektoren $\overrightarrow{BC}$ und $\overrightarrow{BE}$. Einen Normalenvektor $\vec{n}$ von E_1 erhalten Sie mithilfe des Vektorprodukts der Spannvektoren $\overrightarrow{BC}$ und $\overrightarrow{BE}$. Setzen Sie den Ortsvektor von B und den Normalenvektor $\vec{n}$ in die allgemeine Koordinatengleichung ein und bestimmen Sie d. Alternativ benutzen Sie die Normalenform $\left(\vec{x}-\vec{b}\right)\cdot\vec{n}=0$ ein.

Setzen Sie die Koordinaten von F in die Koordinatengleichung von E_1 ein; bei einer wahren Aussage liegt auch der Punkt F in E_1.

Den Abstand d des Punktes A von der Ebene E_1 erhalten Sie, indem Sie die Gleichung einer Geraden l aufstellen, die durch A geht und als Richtungsvektor den Normalenvektor $\vec{n}$ von E_1 hat. Den Lotfußpunkt L erhalten Sie, indem Sie l mit E_1 schneiden. Setzen Sie den allgemeinen Punkt P_t von l in die Koordinatenform von E_1 ein und lösen Sie die Gleichung nach t auf. Setzen Sie den erhaltenen t-Wert in P_t ein. Den Abstand d von A zu L erhalten Sie, indem Sie die Länge des entsprechenden Verbindungsvektors bestimmen.

1.3 Den Winkel β, den die Kanten $\overline{BC}$ und $\overline{BE}$ einschließen, erhalten Sie mithilfe der Formel $\cos\beta=\frac{\overrightarrow{BC}\cdot\overrightarrow{BE}}{\left|\overrightarrow{BC}\right|\cdot\left|\overrightarrow{BE}\right|}$.

1.4 Um zu zeigen, dass es sich bei der Dachfläche um ein achsensymmetrisches Trapez handelt, weisen Sie nach, dass die Kanten $\overline{BC}$ und $\overline{EF}$ parallel sind, d.h. dass die Vektoren $\overrightarrow{BC}$ und $\overrightarrow{EF}$ ein Vielfaches voneinander sind, und dass der Winkel γ, den die Kanten $\overline{CB}$ und $\overline{CF}$ einschließen, gleich groß wie der Winkel β ist.

Den Flächeninhalt A des Trapezes erhalten Sie mit der Formel $A=\frac{a+c}{2}\cdot h$, wobei $a=\overline{BC}$ und $c=\overline{EF}$ die beiden parallelen Seiten des Trapezes sind. Die Höhe h des Trapezes erhalten Sie mithilfe des Sinus-Verhältnisses $\sin\beta=\frac{h}{\overline{EB}}$. Alternativ erhalten Sie die Höhe h des Trapezes, indem Sie den Abstand des Mittelpunktes M_{EF} der Kante $\overline{EF}$ zum Mittelpunkt M_{BC} der Kante $\overline{BC}$ bestimmen.

2 2.1 Überlegen Sie, in welcher Richtung der Dachfirst des Anbaus verläuft. Die Koordinaten des Punktes R erhalten Sie, indem Sie die Gerade g, die durch den Punkt W geht und als Richtungsvektor die Richtung des Dachfirsts des Anbaus hat, mit der Ebene E_1 schneiden. Setzen Sie dazu einen allgemeinen Punkt P_t von g in die Koordinatengleichung von E_1 ein.

2.2 Die Koordinaten des Punktes Q erhalten Sie mithilfe des Strahlensatzes sowie einer Vektorkette.

14 Glas

1 Die Ebene E hat beispielsweise den Stützpunkt A und die Spannvektoren $\overrightarrow{AB}$ und $\overrightarrow{AC}$. Einen Normalenvektor $\vec{n}$ von E erhalten Sie mithilfe des Vektorprodukts (siehe Seite 50) der beiden Spannvektoren. Setzen Sie den Ortsvektor von A und den Normalenvektor $\vec{n}$ in die allgemeine Koordinatenform ein und bestimmen Sie d. Alternativ setzen Sie in die Normalenform $(\vec{x}-\vec{a})\cdot\vec{n}=0$ ein.

2 2.1 Den Schnittwinkel α zwischen der Ebene E und der Bodenebene, die parallel zur x_1x_2-Ebene ist, erhalten Sie mithilfe der Formel $\cos\alpha = \frac{|\vec{n}_1\cdot\vec{n}_2|}{|\vec{n}_1|\cdot|\vec{n}_2|}$. Dabei ist $\vec{n}_1$ ein Normalenvektor der Ebene E und $\vec{n}_2$ ein Normalenvektor der Bodenebene.

2.2 Den Abstand d des Punktes S von der Ebene E erhalten Sie, indem Sie die Gleichung einer Geraden l aufstellen, die durch S geht und als Richtungsvektor den Normalenvektor von E hat. Den Lotfußpunkt M erhalten Sie, indem Sie l mit E schneiden. Setzen Sie den allgemeinen Punkt P_t von l in die Koordinatenform von E ein und lösen Sie die Gleichung nach t auf. Setzen Sie den erhaltenen t-Wert in P_t ein. Den Abstand d von S zu M erhalten Sie, indem Sie die Länge des entsprechenden Verbindungsvektors bestimmen.

3 3.1 Die Koordinaten des Lotfusspunktes M des Lots von S auf die Ebene E wurden in Teilaufgabe a) berechnet.
Um zu zeigen, dass M der Mittelpunkt des Glasrandkreises ist, bestimmen Sie die Abstände von M zu A, B und C. Hierzu berechnen Sie die Beträge der entsprechenden Verbindungsvektoren.
Den Radius r des Glasrandkreises erhalten Sie beispielsweise als Abstand von M zu A.

3.2 Die Koordinaten des Fußpunktes F des 1 m langen Glasmodellstiels, der in Richtung der Verlängerung der Strecke $\overline{MS}$ verläuft, erhalten Sie, indem Sie eine Vektorkette aufstellen. Hierzu normieren Sie den Vektor $\overrightarrow{MS}$ auf Länge 1, indem Sie ihn durch seinen Betrag teilen.

15 Gebäude

1 1.1 Skizzieren Sie das Parallelogramm ABCD mit den entsprechenden Innenwinkeln. Um zu zeigen, dass die Bodenfläche ABCD des Gebäudes ein Parallelogramm ist, bestimmen Sie die Verbindungsvektoren der Eckpunkte. Falls $\overrightarrow{AB}=\overrightarrow{DC}$ und $\overrightarrow{BC}=\overrightarrow{AD}$ ist das Viereck ABCD ein Parallelogramm.
Den Innenwinkel α des Parallelogramms erhalten Sie mit der Formel $\cos\alpha = \frac{\overrightarrow{AB}\cdot\overrightarrow{AD}}{|\overrightarrow{AB}|\cdot|\overrightarrow{AD}|}$ für den Winkel zwischen zwei Vektoren.

Beachten Sie, dass aufgrund der Symmetrie des Parallelogramms gilt: $\gamma = \alpha$ und $\beta = \delta$. Verwenden Sie die Winkelsumme im Viereck: $\alpha + \beta + \gamma + \delta = 360°$.

1.2 Den Inhalt A der Bodenfläche erhalten Sie mit dem Vektorprodukt: $A = \left|\overrightarrow{AB} \times \overrightarrow{AD}\right|$.

2 2.1 Die Ebene E hat beispielsweise den Stützpunkt E und die Spannvektoren $\overrightarrow{EF}$ und $\overrightarrow{EG}$. Einen Normalenvektor $\vec{n}$ von E erhalten Sie mithilfe des Vektorprodukts (siehe Seite 50) der Spannvektoren $\overrightarrow{EF}$ und $\overrightarrow{EG}$. Setzen Sie den Ortsvektor von E und den Normalenvektor $\vec{n}$ in die allgemeine Koordinatenform ein und bestimen Sie d. Alternativ benutzen Sie die Normalenform $(\vec{x} - \vec{e}) \cdot \vec{n} = 0$.

2.2 Skizzieren Sie das Rechteck EFGH mit rechten Winkeln. Um nachzuweisen, dass die Dachfläche EFGH ein Rechteck ist, bestimmen Sie die Verbindungsvektoren der Eckpunkte und zeigen mithilfe des Skalarprodukts zweier Vektoren, z.B. $\overrightarrow{EF}$ und $\overrightarrow{EH}$, dass ein rechter Winkel vorhanden ist. Dies ist der Fall, wenn das Skalarprodukt der beiden Vektoren Null ergibt.

3 3.1 Den Punkt Q der Ebene E_1, der den kürzesten Abstand zur Spitze S des Stabes hat, erhalten Sie, indem Sie die Gleichung einer Lotgeraden l aufstellen, die durch S geht und orthogonal zu E_1 ist. Als Richtungsvektor von l verwenden Sie den Normalenvektor von E_1. Anschließend schneiden Sie l mit E_1. Dazu setzen Sie den allgemeinen Punkt P_t von l in die Koordinatenform von E_1 ein. Den erhaltenen t-Wert setzen Sie schließlich in P_t ein.

Den Abstand d von S zu E_1 erhalten Sie, indem Sie den Betrag des Verbindungsvektors von Q zu S berechnen.

3.2 Wenn der Punkt Q innerhalb des Rechtecks EFGH liegt, muss folgende Bedingung gelten: $\overrightarrow{OQ} = \overrightarrow{OE} + s \cdot \overrightarrow{EF} + t \cdot \overrightarrow{EH}$ mit $0 < s < 1$ und $0 < t < 1$. Stellen Sie das zugehörige Gleichungssystem auf und bestimmen Sie die Parameter s und t.

Stochastik

16 Zugverspätung

1 1.1 Bezeichnen Sie mit A: Zug fährt nach A, mit $\overline{A}$: Zug fährt nach B, mit V: Zug hat Verspätung und mit $\overline{V}$: Zug ist pünktlich. Die vier Pfadwahrscheinlichkeiten erhalten Sie mithilfe der 1. Pfadregel (Produktregel).

1.2 Die Wahrscheinlichkeit, dass ein aus den pünktlichen Zügen zufällig auszuwählender Zug die Stadt A als Ziel hat, erhalten Sie mithilfe der bedingten Wahrscheinlichkeit: $P_{\overline{V}}(A) = \frac{P(A\cap\overline{V})}{P(\overline{V})} = \frac{P(A\cap\overline{V})}{P(A\cap\overline{V})+P(\overline{A}\cap\overline{V})}$.

2 2.1 Legen Sie X als binomialverteilte Zufallsvariable für die Anzahl der Verspätungen unter 100 Zügen fest und bestimmen Sie die Parameter n und p. Die Wahrscheinlichkeit, dass unter 100 Zügen genau 20 Züge Verspätung haben, erhalten Sie mithilfe der Binomialverteilung unter Verwendung des Taschenrechners.

2.2 Legen Sie Y als binomialverteilte Zufallsvariable für die Anzahl der Verspätungen unter 10 Zügen fest und bestimmen Sie die Parameter n und p. Die Wahrscheinlichkeit, dass unter 10 Zügen mehr als 2 Züge Verspätung haben, erhalten Sie mithilfe der Wahrscheinlichkeit des Gegenereignisses; verwenden Sie die kumulierte Binomialverteilung und den Taschenrechner.

3 3.1 Formulieren Sie die Verneinung der Behauptung der Bahngesellschaft als Nullhypothese $H_0 : p \geqslant \ldots$ und bestimmen Sie die zugehörige Alternativhypothese $H_1 : p < \ldots$. Legen Sie X als binomialverteilte Zufallsvariable für die Anzahl der verspäteten Züge fest, und bestimmen Sie die zugehörigen Parameter n und p. Beachten Sie, dass es sich wegen $H_1 : p < \ldots$ um einen linksseitigen Test mit Signifikanzniveau $\alpha = 0,5\%$ handelt. Bestimmen Sie ein maximales $k \in \mathbb{N}$ und damit einen Ablehnungsbereich $\overline{A} = \{0, \ldots, k\}$ der Nullhypothese so, dass gilt: $P(X \in \overline{A}) \leqslant \alpha$ bzw. $P(X \leqslant k) \leqslant 0,005$. Verwenden Sie hierzu die kumulierte Binomialverteilung und den Taschenrechner.

3.2 Ein Fehler 2. Art bedeutet, dass die Nullhypothese nicht abgelehnt wird, obwohl sie in Wirklichkeit falsch ist.

3.3 Den Fehler 2. Art können Sie bestimmen, indem Sie die Wahrscheinlichkeit des zuvor erhaltenen Annahmebereichs A berechnen. Legen Sie Y als binomialverteilte Zufallsvariable für die Anzahl der verspäteten Züge fest und bestimmen Sie die Parameter n und p. Berechnen Sie $P(Y \in A)$ mithilfe der Wahrscheinlichkeit des Gegenereignisses unter Verwendung der kumulierten Binomialverteilung und des Taschenrechners.

17 Handys

1 Überlegen Sie, wie viele Ausfälle es bei der Ziehung eines Handys gibt, wie oft dasselbe Experiment gemacht wird und welche Wahrscheinlichkeiten auftreten.
Legen Sie die Zufallsvariable X für die Anzahl der fehlerhaften Handys fest. Mithilfe der kumulierten Binomialverteilung und des Taschenrechners können Sie die Wahrscheinlichkeiten $P(X \leqslant k)$ für $n = 100$ und $p = 0,1$ bestimmen.

2 Nehmen Sie an, dass n Handys entnommen werden. Rechnen Sie mit dem Gegenereignis und stellen Sie eine Ungleichung auf. Lösen Sie diese durch Ausprobieren mithilfe der Binomialverteilung des Taschenrechners.

3 3.1 Verwenden Sie F für «fehlerhaft» und A für «ausgesondert». Bestimmen Sie aus den gegebenen Daten die entsprechenden Wahrscheinlichkeiten, auch für die Schnittmengen.

3.2 Anschließend tragen Sie diese in eine Vierfeldertafel ein und lesen hieraus die gesuchte Wahrscheinlichkeit ab.

4 Stellen Sie zunächst die Nullhypothese $H_0 : p \leqslant \ldots$ auf und bestimmen Sie die zugehörige Alternativhypothese $H_1 : p < \ldots$. Legen Sie X als binomialverteilte Zufallsvariable für die Anzahl der fehlerhaften Handys fest und bestimmen Sie die zugehörigen Parameter n und p. Beachten Sie, dass es sich wegen $H_1 : p > \ldots$ um einen rechtsseitigen Test mit Signifikanzniveau $\alpha = 0,5\%$ handelt. Bestimmen Sie ein minimales $k \in \mathbb{N}$ und damit einen Ablehnungsbereich $\overline{A} = \{k, \ldots, 100\}$ der Nullhypothese so, dass gilt: $P(X \in \overline{A}) \leqslant \alpha$ bzw. $P(X \geqslant k) \leqslant 0,05$. Verwenden Sie hierzu die Wahrscheinlichkeit des Gegenereignisses und die kumulierte Binomialverteilung unter Verwendung des Taschenrechners. Zum Schluss prüfen Sie, in welchen Bereich die konkret durchgeführte Stichprobe fällt.

18 Tischtennis

1 1.1 Bezeichnen Sie mit V das Ereignis «Ball hat starke Verformung» und mit N das Ereignis «Ball hat Nahtfehler». Anhand der gegebenen Daten können Sie folgende Wahrscheinlichkeiten bestimmen: $P(V)$ und $P(\overline{V}) = 1 - P(V)$, $P(N)$ und $P(\overline{N}) = 1 - P(N)$ sowie $P(V \cap N)$. Vervollständigen Sie die Vierfeldertafel durch Summen- und Differenzenbildung.
Um zu zeigen, dass 10 % der Trainingsbälle völlig unbrauchbar sind, berechnen Sie
$P(V \cup N) = P(V) + P(N) - P(V \cap N)$ bzw.
$P(V \cup N) = P(V \cap N) + P(V \cap \overline{N}) + P(N \cap \overline{V})$.

1.2 Die Wahrscheinlichkeit, dass ein zufällig zu entnehmender Tischtennisball mit Nahtfehlern auch Verformungen hat, erhalten Sie mithilfe der bedingten Wahrscheinlichkeit: $P_N(V) = \frac{P(N \cap V)}{P(N)}$.

2 2.1 Legen Sie X als binomialverteilte Zufallsvariable für die Anzahl der völlig unbrauchbaren Bälle unter 100 Bällen fest und bestimmen Sie die Parameter n und p.
Die Wahrscheinlichkeit, dass in einer Großpackung zu 100 Stück mehr als 11, aber höchstens 14 völlig unbrauchbare Bälle zu finden sind, erhalten Sie mithilfe der kumulierten Binomialverteilung unter Verwendung des Taschenrechners.

2.2 Legen Sie Z als binomialverteilte Zufallsvariable für die Anzahl der völlig unbrauchbaren Bälle unter n Bällen fest und bestimmen Sie den Parameter p. Stellen Sie eine Ungleichung auf, verwenden Sie die Wahrscheinlichkeit des Gegenereignisses und lösen Sie die Ungleichung durch Ausprobieren mit der Binomialverteilung des Taschenrechners.

3 Legen Sie X als binomialverteilte Zufallsvariable für die Anzahl der einwandfreien Turnierbälle unter 1000 Turnierbällen fest und bestimmen Sie die Parameter p und n. Beachten Sie, dass gilt: $P(X \geqslant k) = 1 - P(X \leqslant k-1)$ und verwenden Sie die kumulierte Binomialverteilung sowie den Taschenrechner.

19 Bildschirm

1 Legen Sie X als binomialverteilte Zufallsgröße für die Anzahl der fehlerhaften Bildschirme mit den Parametern n und p fest. Die Wahrscheinlichkeit des Ereignisses A erhalten Sie mit Hilfe der kumulierten Binomialverteilung.
Legen Sie Y als binomialverteilte Zufallsgröße für die Anzahl der fehlerhaften Bildschirme mit den Parametern n und p fest. Die Wahrscheinlichkeit des Ereignisses B erhalten Sie ebenfalls mit Hilfe der kumulierten Binomialverteilung.
Legen Sie Z als binomialverteilte Zufallsgröße für die Anzahl der fehlerhaften Bildschirme mit den Parametern n und p fest. Bestimmen Sie den Erwartungswert von Z durch $E(Z) = n \cdot p$. Die Wahrscheinlichkeit des Ereignisses C erhalten Sie mit Hilfe der Binomialverteilung.

2 2.1 Bezeichnen Sie mit D: Das Display ist defekt und mit N: Das Netzteil ist defekt und bestimmen Sie anhand der gegebenen Angaben $P(D)$, $P(D \cap N)$ und $P\left(\overline{D} \cap \overline{N}\right)$. Tragen Sie diese Werte in eine Vierfeldertafel ein und ergänzen Sie diese durch Differenzen- und Summenbildung.

2.2 Die Wahrscheinlichkeit dafür, dass entweder (nur) das Display oder (nur) das Netzteil defekt ist, erhalten Sie mit Hilfe der Vierfeldertafel: $P\left(D \cap \overline{N}\right) + P\left(\overline{D} \cap N\right)$.
Die Wahrscheinlichkeit dafür, dass ein Bildschirm mit einem defekten Netzteil ein nicht-defektes Display hat, erhalten Sie mit Hilfe der bedingten Wahrscheinlichkeit: $P_N\left(\overline{D}\right) = \frac{P\left(N \cap \overline{D}\right)}{P(N)}$.

2.3 Um zu untersuchen, ob die beiden betrachteten Defekte unabhängig voneinander auftreten, vergleichen Sie $P(D \cap N)$ mit $P(D) \cdot P(N)$. Falls $P(D \cap N) \neq P(D) \cdot P(N)$ sind die beiden Defekte nicht unabhängig voneinander.

3 3.1 Formulieren Sie die Verneinung zur Nullhypothese $H_0: p > \ldots$ und bestimmen Sie die zugehörige Alternativhypothese $H_1: p \leqslant \ldots$. Legen Sie X als binomialverteilte Zufallsvariable für die Anzahl der defekten Bildschirme mit den Parametern n und p fest. Bestimmen Sie den Erwartungswert von X durch $E(X) = n \cdot p$ und beachten Sie, dass die Nullhypothese verworfen wird, wenn bei den 180 Bildschirmen deutlich weniger als die erwarteten Bildschirme defekt sind. Beachten Sie, dass es sich wegen $H_1: p < \ldots$ um einen linksseitigen Test mit Signifikanzniveau $\alpha = 5\%$ handelt. Bestimmen Sie ein maximales $k \in \mathbb{N}$ und damit einen Ablehnungsbereich $\overline{A} = \{0, \ldots, k\}$ der Nullhypothese so, dass gilt: $P(\overline{A}) \leqslant \alpha$ bzw. $P(X \leqslant k) \leqslant 0,05$. Verwenden Sie die kumulierte Binomialverteilung. Prüfen Sie, ob der Wert 27 im Ablehnungsbereich der Nullhypothese liegt.

3.2 Überlegen Sie, welche Bedeutung das Signifikanzniveau hat.

4 Bezeichnen Sie mit B: Der Bildschirm ist fehlerhaft und mit F: Der Bildschirm wird als fehlerfrei eingestuft. Bestimmen Sie anhand der gegebenen Daten P(B) und daraus $P(\overline{B})$, $P_{\overline{B}}(F)$ und $P_B(\overline{F})$. Zeichnen Sie das zugehörige Baumdiagramm. Um den Wert von x so zu bestimmen, dass die Wahrscheinlichkeit dafür, dass ein als fehlerfrei eingestufter Bildschirm fehlerhaft ist, höchstens 5% beträgt, stellen Sie eine Ungleichung auf und lösen diese mit Hilfe der bedingten Wahrscheinlichkeit und der Pfadregeln nach x auf.

20 Unfallstatistik

1 1.1 Zur Erstellung der Vierfeldertafel bestimmen Sie anhand der gegebenen Daten P(G) und $P(\overline{G}) = 1 - P(G)$ sowie P(A) und $P(\overline{A}) = 1 - P(A)$. Berechnen Sie $P_G(A)$ und mithilfe von $P_G(A) = \frac{P(G \cap A)}{P(G)}$ erhalten Sie $P(G \cap A)$.

1.2 Die Wahrscheinlichkeit, dass ein von einem/einer zufällig auszuwählenden PKW-Fahrer/ PKW-Fahrerin verursachter Unfall eine nicht angepasste Geschwindigkeit als Ursache hatte, erhalten Sie mithilfe der bedingten Wahrscheinlichkeit: $P_A(G) = \frac{P(A \cap G)}{P(A)}$.

2 2.1 Die Anzahl M der Männer, die 2009 wegen Alkoholvergehen im Straßenverkehr verurteilt wurden, erhalten Sie durch Multiplikation der Gesamtzahl an Straftaten mit den gegebenen Prozentsätzen.

2.2 Legen Sie X als binomialverteilte Zufallsvariable für die Anzahl der Männer unter den wegen Alkoholdelikten verurteilten 50 Personen fest und bestimmen Sie die zugehörigen Parameter.
Die Wahrscheinlichkeit, dass unter 50 zufällig auszuwählenden Personen, die wegen Alkoholvergehen im Straßenverkehr verurteilt wurden, genau 43 Männer sind, erhalten Sie mithilfe der Binomialverteilung unter Verwendung des Taschenrechners.

2.3 Legen Sie Y als binomialverteilte Zufallsvariable für die Anzahl der Männer unter den wegen Alkoholdelikten verurteilten 500 Personen fest und bestimmen Sie die zugehörigen Parameter. Die Wahrscheinlichkeit dafür, dass unter 500 zufällig auszuwählenden Personen, die wegen Alkoholvergehen im Straßenverkehr verurteilt wurden, mindestens 420 Männer sind, erhalten Sie mit Hilfe der Wahrscheinlichkeit des Gegenereignisses und der kumulierten Binomialverteilung unter Verwendung des Taschenrechners.

2.4 Um zu bestimmen, wie viele Fälle von Verurteilungen aufgrund von Alkoholdelikten im Straßenverkehr man mindestens auswählen müsste, um mit einer Wahrscheinlichkeit von über 95 % wenigstens eine Frau zu finden, legen Sie Z als binomialverteilte Zufallsvariable für die Anzahl der Frauen unter n Personen, die aufgrund von Alkoholdelikten verurteilt wurden, fest und bestimmen Sie den zugehörigen Parameter p. Lösen Sie die Ungleichung $P(Z \geqslant 1) > 0,95$ mithilfe der Wahrscheinlichkeit des Gegenereignisses und der Binomialverteilung durch Ausprobieren mit dem Taschenrechner.

3 Formulieren Sie die Verneinung der Behauptung der Agentur als Nullhypothese $H_0: p \geqslant \ldots$ und bestimmen Sie die zugehörige Alternativhypothese $H_1: p < \ldots$.
Legen Sie X als binomialverteilte Zufallsvariable für die Anzahl der Unfälle mit Personenschaden, bei denen Alkoholeinfluss die Unfallursache war, fest, und bestimmen Sie die zugehörigen Parameter.
Berechnen Sie den zugehörigen Erwartungswert von X durch $\mu = n \cdot p$. Beachten Sie, dass es sich wegen $H_1: p < \ldots$ um einen linksseitigen Test mit Signifikanzniveau $\alpha = 1\%$ handelt. Bestimmen Sie ein maximales $k \in \mathbb{N}$ und damit einen Ablehnungsbereich $\overline{A} = \{0, \ldots, k\}$ der Nullhypothese so, dass gilt: $P(\overline{A}) \leqslant \alpha$ bzw. $P(X \leqslant k) \leqslant 0,01$. Verwenden Sie die kumulierte Binomialverteilung.

4 Bezeichnen Sie mit J das Ereignis «Person ist jung (höchstens 25 Jahre alt)», mit $\overline{J}$ das Ereignis «Person ist mindestens 25 Jahr alt», mit K das Ereignis «Person hat von der Kampagne gehört» und mit $\overline{K}$ das Ereignis «Person hat nicht von der Kampagne gehört».
Bestimmen Sie anhand der gegebenen Daten folgende Wahrscheinlichkeiten:
$P(K \cap J)$, $P_K(\overline{J})$ und $P_K(J)$.
Mithilfe von $P_K(J) = \frac{P(K \cap J)}{P(K)}$ erhalten Sie $P(K)$ und damit $P(\overline{K})$.
Bestimmen Sie schließlich $P_{\overline{K}}(\overline{J})$ und damit $P_{\overline{K}}(J)$ und erstellen Sie ein Baumdiagramm.
Um zu zeigen, dass drei Viertel der befragten Personen dieser Umfrage höchstens 25 Jahre alt waren, bestimmen Sie mithilfe der Pfadregeln die Wahrscheinlichkeit der zugehörigen Ereignisse $P(J) = P(K \cap J) + P(\overline{K} \cap J)$.

Lösungen – Analysis

1 Fluss

Es ist $f(x) = 0,05 \cdot x^3 - 0,6 \cdot x^2 + 1,35 \cdot x$; $x \in [0;\ 10]$ und $g(x) = e^{x-8} + 2$; $x \in [0;\ 10]$.

1.1 Die Nullstellen des Graphen von f erhält man durch Lösen der Gleichung $f(x) = 0$. Dies führt zu:

$$0,05 \cdot x^3 - 0,6 \cdot x^2 + 1,35 \cdot x = 0$$

frv.tv/cb

Mithilfe des Taschenrechners erhält man die Lösungen $x_1 = 0$, $x_2 = 3$ und $x_3 = 9$.
Somit hat der Graph von f die Nullstellen $x_1 = 0$, $x_2 = 3$ und $x_3 = 9$.

Zur Bestimmung der lokalen Extrempunkte des Graphen von f verwendet man die 1. und 2. Ableitung von f:

$$f'(x) = 0,15 \cdot x^2 - 1,2 \cdot x + 1,35$$
$$f''(x) = 0,3 \cdot x - 1,2$$

Als notwendige Bedingung löst man die Gleichung $f'(x) = 0$ nach x auf.

frv.tv/ca

Aus $0,15 \cdot x^2 - 1,2 \cdot x + 1,35 = 0$ erhält man mit dem Taschenrechner die Lösungen $x_1 \approx 6,65$ und $x_2 \approx 1,35$.
Setzt man $x_1 \approx 6,65$ und $x_2 \approx 1,35$ in $f''(x)$ ein, ergibt sich:

$$f''(6,65) = 0,3 \cdot 6,65 - 1,2 \approx 0,80 > 0 \Rightarrow \text{lokaler Tiefpunkt}$$
$$f''(1,35) = 0,3 \cdot 1,35 - 1,2 \approx -0,80 < 0 \Rightarrow \text{lokaler Hochpunkt}$$

Die zugehörigen y-Werte erhält man, indem man die x-Werte in $f(x)$ einsetzt:

$$y_1 = f(6,65) = 0,05 \cdot 6,65^3 - 0,6 \cdot 6,65^2 + 1,35 \cdot 6,65 \approx -2,85$$
$$y_2 = f(1,35) = 0,05 \cdot 1,35^3 - 0,6 \cdot 1,35^2 + 1,35 \cdot 1,35 \approx 0,85$$

Damit haben die lokalen Extrempunkte die Koordinaten $T(6,65 \mid -2,85)$ und $H(1,35 \mid 0,85)$.
Die Randwerte des Graphen von f im Intervall $[0;\ 10]$ erhält man, indem man $x_0 = 0$ und $x_1 = 10$ in $f(x)$ einsetzt:

$$f(0) = 0,05 \cdot 0^3 - 0,6 \cdot 0^2 + 1,35 \cdot 0 = 0$$
$$f(10) = 0,05 \cdot 10^3 - 0,6 \cdot 10^2 + 1,35 \cdot 10 = 3,5$$

Somit ist der Punkt $P(10 \mid 3,5)$ der absolute Hochpunkt des Graphen von f im Intervall $[0;\ 10]$.

Der lokale Tiefpunkt $T(6,65 \mid -2,85)$ ist gleichzeitig der absolute Tiefpunkt des Graphen von f im Intervall $[0;\ 10]$.
Den Wendepunkt des Graphen von f erhält man mit der 2. und 3. Ableitung:

$$f''(x) = 0,3 \cdot x - 1,2$$
$$f'''(x) = 0,3$$

Als notwendige Bedingung löst man die Gleichung $f''(x) = 0$ nach x auf. Dies führt zu $0,3 \cdot x - 1,2 = 0 \Rightarrow x = 4$. Setzt man $x = 4$ in $f'''(x)$ ein, ergibt sich:

$$f'''(4) = 0,3 \neq 0 \Rightarrow \text{Wendepunkt}$$

Den zugehörigen y-Wert erhält man, indem man $x = 4$ in $f(x)$ einsetzt:

$$y = f(4) = 0,05 \cdot 4^3 - 0,6 \cdot 4^2 + 1,35 \cdot 4 = -1$$

Somit hat der Wendepunkt des Graphen von f die Koordinaten $W(4 \mid -1)$.

1.2 Mithilfe der angegebenen Punkte (und ggf. einer Wertetabelle) kann man den Graphen von f in das Koordinatensystem zeichnen:

frv.tv/cf

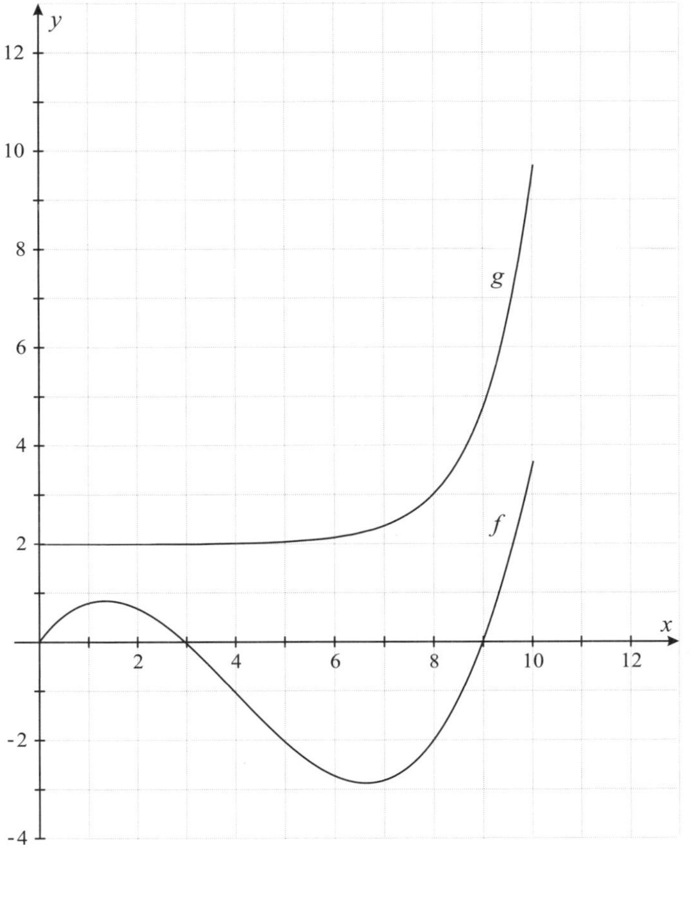

2.1 Um die Parameter a und b der Funktion $h(x) = e^{ax} + b$; $x \in [0;\, 10]$, $a,\, b \in \mathbb{R}$ so zu bestimmen, dass das Überlaufgebiet an den Stellen $x_0 = 0$ und $x_1 = 10$ mit dem Nordufer des Flusses zusammentrifft, stellt man ein Gleichungssystem auf. Da die y-Werte von g und h an diesen Stellen übereinstimmen sollen, gilt:

$$\begin{array}{lrcl} \text{I} & h(0) & = & g(0) \\ \text{II} & h(10) & = & g(10) \end{array}$$

Dies führt zu

$$\begin{array}{llcrcrcr} \text{I} & e^{a\cdot 0} & + & b & = & e^{0-8} & + & 2 \\ \text{II} & e^{a\cdot 10} & + & b & = & e^{10-8} & + & 2 \end{array}$$

bzw.

$$\begin{array}{llcrcrcr} \text{I} & 1 & + & b & = & e^{-8} & + & 2 \\ \text{II} & e^{10a} & + & b & = & e^{2} & + & 2 \end{array}$$

Aus Gleichung I ergibt sich: $b = e^{-8} + 1 \approx 1{,}00$.
Setzt man $b \approx 1{,}00$ in Gleichung II ein, ergibt sich:

$$\begin{aligned} e^{10a} + 1 &= e^2 + 2 \\ e^{10a} &= e^2 + 1 \\ 10a &= \ln\left(e^2 + 1\right) \\ a &= \frac{\ln\left(e^2 + 1\right)}{10} \approx 0{,}21 \end{aligned}$$

Damit hat h die Gleichung $h(x) = e^{0{,}21x} + 1$.

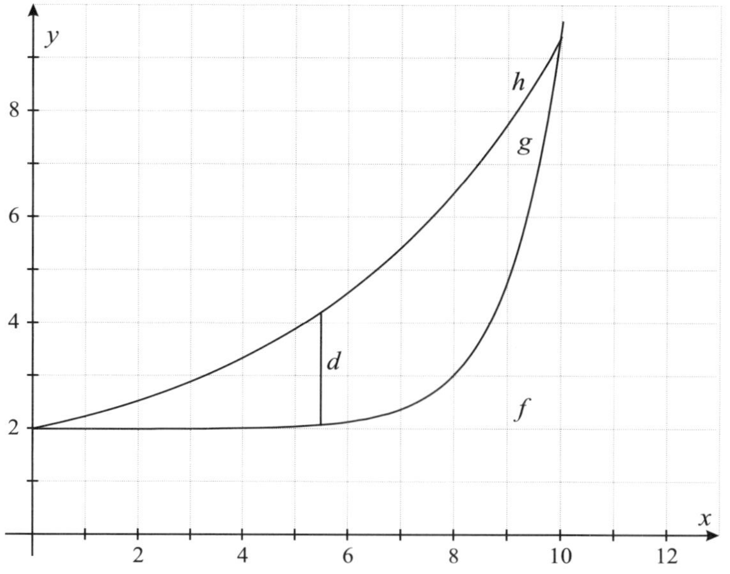

(Die Zeichnung des Funktionsgraphen von h ist nicht Teil der Aufgabenstellung)

2.2 Die größte Ausdehnung des Überlaufgebiets in Nord-Süd-Richtung erhält man, indem man das Maximum einer Funktion d berechnet, welche den Abstand der Graphen von g und h für $[0; 10]$ beschreibt:

$$d(x) = h(x) - g(x) = e^{0,21x} + 1 - \left(e^{x-8} + 2\right) = e^{0,21x} - e^{x-8} - 1$$

Zur Bestimmung des Maximums von d verwendet man die 1. und 2. Ableitung von d, die man mit der Kettenregel erhält:

$$d'(x) = e^{0,21x} \cdot 0,21 - e^{x-8} = 0,21 \cdot e^{0,21x} - e^{x-8}$$
$$d''(x) = 0,21 \cdot e^{0,21x} \cdot 0,21 - e^{x-8} \approx 0,04 \cdot e^{0,21x} - e^{x-8}$$

Als notwendige Bedingung löst man die Gleichung $d'(x) = 0$ nach x auf:

$$\begin{aligned} 0,21 \cdot e^{0,21x} - e^{x-8} &= 0 \\ 0,21 \cdot e^{0,21x} &= e^{x-8} \\ \ln(0,21) + 0,21 \cdot x &= x - 8 \\ \ln(0,21) + 8 &= x - 0,21x \\ \ln(0,21) + 8 &= 0,79x \\ \frac{\ln(0,21) + 8}{0,79} &= x \\ x &\approx 8,15 \end{aligned}$$

Setzt man $x \approx 8,15$ in $d''(x)$ ein, ergibt sich:

$$d''(8,15) \approx 0,04 \cdot e^{0,21 \cdot 8,15} - e^{8,15-8} \approx -0,94 < 0 \Rightarrow \text{Maximum}$$

Wegen $d(0) = 0$ und $d(10) = 0$ (die Graphen von h und g haben bei $x_0 = 0$ und $x_1 = 10$ die gleichen y-Werte) handelt es sich um ein absolutes Maximum.
Den zugehörigen Funktionswert erhält man, indem man $x \approx 8,15$ in $d(x)$ einsetzt:

$$d(8,15) = e^{0,21 \cdot 8,15} - e^{8,15-8} - 1 \approx 3,38$$

Da einer Längeneinheit 10 m in der Wirklichkeit entspricht, hat das Überlaufgebiet eine maximale Ausdehnung von etwa 33,8 m.

3 Den Flächeninhalt A der Wasseroberfläche im Intervall $[3; 9]$ erhält man mithilfe eines Integrals. Da der Graph von g oberhalb des Graphen von f verläuft, gilt unter Verwendung des Taschenrechners:

frv.tv/ce

$$\mathrm{A} = \int_3^9 (g(x) - f(x))\, \mathrm{d}x$$

$$= \int_3^9 \left(e^{x-8} + 2 - \left(0{,}05 \cdot x^3 - 0{,}6 \cdot x^2 + 1{,}35 \cdot x\right)\right) \mathrm{d}x$$
$$= \int_3^9 \left(e^{x-8} + 2 - 0{,}05 \cdot x^3 + 0{,}6 \cdot x^2 - 1{,}35 \cdot x\right) \mathrm{d}x$$
$$\approx 25{,}51$$

Da einer Längeneinheit 10 m in der Wirklichkeit entspricht, entspricht einer Flächeneinheit $100\,\mathrm{m}^2$. Die Wasseroberfläche hat somit einen Flächeninhalt von etwa $2551\,\mathrm{m}^2$.
Die von den Algen bedeckte Wasseroberfläche kann durch eine Funktion B mit $\mathrm{B}(t) = a \cdot e^{k \cdot t}$ (t in Wochen seit Beginn der Beobachtung, $\mathrm{B}(t)$ in m^2) beschrieben werden.
Da zu Beginn $150\,m^2$ von Algen bedeckt sind, gilt: $\mathrm{B}(0) = 150$.
Da sich die von Algen bedeckte Wasserfläche wöchentlich um 30% vergrößert, gilt:

$$\mathrm{B}(1) = 150 + 0{,}30 \cdot 150 = 195$$

Aus diesen beiden Bedingungen ergibt sich folgendes Gleichungssystem:

$$\begin{array}{lrcl} \mathrm{I} & \mathrm{B}(0) & = & 150 \\ \mathrm{II} & \mathrm{B}(1) & = & 195 \end{array}$$

bzw.

$$\begin{array}{lrcl} \mathrm{I} & a \cdot e^{k \cdot 0} & = & 150 \\ \mathrm{II} & a \cdot e^{k \cdot 1} & = & 195 \end{array}$$

Aus Gleichung I erhält man: $a = 150$.
Setzt man $a = 150$ in Gleichung II ein, ergibt sich: $150 \cdot e^k = 195 \Rightarrow k = \ln\left(\frac{195}{150}\right) \approx 0{,}26$.
Damit erhält man: $\mathrm{B}(t) = 150 \cdot e^{0{,}26 \cdot t}$.
Um den Zeitpunkt, zu dem 80% der Wasseroberfläche im Intervall $[3;\,9]$ von Algen bedeckt ist, zu bestimmen, löst man die Gleichung $\mathrm{B}(t) = 0{,}80 \cdot \mathrm{A}$. Dies führt zu:

$$\begin{aligned} 150 \cdot e^{0{,}26 \cdot t} &= 0{,}80 \cdot 2551 \\ e^{0{,}26 \cdot t} &= \frac{2040{,}8}{150} \\ t &= \frac{\ln\left(\frac{2040{,}8}{150}\right)}{0{,}26} \\ t &\approx 10{,}04 \end{aligned}$$

Nach etwa 10 Wochen ist 80% der Wasseroberfläche im Intervall $[3;\,9]$ von Algen bedeckt.
Anmerkung: Rechnet man anstelle von $0{,}26$ mit dem exakten Ausdruck $\ln\left(\frac{195}{150}\right)$ weiter, ergibt sich als Lösung $t \approx 9{,}95$.

2 Brücke

1.1 Als Ansatz für eine ganzrationale Funktion f dritten Grades verwendet man $f(x) = ax^3 + bx^2 + cx + d$ mit $f'(x) = 3ax^2 + 2bx + c$.
Da der Punkt B$(0 \mid 0,9)$ auf dem Graph von f liegt, gilt: $f(0) = 0,9$.
Da der Punkt C$(2 \mid 0,872)$ auf dem Graph von f liegt, gilt: $f(2) = 0,872$.
Da der Punkt D$(6 \mid 1,104)$ auf dem Graph von f liegt, gilt: $f(6) = 1,104$.
Da die Steigung im Punkt C $1,8\,\%$ beträgt, gilt: $f'(2) = 0,018$.
Damit erhält man folgendes lineares Gleichungssystem:

$$\begin{array}{llllllllll}
\text{I} & a\cdot 0^3 & + & b\cdot 0^2 & + & c\cdot 0 & + & d & = & 0,9 \\
\text{II} & a\cdot 2^3 & + & b\cdot 2^2 & + & c\cdot 2 & + & d & = & 0,872 \\
\text{III} & a\cdot 6^3 & + & b\cdot 6^2 & + & c\cdot 6 & + & d & = & 1,104 \\
\text{IV} & 3a\cdot 2^2 & + & 2b\cdot 2 & + & c & & & = & 0,018
\end{array}$$

Setzt man $d = 0,9$ in Gleichung II und III ein, ergibt sich:

$$\begin{array}{llllllllll}
\text{I} & & & & & & & d & = & 0,9 \\
\text{II} & 8a & + & 4b & + & 2c & + & 0,9 & = & 0,872 \\
\text{III} & 216a & + & 36b & + & 6c & + & 0,9 & = & 1,104 \\
\text{IV} & 12a & + & 4b & + & c & & & = & 0,018
\end{array}$$

bzw.

$$\begin{array}{llllllll}
\text{II} & 8a & + & 4b & + & 2c & = & -0,028 \\
\text{III} & 216a & + & 36b & + & 6c & = & 0,204 \\
\text{IV} & 12a & + & 4b & + & c & = & 0,018
\end{array}$$

Mithilfe des Taschenrechners erhält man als Lösung dieses Gleichungssystems:
$a = -0,001$, $b = 0,02$ und $c = -0,05$.
Damit hat die Funktion f folgende Funktionsgleichung:

frv.tv/cd

$$f(x) = -0,001x^3 + 0,02x^2 - 0,05x + 0,9$$

1.2 Die minimale Höhe des Seiles über der Erdbodenlinie zwischen den Pylonen erhält man, indem man die Koordinaten des Tiefpunkts des Graphen von f berechnet. Die 1. und 2. Ableitung von f erhält man mit der Potenzregel:

$$f'(x) = -0,003x^2 + 0,04x - 0,05$$
$$f''(x) = -0,006x + 0,04$$

Die notwendige Bedingung $f'(x) = 0$ führt zu:

$$-0,003x^2 + 0,04x - 0,05 = 0$$

frv.tv/ca

Mithilfe des Taschenrechners erhält man die Lösungen $x_1 \approx 1,40$ und $x_2 \approx 11,94$.
Wegen $0 \leqslant x \leqslant 6$ (zwischen den Pylonen) kommt nur $x_1 \approx 1,40$ als Lösung in Frage.
Setzt man $x_1 \approx 1,40$ in $f''(x)$ ein, ergibt sich:

$$f''(1,40) = -0,006 \cdot 1,40 + 0,04 = 0,0316 > 0 \Rightarrow \text{lokaler Tiefpunkt}$$

Den zugehörigen y-Wert erhält man, indem man $x_1 \approx 1,40$ in $f(x)$ einsetzt:

$$y_1 = f(1,40) = -0,001 \cdot 1,40^3 + 0,02 \cdot 1,40^2 - 0,05 \cdot 1,40 + 0,9 \approx 0,866$$
$$\Rightarrow \mathrm{T}(1,40 \mid 0,866)$$

Wegen $f(0) = 0,9$ und $f(6) = 1,104$ handelt es sich bei $f(1,40) \approx 0,866$ um ein absolutes Minimum.
Somit beträgt die minimale Höhe des Seils etwa 86,6 m.

1.3 Da sich die Wasseroberfläche der Elbe zu einem bestimmten Zeitpunkt 10 m unter der Erdbodenlinie befindet, gilt für diese Linie: $y = -0,1$. Da die Elbe im geplanten Bereich 290 m breit ist, ist das betrachtete Intervall: $[2; 4,9]$. Die durchschnittliche Höhe $\overline{h}$ des Seiles über der Wasseroberfläche erhält man mithilfe eines Integrals unter Verwendung des Taschenrechners:

frv.tv/ce

$$\begin{aligned}\overline{h} &= \frac{1}{4,9-2} \cdot \int_2^{4,9} (f(x) - (-0,1))\,\mathrm{d}x \\ &= \frac{1}{2,9} \cdot \int_2^{4,9} \left(-0,001x^3 + 0,02x^2 - 0,05x + 0,9 + 0,1\right)\mathrm{d}x \\ &= \frac{1}{2,9} \cdot \int_2^{4,9} \left(-0,001x^3 + 0,02x^2 - 0,05x + 1\right)\mathrm{d}x \\ &\approx 1,031\end{aligned}$$

Somit beträgt die durchschnittliche Höhe des Seils über der Wasseroberfläche etwa 103,1 m.

2.1 Die Wendestelle der Funktion f erhält man mithilfe der 2. Ableitung von f. Als notwendige Bedingung löst man die Gleichung $f''(x) = 0$ nach x auf:

$$-0,006x + 0,04 = 0 \Rightarrow x = \frac{20}{3} \approx 6,67$$

Wegen $f'''(x) = -0,006 \neq 0$ handelt es sich um eine Wendestelle.
Wegen $x = \frac{20}{3} \approx 6,67 > 6$ liegt die Wendestelle nicht im Intervall $[0; 6]$.

2.2 Da die Wendestelle von f nicht im Intervall $[0;6]$ liegt, ist die maximale Steigung an den Rändern des Intervalls zu finden. Setzt man $x_1 = 0$ und $x_2 = 6$ in $f'(x)$ ein, ergibt sich:

$$m_1 = f'(0) = -0,003 \cdot 0^2 + 0,04 \cdot 0 - 0,05 = -0,05$$
$$m_2 = f'(6) = -0,003 \cdot 6^2 + 0,04 \cdot 6 - 0,05 = 0,082$$

Somit hat der Graph von f im Punkt D die maximale Steigung von $8,2\,\%$.

2.3 Die Modellierung des Seiles durch einen Graphen mit einer Wendestelle x_W mit $0 < x_W < 6$ ist nicht sinnvoll, da das durchhängende Seil zwischen den Pylonen nur eine Krümmung aufweisen sollte, und zwar in diesem Fall eine Linkskrümmung. Daher darf in diesem Bereich keine Wendestelle des Graphen von f sein, da an einer Wendestelle ein Krümmungswechsel stattfinden würde.

3.1 Um die beiden Koeffizienten a und b der Funktion $g(x) = a \cdot e^{0,5x} + b \cdot e^{-0,5x}$ zu bestimmen, setzt man die Koordinaten der Punkte $\mathrm{A}(-3 \mid 0,2)$ und $\mathrm{B}(0 \mid 0,9)$ in $g(x)$ ein:

$$0,2 = a \cdot e^{0,5 \cdot (-3)} + b \cdot e^{-0,5 \cdot (-3)}$$
$$0,9 = a \cdot e^{0,5 \cdot 0} + b \cdot e^{-0,5 \cdot 0}$$

Aus der zweiten Gleichung ergibt sich: $0,9 = a + b \Rightarrow a = 0,9 - b$.
Setzt man $a = 0,9 - b$ in die erste Gleichung ein, erhält man:

$$\begin{aligned}
0,2 &= (0,9 - b) \cdot e^{-1,5} + b \cdot e^{1,5} \\
0,2 &= 0,9 \cdot e^{-1,5} - b \cdot e^{-1,5} + b \cdot e^{1,5} \\
0,2 - 0,9 \cdot e^{-1,5} &= b \cdot \left(-e^{-1,5} + e^{1,5}\right) \\
\frac{0,2 - 0,9 \cdot e^{-1,5}}{-e^{-1,5} + e^{1,5}} &= b \\
-0,0002 &\approx b
\end{aligned}$$

Setzt man $b \approx -0,0002$ in $a = 0,9 - b$ ein, ergibt sich:

$$a \approx 0,9 - (-0,0002) = 0,9002$$

Damit gilt:

$$g(x) = 0,9002 \cdot e^{0,5x} - 0,0002 \cdot e^{-0,5x}$$

3.2 Um den Winkel, unter dem die Seile am nördlichen Pylonen aufeinandertreffen, zu berechnen, bestimmt man zuerst den spitzen Winkel α, den die beiden Tangenten an die Graphen von f bzw. g im Punkt B bilden. Die Tangentensteigungen m_1 und m_2 erhält man mithilfe der 1. Ableitungen von f bzw. g, die man mit der Kettenregel bestimmt:

$$f'(x) = -0,003x^2 + 0,04x - 0,05$$
$$g'(x) = 0,9002 \cdot e^{0,5x} \cdot (0,5) - 0,0002 \cdot e^{-0,5x} \cdot (-0,5)$$

Setzt man $x = 0$ in $f'(x)$ bzw. $g'(x)$ ein, erhält man:

$$m_1 = f'(0) = -0,003 \cdot 0^2 + 0,04 \cdot 0 - 0,05 = -0,05$$
$$m_2 = g'(0) = 0,9002 \cdot e^{0,5 \cdot 0} \cdot (0,5) - 0,0002 \cdot e^{-0,5 \cdot 0} \cdot (-0,5) \approx 0,45$$

Setzt man $m_1 = -0,05$ und $m_2 \approx 0,45$ in die Formel $\tan\alpha = \frac{m_1 - m_2}{1 + m_1 \cdot m_2}$ ein, ergibt sich:

$$\tan\alpha = \frac{-0,05 - 0,45}{1 + (-0,05) \cdot 0,45} \Rightarrow \alpha \approx 27,1^\circ$$

Da aber der stumpfe Winkel β gesucht ist, gilt:

$$\beta = 180^\circ - \alpha \approx 180^\circ - 27,1^\circ = 152,9^\circ$$

Somit beträgt der Winkel, unter dem die Seile am nördlichen Pylonen aufeinandertreffen, etwa $152,9^\circ$.

3 Straße

Es ist $f(x) = -0,1x^3 - 0,3x^2 + 0,4x + 3,2$.

1.1 Die Koordinaten des nördlichsten Punktes der Umgehungsstraße erhält man, indem man mithilfe der 1. und 2. Ableitung von f den Hochpunkt des Graphen von f bestimmt:

$$f'(x) = -0,3x^2 - 0,6x + 0,4$$
$$f''(x) = -0,6x - 0,6$$

Als notwendige Bedingung löst man die Gleichung $f'(x) = 0$ nach x auf:

$$-0,3x^2 - 0,6x + 0,4 = 0$$

mithilfe der *abc*-Formel erhält man die Lösungen $x_1 \approx 0,53$ und $x_2 \approx -2,53$.
Setzt man $x_1 \approx 0,53$ und $x_2 \approx -2,53$ in $f''(x)$ ein, ergibt sich:

$$f''(0,53) = -0,6 \cdot 0,53 - 0,6 \approx -0,92 < 0 \Rightarrow \text{Hochpunkt}$$
$$f''(-2,53) = -0,6 \cdot (-2,53) - 0,6 \approx 0,92 > 0 \Rightarrow \text{Tiefpunkt}$$

Den zum Hochpunkt zugehörigen y-Wert erhält man, indem man $x_1 \approx 0,53$ in $f(x)$ einsetzt:

$$y = f(0,53) = -0,1 \cdot 0,53^3 - 0,3 \cdot 0,53^2 + 0,4 \cdot 0,53 + 3,2 \approx 3,31$$

Somit hat der nördlichste Punkt der Umgehungsstraße die Koordinaten $H(0,53 \mid 3,31)$.

1.2 Die Entfernung d von $H(0,53 \mid 3,31)$ zu $M(0 \mid 0,5)$ erhält man mithilfe der Formel $d = \sqrt{(x_2 - x_1)^2 + (y_2 - y_1)^2}$ für den Abstand zweier Punkte:

$$d = \sqrt{(0 - 0,53)^2 + (0,5 - 3,31)^2} \approx 2,86$$

Der nördlichste Punkt H ist also etwa 2,86 km vom Ortsmittelpunkt M entfernt.

1.3 Der Punkt, in welchem eine Linkskurve in eine Rechtskurve übergeht, ist der Wendepunkt. Diesen erhält man mithilfe der 2. und 3. Ableitung von $f(x)$:

$$f'(x) = -0,3x^2 - 0,6x + 0,4$$
$$f''(x) = -0,6x - 0,6$$
$$f'''(x) = -0,6$$

Die notwendige Bedingung $f''(x) = 0$ führt zu:

$$-0,6x - 0,6 = 0 \Rightarrow x = -1$$

Wegen $f'''(-1) \neq 0$ handelt es sich um eine Wendestelle.
Den zugehörigen y-Wert erhält man, indem man $x = -1$ in $f(x)$ einsetzt:

$$y = f(-1) = -0,1 \cdot (-1)^3 - 0,3 \cdot (-1)^2 + 0,4 \cdot (-1) + 3,2 = 2,6$$

Damit hat der Wendepunkt die Koordinaten $W(-1 \mid 2,6)$.

1.4 Um zu zeigen, dass die Umgehungsstraße im Punkt A ohne Knick in die Ortsdurchfahrt einmündet, berechnet man mithilfe von $f'(x)$ die Steigung m_A der Kurve im Punkt A:

$$m_A = f'(-3) = -0,3 \cdot (-3)^2 - 0,6 \cdot (-3) + 0,4 = -0,5$$

Die Steigung m_{AB} der Geraden durch $A(-3 \mid 2)$ und $B(3 \mid -1)$ erhält man mithilfe der Formel $m = \frac{y_2 - y_1}{x_2 - x_1}$ für die Steigung zwischen zwei Punkten:

$$m_{AB} = \frac{-1-2}{3-(-3)} = \frac{-3}{6} = -0,5$$

Es ist $m_A = m_{AB}$, daher mündet die Umgehungsstraße ohne Knick in die Ortsdurchfahrt ein.

2 Den Flächeninhalt A_1 der Fläche zwischen dem Schaubild von $f(x)$ und der Geraden AB erhält man mithilfe eines Integrals.
Die Gleichung der Geraden g durch A und B erhält man mithilfe der Punkt-Steigungsform (PSF) $y = m \cdot (x - x_Q) + y_Q$. Setzt man die Koordinaten von A und m_{AB} in die PSF ein, ergibt sich:

$$g: y = -0,5 \cdot (x - (-3)) + 2$$
$$g: y = -0,5x - 1,5 + 2$$
$$g: y = -0,5x + 0,5$$

Da das Schaubild von $f(x)$ oberhalb der Geraden verläuft, erhält man:

$$\begin{aligned}
A_1 &= \int_{-3}^{3} (f(x) - (-0,5x + 0,5))\,dx \\
&= \int_{-3}^{3} \left(-0,1x^3 - 0,3x^2 + 0,4x + 3,2 - (-0,5x + 0,5)\right) dx \\
&= \int_{-3}^{3} \left(-0,1x^3 - 0,3x^2 + 0,9x + 2,7\right) dx \\
&= \left[-0,025x^4 - 0,1x^3 + 0,45x^2 + 2,7x\right]_{-3}^{3} \\
&= \left(-0,025 \cdot 3^4 - 0,1 \cdot 3^3 + 0,45 \cdot 3^2 + 2,7 \cdot 3\right) - \\
&\quad \left(-0,025 \cdot (-3)^4 - 0,1 \cdot (-3)^3 + 0,45 \cdot (-3)^2 + 2,7 \cdot (-3)\right) \\
&= 10,8
\end{aligned}$$

Das Gemeindegebiet zwischen der Umgehungsstraße und der Ortsdurchfahrt ist ein Halbkreis mit Radius $r = 1,5$. Damit gilt für den Flächeninhalt A_2 des Halbkreises:

$$A_2 = \frac{1}{2} \cdot \pi \cdot r^2 = \frac{1}{2} \cdot \pi \cdot 1,5^2 \approx 3,53$$

Den Flächeninhalt A_3 der Fläche, die von den beiden Straßen eingeschlossen wird, jedoch außerhalb des Gemeindegebiets liegt, erhält man durch:

$$A_3 = A_1 - A_2 \approx 10,8 - 3,53 = 7,27$$

Den prozentualen Anteil von A_3 zu A_1 erhält man, indem man A_3 durch A_1 teilt:

$$\frac{A_3}{A_1} = \frac{7,27}{10,8} \approx 0,67 = 67\,\%$$

Somit liegen etwa 67 % der Fläche außerhalb des Gemeindegebiets.

3.1 Um zu zeigen, dass der Fahrer die Windkraftanlage im Punkt $B(2 \mid 2)$ genau in Fahrtrichtung vor sich sieht, stellt man die Gleichung der Tangente t im Punkt $B(2 \mid 2)$ auf. Die Steigung m_t in B erhält man, indem man den x-Wert von B in $f'(x)$ einsetzt:

$$m_t = f'(2) = -0,3 \cdot 2^2 - 0,6 \cdot 2 + 0,4 = -2$$

Setzt man $m_t = -2$ und die Koordinaten von $B(2 \mid 2)$ in die Tangentengleichung $y = f'(u) \cdot (x - u) + f(u)$ ein, ergibt sich:

$$t\colon y = -2 \cdot (x - 2) + 2$$
$$t\colon y = -2x + 6$$

Um zu prüfen, ob der Punkt $P(1,5 \mid 3)$ auf t liegt, setzt man die Koordinaten von P in die Tangentengleichung ein:

$$3 = -2 \cdot 1,5 + 6 \Leftrightarrow 3 = 3$$

Aufgrund der wahren Aussage liegt P auf t.
Somit sieht der Fahrer die Windkraftanlage im Punkt $B(2 \mid 2)$ genau in Fahrtrichtung vor sich.

3.2 Die Gerade AB der Ortsdurchfahrt hat die Steigung $m_{AB} = -0,5$.
Im Punkt R, in welchem ein Fahrzeug parallel zur Ortsdurchfahrt fährt, muss die Steigung ebenfalls $-0,5$ betragen.

Also löst man die Gleichung $f'(x) = -0,5$ nach x auf:

$$-0,3x^2 - 0,6x + 0,4 = -0,5$$
$$-0,3x^2 - 0,6x + 0,9 = 0$$

Mithilfe der *abc*-Formel erhält man die Lösungen $x_1 = 1$ und $x_2 = -3$.
Da $x_2 = -3$ der x-Wert des Punktes A ist, kommt nur $x_1 = 1$ als Lösung in Frage.
Den y-Wert des Punktes R erhält man, indem man $x = 1$ in $f(x)$ einsetzt:

$$y = f(1) = -0,1 \cdot 1^3 - 0,3 \cdot 1^2 + 0,4 \cdot 1 + 3,2 = 3,2$$

Somit hat der Punkt R die Koordinaten $R(1 \mid 3,2)$.

4 Mond

Es ist $A(t) = \frac{1}{2} + \frac{1}{2} \cdot \sin\left(\frac{\pi}{15} \cdot t\right)$; $0 \leqslant t \leqslant 30$ (t in Tagen seit Beobachtungsbeginn).

1.1 Um das Schaubild von A zu skalieren, kann man sich Folgendes überlegen:
Die Amplitude ist $a = \frac{1}{2}$, die Periode p erhält man durch $p = \frac{2\pi}{b} = \frac{2\pi}{\frac{\pi}{15}} = 30$ und die «Mittellinie» ist bei $y = \frac{1}{2}$.
Alternativ kann man auch mithilfe des WTR eine Wertetabelle erstellen:

t	0	7,5	15	22,5	30
$A(t)$	0,5	1	0,5	0	0,5

Damit ergibt sich folgende Skalierung:

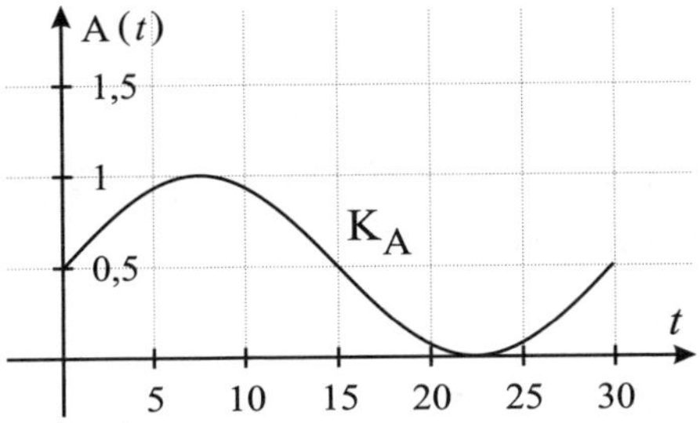

1.2 Eine Frage, die durch Lösen der Gleichung $A(t) = 0,95$ beantwortet werden kann, lautet: «Zu welchem Zeitpunkt beträgt der beleuchtete Anteil der erdzugewandten Seite des Mondes 95%?».
Die Lösungen der Gleichung $A(t) = 0,95$ erhält man durch Substitution und Symmetrieüberlegungen:

$$\begin{aligned} \frac{1}{2} + \frac{1}{2} \cdot \sin\left(\frac{\pi}{15} \cdot t\right) &= 0,95 \\ \frac{1}{2} \cdot \sin\left(\frac{\pi}{15} \cdot t\right) &= 0,45 \\ \sin\left(\frac{\pi}{15} \cdot t\right) &= 0,9 \end{aligned}$$

Substituiert man $\frac{\pi}{15} \cdot t = z$, so erhält man die Gleichung:

$$\sin(z) = 0,9$$

mithilfe des WTR erhält man die Lösung $z_1 \approx 1,12$.
Da der Graph von $\sin(z)$ achsensymmetrisch zu $x = \frac{\pi}{2}$ verläuft, erhält man als zweite Lösung:
$z_2 = \frac{\pi}{2} + \left(\frac{\pi}{2} - 1,12\right) \approx 2,02$.

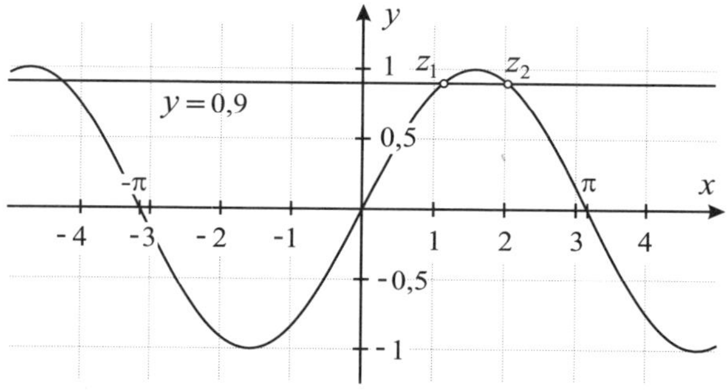

Durch Resubstitution ergibt sich damit:

$$\frac{\pi}{15}\cdot t \approx 1,12 \Rightarrow t_1 \approx 5,35$$
$$\frac{\pi}{15}\cdot t \approx 2,02 \Rightarrow t_2 \approx 9,64$$

Somit beträgt etwa Mitte des 6. Tages und Mitte des 10. Tages der beleuchtete Anteil der erdzugewandten Seite des Mondes 95%.

1.3 Die Zunahme des Anteils der Beleuchtung des Mondes zu Beobachtungsbeginn erhält man mithilfe der 1. Ableitung von A, die man mit der Kettenregel bestimmt:

$$\mathrm{A}'(t) = 0 + \frac{1}{2}\cdot\cos\left(\frac{\pi}{15}\cdot t\right)\cdot\frac{\pi}{15} = \frac{\pi}{30}\cdot\cos\left(\frac{\pi}{15}\cdot t\right)$$

Setzt man $t = 0$ in $\mathrm{A}'(t)$ ein, erhält man:

$$\mathrm{A}'(0) = \frac{\pi}{30}\cdot\cos\left(\frac{\pi}{15}\cdot 0\right) = \frac{\pi}{30} \approx 0,105$$

Somit beträgt die Zunahme des Anteils der Beleuchtung des Mondes zu Beobachtungsbeginn etwa 10,5% pro Tag.

1.4 Eine Gleichung, mit der man diejenigen Zeitpunkte bestimmen kann, zu denen die Zunahme der Beleuchtung des Mondes halb so groß ist wie zu Beobachtungsbeginn, lautet:

$$\mathrm{A}'(t) = \frac{1}{2}\cdot\mathrm{A}'(0)$$

2 Den durchschnittlichen Anteil $\overline{\mathrm{A}}$, der von Beobachtungsbeginn bis zum Ende des fünfzehnten Tages beleuchtet wird, erhält man mithilfe eines Integrals:

$$\begin{aligned}\overline{\mathrm{A}} &= \frac{1}{15-0}\cdot\int_0^{15}\mathrm{A}(t)\,\mathrm{d}t\\ &= \frac{1}{15}\cdot\int_0^{15}\left(\frac{1}{2}+\frac{1}{2}\cdot\sin\left(\frac{\pi}{15}\cdot t\right)\right)\mathrm{d}t\end{aligned}$$

$$
\begin{aligned}
&= \frac{1}{15} \cdot \left[\frac{1}{2}t + \frac{1}{2} \cdot \left(-\frac{\cos\left(\frac{\pi}{15} \cdot t\right)}{\frac{\pi}{15}} \right) \right]_0^{15} \\
&= \frac{1}{15} \cdot \left[\frac{1}{2}t - \frac{15}{2\pi} \cdot \cos\left(\frac{\pi}{15} \cdot t \right) \right]_0^{15} \\
&= \left[\frac{1}{30}t - \frac{1}{2\pi} \cdot \cos\left(\frac{\pi}{15} \cdot t \right) \right]_0^{15} \\
&= \left(\frac{1}{30} \cdot 15 - \frac{1}{2\pi} \cdot \cos\left(\frac{\pi}{15} \cdot 15 \right) \right) - \left(\frac{1}{30} \cdot 0 - \frac{1}{2\pi} \cdot \cos\left(\frac{\pi}{15} \cdot 0 \right) \right) \\
&\approx 0{,}82
\end{aligned}
$$

Somit beträgt der durchschnittliche Anteil etwa 82%.

3.1 Wenn das Modell A mit

$$\mathrm{A}(t) = \frac{1}{2} + \frac{1}{2} \cdot \sin\left(\frac{\pi}{15} \cdot t \right)$$

zu einem Modell B mit

$$\mathrm{B}(t) = \frac{1}{2} + \frac{1}{2} \cdot \sin\left(\frac{\pi}{15} \cdot t + c \right)$$

abgeändert werden soll, sodass der Zeitpunkt $t = 0$ der Beleuchtung bei Vollmond entspricht, so muss das Schaubild von A um 7,5 LE nach links verschoben werden. Damit erhält man den Funktionsterm:

$$\mathrm{B}(t) = \mathrm{A}(t + 7{,}5) = \frac{1}{2} + \frac{1}{2} \cdot \sin\left(\frac{\pi}{15} \cdot (t + 7{,}5) \right) = \frac{1}{2} + \frac{1}{2} \cdot \sin\left(\frac{\pi}{15} \cdot t + \frac{\pi}{2} \right)$$

Somit ist $c = \frac{\pi}{2}$.
Alternativ kann man sich auch überlegen, dass gelten muss: $\mathrm{B}(0) = 1$.
Dies führt zu folgender Gleichung:

$$
\begin{aligned}
\frac{1}{2} + \frac{1}{2} \cdot \sin\left(\frac{\pi}{15} \cdot 0 + c \right) &= 1 \\
\sin(c) &= 1 \\
c &= \frac{\pi}{2}
\end{aligned}
$$

Für $c = \frac{\pi}{2}$ wird Modell A zu Modell B abgeändert.

3.2 Eine weitere Funktion der Form $\mathrm{C}(t) = a \cdot \cos(b \cdot t - c) + d$ für Modell B hat beispielsweise die Gleichung:

$$\mathrm{C}(t) = \frac{1}{2} \cdot \cos\left(\frac{\pi}{15} \cdot t \right) + \frac{1}{2}$$

4.1 Um zu zeigen, dass alle Graphen K_a der Funktion $g_a(x) = ax^2 - 4x + 2$; $a \neq 0$ einen gemeinsamen Punkt $\mathrm{B}(0 \mid 2)$ haben, macht man eine Punktprobe. Hierzu setzt man die

Koordinaten von B in die Funktionsgleichung ein:

$$2 = a \cdot 0^2 - 4 \cdot 0 + 2$$
$$2 = 2$$

Aufgrund der wahren Aussage liegt der Punkt $B(0 \mid 2)$ auf allen Graphen von g_a.
Um zu zeigen, dass alle K_a in diesem Punkt eine gemeinsame Tangente haben, stellt man die Gleichung der Tangente auf. Die Steigung m_t der Tangente erhält man mithilfe der 1. Ableitung $g_a{}'(x) = 2ax - 4$. Setzt man den x-Wert von B in $g_a{}'(x)$ ein, ergibt sich:

$$m_t = g_a{}'(0) = 2a \cdot 0 - 4 = -4$$

Die Tangentengleichung erhält man mit der Formel $y = f'(u) \cdot (x - u) + f(u)$. Damit ergibt sich:

$$y = -4 \cdot (x - 0) + 2$$
$$y = -4x + 2$$

Da die Tangentengleichung unabhängig von a ist, haben alle K_a im Punkt B eine gemeinsame Tangente.
Da alle K_a einen gemeinsamen Punkt und in diesem Punkt eine gemeinsame Tangente haben, berühren sich somit alle K_a im Punkt B.
Zur Bestimmung der Koordinaten der Extrempunkte in Abhängigkeit von a verwendet man die 1. und 2. Ableitung von g_a:

$$g_a{}'(x) = 2ax - 4$$
$$g_a{}''(x) = 2a$$

Als notwendige Bedingung löst man die Gleichung $g_a{}'(x) = 0$ nach x auf:

$$2ax - 4 = 0$$
$$2ax = 4$$
$$x = \frac{2}{a}$$

Setzt man $x = \frac{2}{a}$ in $g_a{}''(x)$ ein, ergibt sich: $g_a{}''\left(\frac{2}{a}\right) = 2a \neq 0$.
Wegen $g_a{}''\left(\frac{2}{a}\right) \neq 0$ handelt es sich um eine Extremstelle.
Den zugehörigen y-Wert erhält man, indem man $x = \frac{2}{a}$ in $g_a(x)$ einsetzt:

$$y = g_a\left(\frac{2}{a}\right) = a \cdot \left(\frac{2}{a}\right)^2 - 4 \cdot \left(\frac{2}{a}\right) + 2 = a \cdot \frac{4}{a^2} - \frac{8}{a} + 2 = \frac{4}{a} - \frac{8}{a} + 2 = -\frac{4}{a} + 2$$

Somit haben die Extrempunkte aller K_a die Koordinaten $E_a\left(\frac{2}{a} \mid -\frac{4}{a} + 2\right)$.

4.2 Die Gleichung der Normalen n_a an K_a an der Stelle $x = 1$ erhält man, indem man zuerst den zugehörigen y-Wert bestimmt. Diesen erhält man, indem man $x = 1$ in $g_a(x)$ einsetzt:

$$y = g_a(1) = a \cdot 1^2 - 4 \cdot 1 + 2 = a - 2$$

Somit hat ein Punkt T die Koordinaten $T(1 \mid a - 2)$.
Die Steigung m_t der Tangente an der Stelle $x = 1$ erhält man, indem man $x = 1$ in $g_a{}'(x) = 2ax - 4$ einsetzt:

$$m_t = g_a{}'(1) = 2a \cdot 1 - 4 = 2a - 4$$

Die Steigung m_n der Normalen ist der negative Kehrwert der Tangentensteigung, also:

$$m_n = -\frac{1}{m_t} = -\frac{1}{2a - 4}$$

Setzt man die Koordinaten von T und m_n in die Normalengleichung $y = -\frac{1}{f'(u)} \cdot (x - u) + f(u)$ ein, ergibt sich:

$$y = -\frac{1}{2a - 4} \cdot (x - 1) + a - 2$$
$$y = -\frac{1}{2a - 4} \cdot x + \frac{1}{2a - 4} + a - 2$$

Somit hat die Normale n_a die Gleichung: $y = -\frac{1}{2a-4} \cdot x + \frac{1}{2a-4} + a - 2$.
Damit die Normale n_a die y-Achse in $Z(0 \mid 1{,}5)$ schneidet, setzt man die Koordinaten von Z in die Normalengleichung ein und löst die Gleichung nach a auf:

$$1{,}5 = -\frac{1}{2a - 4} \cdot 0 + \frac{1}{2a - 4} + a - 2$$
$$3{,}5 - a = \frac{1}{2a - 4}$$
$$(3{,}5 - a) \cdot (2a - 4) = 1$$
$$-2a^2 + 11a - 15 = 0$$

Mithilfe der *abc*-Formel erhält man die Lösungen $a_1 = 3$ und $a_2 = 2{,}5$.

5 Virus

Es ist $f(t) = 150 \cdot t^2 \cdot e^{-0,2t}$; $t \geqslant 0$ (Zeit t in Wochen seit Beobachtungsbeginn).

1.1 Um nachzuweisen, dass 10 Wochen nach Beobachtungsbeginn die Anzahl der Neuerkrankungen am höchsten ist, verwendet man die 1. Ableitung von f, die man mithilfe der Produkt- und Kettenregel bestimmt:

$$f'(t) = 300 \cdot t \cdot e^{-0,2t} + 150 \cdot t^2 \cdot e^{-0,2t} \cdot (-0,2) = \left(300 \cdot t - 30 \cdot t^2\right) \cdot e^{-0,2t} = 30t \cdot (10-t) \cdot e^{-0,2t}$$

Setzt man $t = 10$ in $f'(t)$ ein, ergibt sich:

$$f'(10) = \left(300 \cdot 10 - 30 \cdot 10^2\right) \cdot e^{-0,2 \cdot 10} = 0$$

Da $f'(t)$ bei $t = 10$ das Vorzeichen von $+$ nach $-$ wechselt, handelt es sich um ein Maximum.

Also ist 10 Wochen nach Beobachtungsbeginn die Anzahl der Neuerkrankungen am höchsten.

1.2 Den Maximalwert an Neuerkrankungen erhält man, indem man $t = 10$ in $f(t)$ einsetzt:

$$f(10) = 150 \cdot 10^2 \cdot e^{-0,2 \cdot 10} \approx 2030$$

Somit gibt es maximal etwa 2030 Neuerkrankungen pro Woche.

Um zu zeigen, dass ab diesem Zeitpunkt die momentane Erkrankungsrate rückläufig ist, betrachtet man

$$f'(t) = \left(300 \cdot t - 30 \cdot t^2\right) \cdot e^{-0,2t} = 30t \cdot (10-t) \cdot e^{-0,2t}$$

Es ist $e^{-0,2t}$ stets größer als Null. Der Term $30t \cdot (10-t)$ ist für $t < 0$ oder $t > 10$ negativ. Somit gilt für $t > 10$:

$$f'(t) < 0$$

Damit ist für $t > 10$ die Funktion f streng monoton fallend und die momentane Erkrankungsrate ist nach 10 Wochen rückläufig.

1.3 Den Zeitraum, in welchem es mehr als 1500 Neuerkrankungen pro Woche gibt, erhält man, indem man die Gerade $y = 1500$ mit dem Graphen von f schneidet:

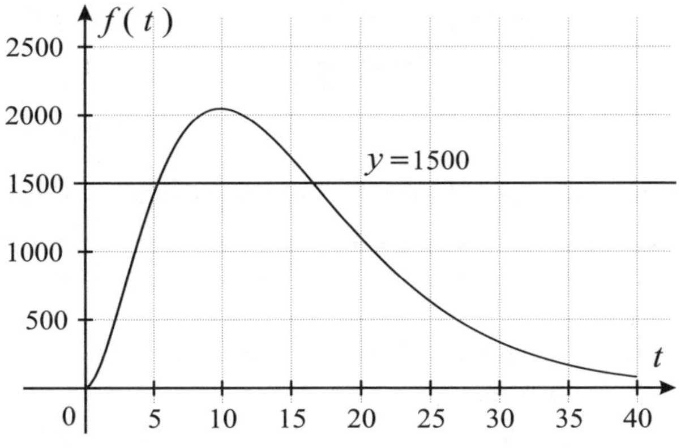

Anhand der gegebenen Abbildung ergeben sich die Schnittstellen $t_1 \approx 5$ und $t_2 \approx 17$. Somit gibt es im Zeitraum von etwa 5 Wochen bis etwa 17 Wochen mehr als 1500 Neuerkrankungen pro Woche.

1.4 Mithilfe des angegebenen Integrals $\frac{1}{10}\int_5^{15} f(t)\,\mathrm{d}t$ werden die durchschnittlichen Neuerkrankungen pro Woche im Zeitraum von 5 Wochen bis 15 Wochen berechnet, da durch das Integral die Neuerkrankungen während 10 Wochen summiert werden und anschließend durch 10 geteilt wird.

2.1 Um zu zeigen, dass die Funktion F mit $\mathrm{F}(t) = -750 \cdot \left(t^2 + 10t + 50\right) \cdot e^{-0{,}2t}$ eine Stammfunktion von f ist, bestimmt man mithilfe der Produkt- und Kettenregel die 1. Ableitung von F:

$$\begin{aligned}
\mathrm{F}'(t) &= -750 \cdot \left((2t+10) \cdot e^{-0{,}2t} + \left(t^2 + 10t + 50\right) \cdot e^{-0{,}2t} \cdot (-0{,}2)\right) \\
&= -750 \cdot \left((2t + 10 - 0{,}2t^2 - 2t - 10) \cdot e^{-0{,}2t}\right) \\
&= -750 \cdot \left(-0{,}2t^2 \cdot e^{-0{,}2t}\right) \\
&= 150 \cdot t^2 \cdot e^{-0{,}2t} \\
&= f(t)
\end{aligned}$$

Wegen $\mathrm{F}'(t) = f(t)$ ist F eine Stammfunktion von f.

2.2 Die Anzahl $\mathrm{A}(t)$ der Personen, die nach t Wochen insgesamt krank gemeldet sind, erhält man mithilfe der gegebenen Stammfunktion $\mathrm{F}(t) = -750 \cdot \left(t^2 + 10 \cdot t + 50\right) \cdot e^{-0{,}2t}$ und der Nebenbedingung, dass zu Beginn 100 Personen erkrankt sind. Als Ansatz verwendet man:

$$\mathrm{A}(t) = \mathrm{F}(t) + c$$

Mit der Nebenbedingung $A(0) = 100$ ergibt sich:

$$\begin{aligned} A(0) &= F(0) + c \\ 100 &= -750 \cdot \left(0^2 + 10 \cdot 0 + 50\right) \cdot e^{-0,2 \cdot 0} + c \\ 100 &= -37\,500 + c \\ 37\,600 &= c \end{aligned}$$

Damit erhält man für die Anzahl $A(t)$ der Personen, die nach t Wochen insgesamt krank gemeldet sind:

$$A(t) = -750 \cdot \left(t^2 + 10t + 50\right) \cdot e^{-0,2t} + 37\,600$$

2.3 Die Anzahl der Personen, die nach 12 Wochen insgesamt krank gemeldet sind, erhält man, indem man $t = 12$ in $A(t)$ einsetzt:

$$A(12) = -750 \cdot \left(12^2 + 10 \cdot 12 + 50\right) \cdot e^{-0,2 \cdot 12} + 37\,600 \approx 16236$$

Nach 12 Wochen sind insgesamt etwa 16 236 Personen krank gemeldet.

2.4 Um nachzuweisen, dass die Anzahl der Meldungen unter 40 000 bleiben wird, bestimmt man den Grenzwert von $A(t)$ für $t \to \infty$. Wegen $A'(t) = f(t) > 0$ für $t > 0$ ist $A(t)$ streng monoton wachsend. Da $e^{-0,2t}$ für $t \to \infty$ gegen Null geht, gilt:

$$\lim_{t \to \infty} A(t) = 37\,600 < 40\,000$$

Damit wird die Anzahl der Meldungen unter 40 000 bleiben.

3.1 Es ist $B(t) = a - b \cdot e^{-0,1 \cdot t}$. Da im Laufe der Zeit alle 30 000 Einwohner von der Krankheit erfasst werden können, geht $B(t)$ für $t \to \infty$ gegen 30000. Da $b \cdot e^{-0,1 \cdot t}$ für $t \to \infty$ gegen Null und somit $B(t)$ gegen a geht, muss gelten: $a = 30\,000$.
Damit erhält man:

$$B(t) = 30\,000 - b \cdot e^{-0,1 \cdot t}$$

Mit der Nebenbedingung, dass zu Beginn $(t = 0)$ bereits die Hälfte der Einwohner $(15\,000)$ an diesem Virus erkrankt ist, gilt:

$$\begin{aligned} B(0) &= 15\,000 \\ 30\,000 - b \cdot e^{-0,1 \cdot 0} &= 15\,000 \\ 15\,000 &= b \end{aligned}$$

Damit ergibt sich als Funktion, welche die Anzahl der von der Krankheit erfassten Personen beschreibt:

$$B(t) = 30\,000 - 15\,000 \cdot e^{-0,1 \cdot t}$$

3.2 Den Zeitpunkt, zu dem 95% aller Einwohner von der Krankheit erfasst sind, erhält man, indem man die Gleichung $\mathrm{B}(t) = 0,95 \cdot 30000$ nach t auflöst:

$$\begin{aligned}
30000 - 15000 \cdot e^{-0,1 \cdot t} &= 0,95 \cdot 30000 \\
30000 - 0,95 \cdot 30000 &= 15000 \cdot e^{-0,1 \cdot t} \\
1500 &= 15000 \cdot e^{-0,1 \cdot t} \\
0,1 &= e^{-0,1 \cdot t} \\
\ln(0,1) &= -0,1 \cdot t \\
\frac{\ln(0,1)}{-0,1} &= t \\
t &\approx 23
\end{aligned}$$

Nach etwa 23 Wochen sind 95% aller Einwohner von der Krankheit erfasst.

4.1 Den Mittelwert $\overline{m}(t)$ der Funktionswerte von $f(x) = 6x - \frac{1}{2}x^3$ auf dem Intervall $[0 : t]$ erhält man mithilfe eines Integrals:

$$\begin{aligned}
\overline{m}(t) &= \frac{1}{t} \cdot \int_0^t \left(6x - \frac{1}{2}x^3\right) \mathrm{d}x = \frac{1}{t} \cdot \left[3x^2 - \frac{1}{8}x^4\right]_0^t = \frac{1}{t} \cdot \left(\left(3t^2 - \frac{1}{8}t^4\right) - \left(3 \cdot 0^2 - \frac{1}{8} \cdot 0^4\right)\right) \\
&= 3t - \frac{1}{8}t^3
\end{aligned}$$

Damit der Mittelwert möglichst groß ist, berechnet man mithilfe der 1. und 2. Ableitung von $\overline{m}(t)$ das Maximum:

$$\begin{aligned}
\overline{m}'(t) &= 3 - \frac{3}{8}t^2 \\
\overline{m}''(t) &= -\frac{3}{4}t
\end{aligned}$$

Als notwendige Bedingung löst man die Gleichung $\overline{m}'(t) = 0$ nach t auf:

$$\begin{aligned}
3 - \frac{3}{8}t^2 &= 0 \\
8 &= t^2 \\
\pm\sqrt{8} &= t_{1,2}
\end{aligned}$$

Wegen $t > 0$ kommt nur $t = \sqrt{8}$ als Lösung in Frage.
Setzt man $t = \sqrt{8}$ in $\overline{m}''(t)$ ein, ergibt sich:

$$\overline{m}''\left(\sqrt{8}\right) = -\frac{3}{4} \cdot \sqrt{8} < 0 \Rightarrow \text{Maximum}$$

Somit ist für $t = \sqrt{8}$ der Mittelwert am größten.

4.2 Zeichnet man die Punkte P und Q ein, erhält man folgenden Sachverhalt:

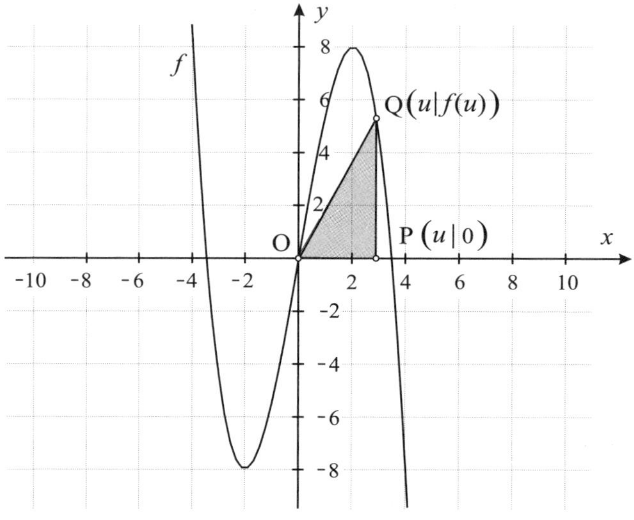

Durch den Rechenschritt (I) $A(u) = \frac{u \cdot f(u)}{2} = 3u^2 - \frac{1}{4}u^4$ wird der Flächeninhalt $A(u)$ des Dreiecks OPQ in Abhängigkeit von u bestimmt.
Durch den Rechenschritt (II) $A'(u) = 0 \Rightarrow u_1 = 0, u_2 = \sqrt{6}$ wird die 1. Ableitung von $A(u)$ gleich Null gesetzt, um die Extremwerte von $A(u)$ zu bestimmen. Als mögliche Lösungen erhält man $u_1 = 0$ und $u_2 = \sqrt{6}$.
Durch den Rechenschritt (III) $A''\left(\sqrt{6}\right) = -12$ wird die Art des Extremwerts bestimmt.
Wegen $A''\left(\sqrt{6}\right) = -12 < 0$ handelt es sich um ein Maximum.
Somit hat das Dreieck OPQ für $u = \sqrt{6}$ einen maximalen Flächeninhalt.
Wegen des Rechenschritts (IV) $A\left(\sqrt{6}\right) = 9$ beträgt der maximale Flächeninhalt 9 FE.

6 App

Es ist $f(t) = 6000 \cdot t \cdot e^{-0,5t}$; $t \geqslant 0$ (t in Monaten nach der Einführung, $f(t)$ in Käufer pro Monat).

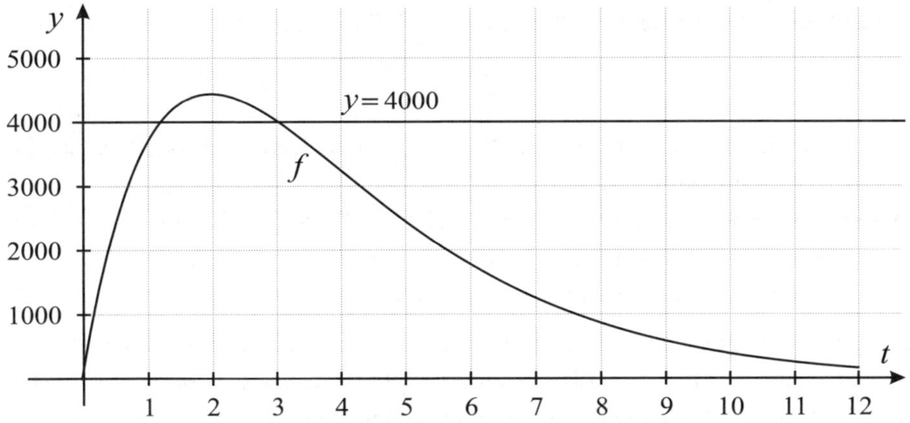

1.1 Die maximale momentane Änderungsrate erhält man, indem man das Maximum von $f(t)$ mithilfe des gegebenen Graphen bestimmt: $t = 2$ und $f(2) \approx 4415$ (WTR).
Somit beträgt die maximale momentane Änderungsrate etwa 4415 Käufer pro Monat.

1.2 Den Zeitraum, in dem die momentane Änderungsrate größer als 4000 Käufer pro Monat ist, erhält man, indem man die Gerade $y = 4000$ mit dem Graphen von f schneidet. Es ergeben sich näherungsweise die Schnittstellen: $t_1 \approx 1,2$ und $t_2 \approx 3,0$.
Somit ist im Zeitraum zwischen etwa 1,2 und 3 Monaten nach der Einführung die momentane Änderungsrate größer als 4000 Käufer pro Monat.

1.3 Die Zeitpunkte, zu denen die momentane Änderungsrate am stärksten abnimmt bzw. zunimmt, erhält man anhand des Graphen von f, indem man die Stellen mit maximaler und minimaler Tangentensteigung bestimmt.
Bei $t_1 = 0$ ist die Tangensteigung am größten (positiv), bei $t_2 \approx 4,0$ ist die Tangentensteigung am stärksten negativ (Wendestelle).
Somit nimmt zum Zeitpunkt der Einführung die momentane Änderungsrate am stärksten zu, etwa 4 Monate nach der Einführung nimmt sie am stärksten ab.

2.1 Um zu zeigen, dass für $t > 2$ die Funktion f streng monoton fallend ist, bestimmt man die 1. Ableitung von $f(t)$ mithilfe der Produkt- und Kettenregel:

$$f'(t) = 6000 \cdot e^{-0,5t} + 6000 \cdot t \cdot e^{-0,5t} \cdot (-0,5) = 6000 \cdot e^{-0,5t} \cdot (1 - 0,5t)$$

Da $6000 \cdot e^{-0,5t}$ stets positiv ist, ist $f'(t) < 0$ für $1 - 0,5t < 0$ bzw. $2 < t$.
Somit ist f für $t > 2$ streng monoton fallend.
Da $t > 2$ und $6000 \cdot e^{-0,5t}$ stets positiv ist, ist auch $f(t) = 6000 \cdot t \cdot e^{-0,5t}$ stets positiv.
Somit nimmt f für $t > 2$ nur positive Werte an.

2.2 Für $t > 2$, also ab zwei Monaten nach der Einführung, ist die momentane Änderungsrate zwar streng monoton fallend, aber stets positiv, so dass die Gesamtzahl der Käufer ständig zunimmt, die Zunahme aber immer geringer wird.

3.1 Die Gesamtzahl K der Käufer sechs Monate nach Einführung der App erhält man mithilfe eines Integrals:

$$\mathrm{K} = \int_0^6 f(t)\,\mathrm{d}t$$

Der Wert dieses Integrals entspricht dem Flächeninhalt der Fläche zwischen dem Graphen von f und der x-Achse im Intervall $[0;6]$.
Durch «Kästchenzählen» kann man den Flächeninhalt näherungsweise bestimmen. Es ergeben sich etwa 19 Kästchen. Da einem Kästchen 1000 Käufer entsprechen, beträgt die Gesamtzahl der Käufer sechs Monate nach der Einführung etwa 19 000.

3.2 Mithilfe der Integralgleichung $\int_t^{t+2} f(t)\,\mathrm{d}t = 5000$ kann man den Beginn eines Zeitraumes von zwei Monaten, in dem es 5000 neue Käufer gibt, berechnen, da durch das Integral die Summe der neuen Käufer gebildet wird und das Intervall $[t\,;t+2]$ einem Zeitintervall entspricht, das zu einem bestimmten Zeitpunkt t beginnt und 2 Monate umfasst.

4 Die Gesamtzahl G der Käufer entwickelt sich nach dem Gesetz $\mathrm{G}(t) = \mathrm{S} - a \cdot e^{-k \cdot t}$ (t in Monaten nach Verkaufsbeginn, $\mathrm{G}(t)$ in Anzahl der Käufer).
Da man auf lange Sicht 30 000 Käufer erwartet und für $t \longrightarrow \infty$ der Term $a \cdot e^{-k \cdot t}$ gegen Null geht, gilt: $\mathrm{S} = 30\,000$. Damit ergibt sich:

$$\mathrm{G}(t) = 30\,000 - a \cdot e^{-k \cdot t}$$

Da es sechs Monate nach Verkaufsbeginn bereits 20 000 Käufer gibt, gilt: $\mathrm{G}(6) = 20\,000$.
Da es beim Verkaufsstart noch keine Käufer gibt, gilt: $\mathrm{G}(0) = 0$.
Diese beiden Bedingungen führen zu folgendem Gleichungssystem:

$$\begin{array}{lcccc} \mathrm{I} & 30000 & - & a \cdot e^{-k \cdot 6} & = & 20000 \\ \mathrm{II} & 30000 & - & a \cdot e^{-k \cdot 0} & = & 0 \end{array}$$

Aus Gleichung II ergibt sich: $30\,000 - a \cdot 1 = 0 \Rightarrow a = 30\,000$.
Setzt man $a = 30\,000$ in Gleichung I ein, erhält man:

$$\begin{aligned} 30\,000 - 30\,000 \cdot e^{-6 \cdot k} &= 20\,000 \\ 10\,000 &= 30\,000 \cdot e^{-6 \cdot k} \\ \frac{1}{3} &= e^{-6 \cdot k} \\ \ln\left(\frac{1}{3}\right) &= -6 \cdot k \\ \frac{\ln\left(\frac{1}{3}\right)}{-6} &= k \\ k &\approx 0{,}1831 \end{aligned}$$

Somit gilt für einen Funktionsterm, welcher die Gesamtzahl der Käufer in Abhängigkeit von der Zeit nach Verkaufsbeginn beschreibt:

$$G(t) = 30000 - 30000 \cdot e^{-0{,}1831 \cdot t}$$

5.1 Zur Veranschaulichung skizziert man den Graphen von $g(x) = x - \frac{1}{x^3} = x - x^{-3}$; $x \neq 0$ mit $g'(x) = 1 - (-3) \cdot x^{-4} = 1 + \frac{3}{x^4}$ mithilfe einer Wertetabelle und zeichnet die Tangente t an den Graphen von g in einem Punkt B $(u \mid g(u))$ durch P$(0 \mid -0,5)$:

x	-3	-2	-1	0	1	2	3
$g(x)$	$-2,96$	$-1,88$	0	–	0	$1,88$	$2,96$

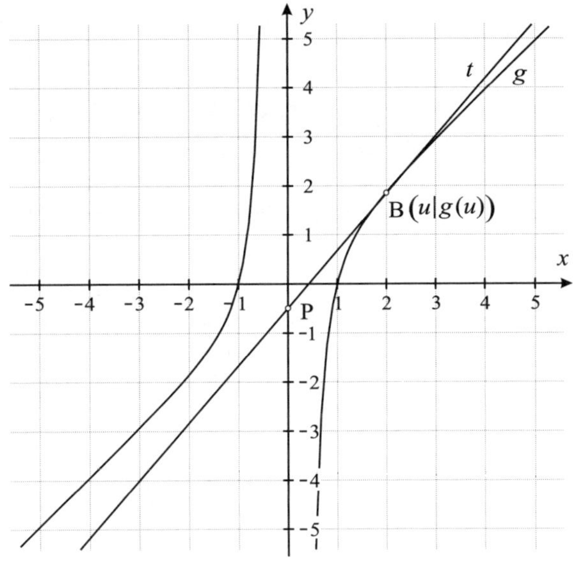

Die Koordinaten des Berührpunktes B $(u \mid g(u))$ erhält man, indem man zuerst die Steigung m_t im Punkt B auf zweierlei Arten bestimmt.

Da B auf dem Graphen von g liegt, gilt: $m_t = g'(u) = 1 + \frac{3}{u^4}$.

Da B auf der Tangente t liegt, gilt: $m_t = \frac{g(u)-(-0,5)}{u-0} = \frac{u - \frac{1}{u^3} + 0,5}{u} = 1 - \frac{1}{u^4} + \frac{0,5}{u}$.

Durch Gleichsetzen erhält man:

$$1 + \frac{3}{u^4} = 1 - \frac{1}{u^4} + \frac{0,5}{u}$$

$$\frac{4}{u^4} = \frac{0,5}{u}$$

$$8 = u^3$$

$$2 = u$$

Alternativ kann man die Koordinaten von $P(0 \mid -0,5)$ auch in die Tangentengleichung

$$y = g'(u) \cdot (x - u) + g(u)$$

einsetzen:

$$\begin{aligned} -0,5 &= \left(1 + \frac{3}{u^4}\right) \cdot (0 - u) + u - \frac{1}{u^3} \\ -0,5 &= -u - \frac{3}{u^3} + u - \frac{1}{u^3} \\ -0,5 &= -\frac{4}{u^3} \\ u^3 &= 8 \\ u &= 2 \end{aligned}$$

Setzt man $u = 2$ in $g(u) = u - \frac{1}{u^3}$ ein, ergibt sich: $g(2) = 2 - \frac{1}{2^3} = 1,875$.
Somit erhält man den Berührpunkt $B(2 \mid 1,875)$.

5.2 Zur Veranschaulichung der Problemstellung skizziert man den Graphen von g und die Gerade mit der Gleichung $y = 2x - 1$:

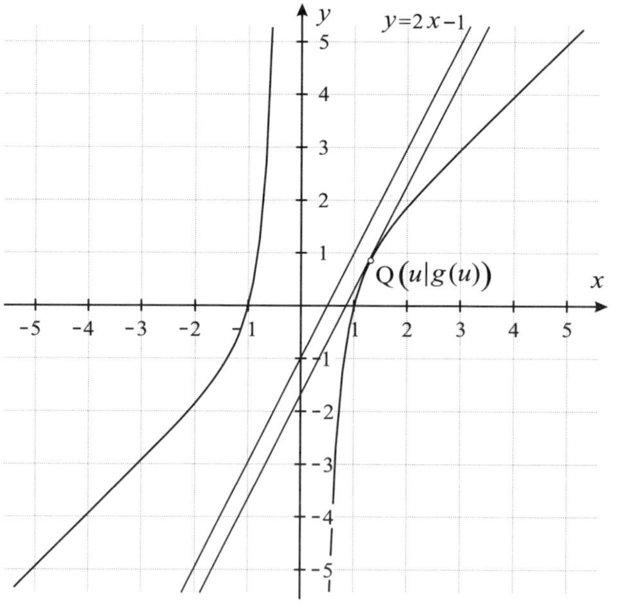

Da der Graph von g die gegebene Gerade nicht schneidet, muss der Punkt $Q(x \mid g(x))$ auf dem Graphen von g, der den kleinsten Abstand zur Geraden mit der Gleichung $y = 2x - 1$ besitzt, auf der zu dieser Geraden parallelen Tangente liegen. Damit hat die Tangente in Q die Steigung $m = 2$ und es muss gelten:

$$\begin{aligned} g'(x) &= 2 \\ 1 + \frac{3}{x^4} &= 2 \\ 3 &= x^4 \\ \pm\sqrt[4]{3} &= x_{1,2} \\ x_{1,2} &\approx \pm 1,32 \end{aligned}$$

Dem Graphen von g entnimmt man, dass $x \approx 1,32$ die gesuchte x-Koordinate ist.

7 Stausee

Es sind $z(t) = 20 \cdot \sin\left(\frac{\pi}{12} \cdot t\right) + 25$; $t \geqslant 0$ und $a(t) = 19$; $t \geqslant 0$ (t in Stunden seit Beobachtungsbeginn, $z(t)$ und $a(t)$ in $1\,000\,\frac{\text{m}^3}{\text{h}}$).

frv.tv/cf

1.1 Den Graphen von z kann man mithilfe einer Wertetabelle zeichnen:

t	0	6	12	18	24
$z(t)$	25	45	25	5	25

Alternativ kann man sich auch überlegen, dass der Graph von z die Mittellinie $y = 25$ hat, die Periode $p = \frac{2\pi}{\frac{\pi}{12}} = 24$ und eine mit Faktor 20 in y-Richtung gestreckte Sinusfunktion ist.

Der Graph von a ist eine Parallele zur t-Achse.

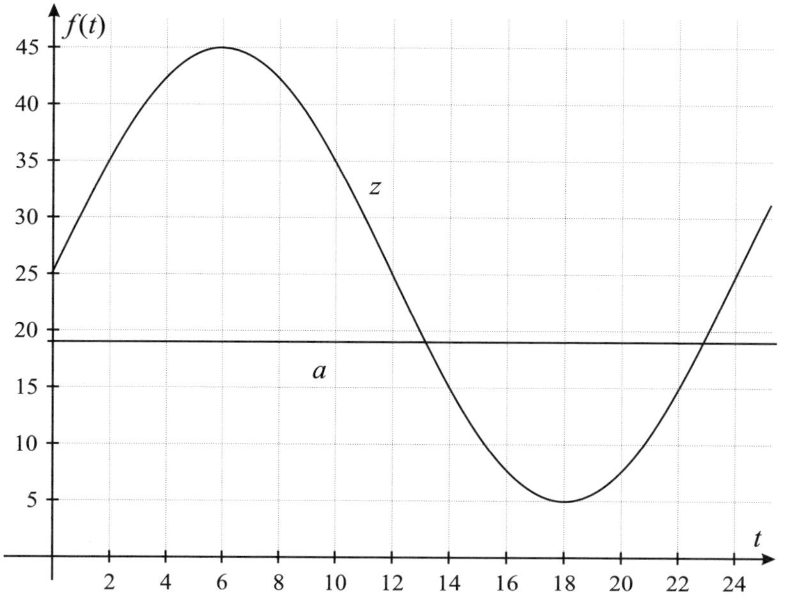

1.2 Die minimale momentane Zuflussrate erhält man, indem man das Minimum der Funktion $z(t)$ für $0 \leqslant t \leqslant 24$ mithilfe des Graphen von z bestimmt. Da die Funktion z die Periode $p = \frac{2\pi}{\frac{\pi}{12}} = 24$ hat, befindet sich die Minimalstelle bei $t = 18$.
Setzt man $t = 18$ in $z(t)$ ein, ergibt sich: $z(18) = 20 \cdot \sin\left(\frac{\pi}{12} \cdot 18\right) + 25 = 5$ (WTR).
Somit beträgt die minimale momentane Zuflussrate $5\,000\,\frac{\text{m}^3}{\text{h}}$.

1.3 Um zu bestimmen, in welchem Zeitraum die Wassermenge im Stausee abnimmt, liest man zuerst die Schnittstellen der Graphen von $z(t)$ und $a(t)$ anhand der Graphen ab. Man erhält näherungsweise $t_1 \approx 13$ und $t_2 \approx 23$. Anhand der Graphen kann man erkennen, dass $z(t) < a(t)$ für $13 < t < 23$ gilt. Somit nimmt die Wassermenge im Stausee im Zeitraum zwischen etwa 13 und 23 Stunden nach Beobachtungsbeginn ab.

1.4 Die maximale momentane Änderungsrate der Wassermenge erhält man, indem man das Maximum der Funktion

$$w(t) = z(t) - a(t) = 20 \cdot \sin\left(\frac{\pi}{12} \cdot t\right) + 6$$

berechnet.
Da die Funktion $w(t)$ ebenfalls die Periode $p = \frac{2\pi}{\frac{\pi}{12}} = 24$ hat und eine mit Faktor 20 in y-Richtung gestreckte Sinusfunktion mit Mittellinie $y = 6$ ist, befindet sich die Stelle des Maximums bei $t = 6$. Setzt man $t = 6$ in $w(t)$ ein, ergibt sich mit dem WTR:

$$w(6) = 20 \cdot \sin\left(\frac{\pi}{12} \cdot 6\right) + 6 = 26$$

Somit beträgt die maximale momentane Änderungsrate der Wassermenge $26\,000\,\frac{\text{m}^3}{\text{h}}$.

2.1 Da sich zu Beobachtungsbeginn $2\,500\,000\,\text{m}^3$ Wasser im See befinden, gilt für das Volumen bei $t = 0$, also zu Beginn: $\text{V}(0) = 2500$.
Die Wassermenge im Stausee 12 Stunden nach Beobachtungsbeginn erhält man mithilfe eines Integrals, da die Zuwächse addiert werden. Unter Berücksichtigung der Anfangsbedingung gilt für das Volumen V:

$$\begin{aligned}
\text{V}(12) &= 2500 + \int_0^{12} (z(t) - a(t))\,\text{d}t \\
&= 2500 + \int_0^{12} \left(20 \cdot \sin\left(\frac{\pi}{12} \cdot t\right) + 6\right) \text{d}t \\
&= 2500 + \left[\frac{-20 \cdot \cos\left(\frac{\pi}{12} \cdot t\right)}{\frac{\pi}{12}} + 6t\right]_0^{12} \\
&= 2500 + \left(\frac{-20 \cdot \cos\left(\frac{\pi}{12} \cdot 12\right)}{\frac{\pi}{12}} + 6 \cdot 12\right) - \left(\frac{-20 \cdot \cos\left(\frac{\pi}{12} \cdot 0\right)}{\frac{\pi}{12}} + 6 \cdot 0\right) \\
&\approx 2725
\end{aligned}$$

Somit beträgt die Wassermenge 12 Stunden nach Beobachtungsbeginn etwa $2\,725\,000\,\text{m}^3$.

2.2 Um zu begründen, dass die Wassermenge in jedem 24-Stunden-Zeitraum um $144\,000\,\text{m}^3$ zunimmt, betrachtet man die Funktion

$$w(t) = z(t) - a(t) = 20 \cdot \sin\left(\frac{\pi}{12} \cdot t\right) + 6$$

Diese hat die Mittellinie $y = 6$ und die Periode $\text{p} = \frac{2\pi}{\frac{\pi}{12}} = 24$. Die mittlere momentane Änderungsrate der Wassermenge in jedem 24-Stunden-Zeitraum beträgt also $6000\,\frac{\text{m}^3}{\text{h}}$.

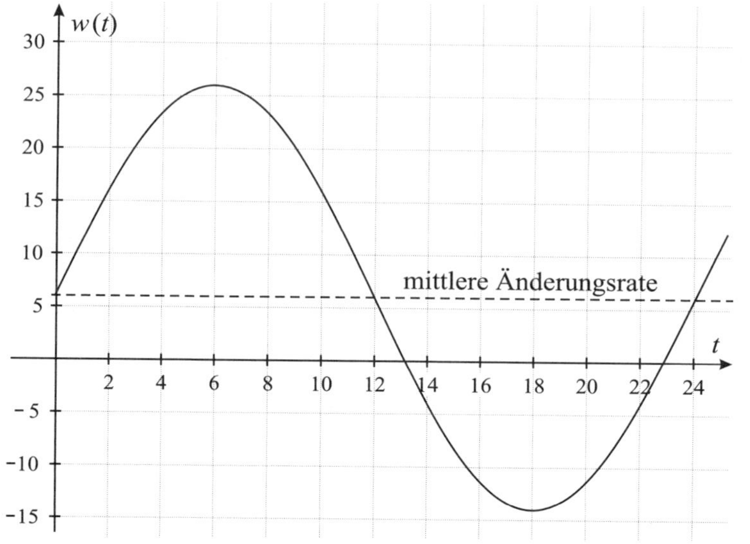

Damit gilt für die Zunahme Z der Wassermenge in jedem 24-Stunden-Zeitraum:

$$Z = 24\,\mathrm{h} \cdot 6000\,\frac{\mathrm{m}^3}{\mathrm{h}} = 144\,000\,\mathrm{m}^3$$

Da $w(t)$ periodisch mit $p = 24$ ist, beträgt die Zunahme der Wassermenge in jedem 24-Stunden-Zeitraum $144\,000\,\mathrm{m}^3$.

2.3 Um den Wert der konstanten Abflussrate zu bestimmen, damit nach Ablauf von 14 Tagen die Wassermenge im Stausee $4\,180\,000\,\mathrm{m}^3$ betragen würde, kann man sich Folgendes überlegen:
Die Zunahme der Wassermenge muss nach Ablauf von 14 Tagen

$$4\,180\,000\,\mathrm{m}^3 - 2\,500\,000\,\mathrm{m}^3 = 1\,680\,000\,\mathrm{m}^3$$

betragen.
Pro Tag muss die Zunahme der Wassermenge durchschnittlich also

$$\frac{1\,680\,000\,\mathrm{m}^3}{14} = 120\,000\,\mathrm{m}^3$$

betragen.
Pro Stunde muss die Zunahme der Wassermenge durchschnittlich also

$$\frac{120\,000\,\mathrm{m}^3}{24} = 5\,000\,\mathrm{m}^3$$

betragen.
Wegen $z(t) = 20 \cdot \sin\left(\frac{\pi}{12} \cdot t\right) + 25$ beträgt der durchschnittliche Zufluss pro Stunde $25\,000\,\mathrm{m}^3$. Somit müssten pro Stunde konstant $20\,000\,\mathrm{m}^3$ abfließen.

3.1 Die Koordinaten des Hochpunkts und des Tiefpunkts des Graphen von $f(x) = x^3 - 9x^2 + 24x - 14$ erhält man mithilfe der 1. und 2. Ableitung von f:

$$f'(x) = 3x^2 - 18x + 24$$
$$f''(x) = 6x - 18$$

Als notwendige Bedingung löst man die Gleichung $f'(x) = 0$ nach x auf:

$$3x^2 - 18x + 24 = 0$$

Mithilfe der *abc*-Formel erhält man die Lösungen $x_1 = 2$ und $x_2 = 4$.
Setzt man die erhaltenen x-Werte in $f''(x)$ ein, ergibt sich:

$$f''(2) = 6 \cdot 2 - 18 = -6 < 0 \Rightarrow \text{ Hochpunkt}$$
$$f''(4) = 6 \cdot 4 - 18 = 6 > 0 \Rightarrow \text{ Tiefpunkt}$$

Die zugehörigen y-Werte erhält man, indem man die x-Werte in $f(x)$ einsetzt:

$$y_1 = f(2) = 2^3 - 9 \cdot 2^2 + 24 \cdot 2 - 14 = 6$$
$$y_2 = f(4) = 4^3 - 9 \cdot 4^2 + 24 \cdot 4 - 14 = 2$$

Damit erhält man: H$(2 \mid 6)$ ist Hochpunkt und T$(4 \mid 2)$ ist Tiefpunkt des Graphen von f.
Somit kann man die Achsen skalieren:

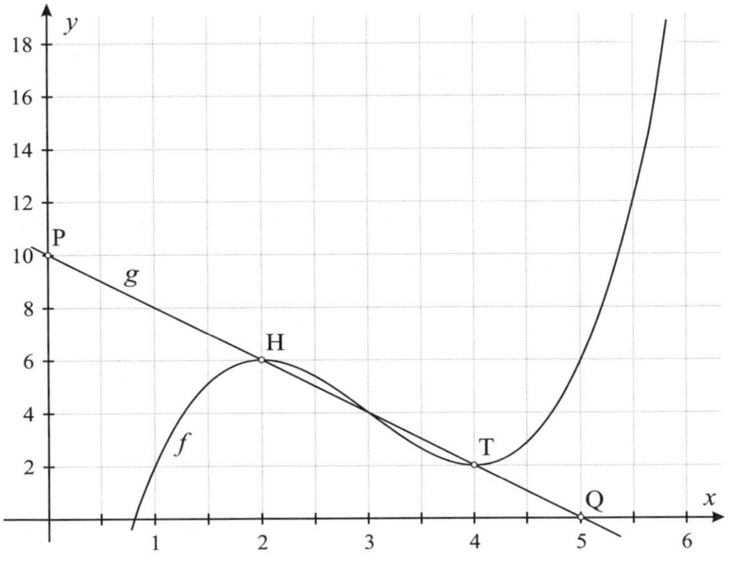

Die Gleichung der Geraden g durch den Hochpunkt H und den Tiefpunkt T des Graphen von f erhält man, indem man die Steigung m bestimmt und anschließend die Koordinaten von H und m in die Punkt-Steigungsform einsetzt:

$$m = \frac{y_T - y_H}{x_T - x_H} = \frac{2-6}{4-2} = -2$$

Setzt man $m = -2$ und $H(2 \mid 6)$ in die Punkt-Steigungsform $y = m \cdot (x - x_H) + y_H$ ein, ergibt sich:

$$g: y = -2 \cdot (x-2) + 6$$
$$g: y = -2 \cdot x + 10$$

Den Schnittpunkt P von g mit der y-Achse erhält man, indem man $x = 0$ in die Geradengleichung einsetzt:

$$y = 2 \cdot 0 + 10 = 10 \Rightarrow P(0 \mid 10)$$

Den Schnittpunkt Q von g mit der x-Achse erhält man, indem man die Gleichung $y = 0$ nach x auflöst:

$$-2x + 10 = 0 \Rightarrow x = 5 \Rightarrow Q(5 \mid 0)$$

Die Längen der Strecken HT und PQ erhält man mithilfe des Abstandes zweier Punkte:

$$\overline{HT} = \sqrt{(4-2)^2 + (2-6)^2} = \sqrt{20}$$
$$\overline{PQ} = \sqrt{(5-0)^2 + (0-10)^2} = \sqrt{125}$$

Den prozentualen Anteil der Strecke HT an der Strecke PQ erhält man, indem man $\overline{HT}$ durch $\overline{PQ}$ teilt:

$$\frac{\overline{HT}}{\overline{PQ}} = \frac{\sqrt{20}}{\sqrt{125}} = 0{,}4 = 40\%$$

Der prozentuale Anteil der Strecke HT an der Strecke PQ beträgt 40%.

3.2 Um zu begründen, dass die Steigung des Graphen von f keine Werte kleiner als -3 annehmen kann, bestimmt man die Lösungen der Ungleichung $f'(x) < -3$. Dies führt zu:

$$3x^2 - 18x + 24 < -3$$
$$3x^2 - 18x + 27 < 0$$
$$x^2 - 6x + 9 < 0$$

Die Lösungsmenge der Ungleichung $x^2 - 6x + 9 < 0$ kann man sich anhand des Schaubilds der zugehörigen Funktion überlegen.

Die Funktion $h(x) = x^2 - 6x + 9$ ist eine nach oben geöffnete Normalparabel.

Die Lösungsmenge der Ungleichung $x^2 - 6x + 9 < 0$ sind alle x-Werte, für die die Parabel unterhalb der x-Achse verläuft.
Die Nullstellen der Funktion h erhält man durch Lösen der Gleichung $x^2 - 6x + 9 = 0$.
mithilfe der abc-Formel erhält man als einzige Lösung $x = 3$.

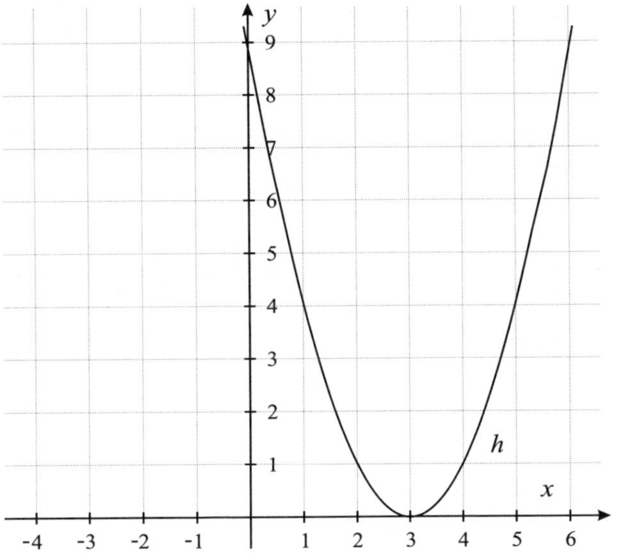

Die Parabel berührt die x-Achse bei $x = 3$ und verläuft damit nie unterhalb der x-Achse.
Somit hat die Ungleichung $x^2 - 6x + 9 < 0$ keine Lösung, so dass die Steigung des Graphen von f keine Werte kleiner als -3 annehmen kann.
Alternativ bestimmt man das Minimum der Funktion $f'(x) = 3x^2 - 18x + 24$, welche die Steigung des Graphen beschreibt. Hierzu bestimmt man die 1. und 2. Ableitung von $f'(x)$:

$$\left(f'(x)\right)' = 6x - 18$$
$$\left(f'(x)\right)'' = 6$$

Als notwendige Bedingung löst man die Gleichung $\left(f'(x)\right)' = 0$ nach x auf:

$$6x - 18 = 0 \Rightarrow x = 3$$

Wegen $\left(f'(x)\right)'' = 6 > 0$ handelt es sich um ein Minimum.
Setzt man $x = 3$ in $f'(x)$ ein, ergibt sich: $f'(3) = 3 \cdot 3^2 - 18 \cdot 3 + 24 = -3$.
Da der Graph von f' eine nach oben geöffnete Parabel ist, handelt es sich um das absolute (globale) Minimum. Somit ist -3 die minimale Steigung des Graphen von f, also kann die Steigung des Graphen von f keine Werte kleiner als -3 annehmen.

3.3 Die Schnittstellen des Graphen von f und der Geraden h mit der Gleichung $y = 2$ erhält man aus der Wertetabelle: $x_1 = 1$ und $x_2 = 4$.

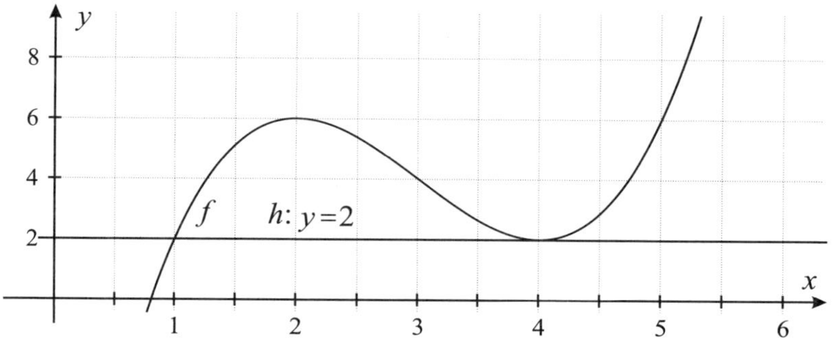

Den Flächeninhalt A der Fläche, den der Graph von f und die Gerade h mit der Gleichung $y = 2$ einschließen, erhält man mithilfe eines Integrals. Da der Graph von f oberhalb der Geraden verläuft, gilt:

$$\begin{aligned}
\mathrm{A} &= \int_1^4 (f(x) - 2)\,\mathrm{d}x \\
&= \int_1^4 \left(x^3 - 9x^2 + 24x - 14 - 2\right)\mathrm{d}x \\
&= \int_1^4 \left(x^3 - 9x^2 + 24x - 16\right)\mathrm{d}x \\
&= \left[\frac{1}{4}x^4 - 3x^3 + 12x^2 - 16x\right]_1^4 \\
&= \left(\frac{1}{4}\cdot 4^4 - 3\cdot 4^3 + 12\cdot 4^2 - 16\cdot 4\right) - \left(\frac{1}{4}\cdot 1^4 - 3\cdot 1^3 + 12\cdot 1^2 - 16\cdot 1\right) \\
&= 6{,}75
\end{aligned}$$

Der Flächeninhalt der eingeschlossenen Fläche beträgt $6{,}75\,\mathrm{FE}$.

8 Grippe

Es ist $f(t) = 4t \cdot e^{-0,5t} + 36,6$; $t > 0$ (t in Tagen, $f(t)$ in °C) mit $f'(t) = (4-2t) \cdot e^{-0,5t}$.

1 1.1 Die höchste Körpertemperatur der Schülerin während des Infektes erhält man, indem man die Koordinaten des Hochpunkts des Graphen von f mit der 1. und 2. Ableitung von f berechnet, die man mit der Produkt- und Kettenregel bestimmt:

$$f'(t) = (4-2t) \cdot e^{-0,5t}$$
$$f''(t) = -2 \cdot e^{-0,5t} + (4-2t) \cdot e^{-0,5t} \cdot (-0,5) = (-4+t) \cdot e^{-0,5t}$$

Als notwendige Bedingung löst man die Gleichung $f'(t) = 0$ nach t auf. Da $e^{-0,5t} \neq 0$ ist, gilt:

$$(4-2t) \cdot e^{-0,5t} = 0 \Rightarrow 4-2t = 0 \Rightarrow t = 2$$

Setzt man $t = 2$ in $f''(t)$ ein, ergibt sich:

$$f''(2) = (-4+2) \cdot e^{-0,5 \cdot 2} = -2e^{-1} < 0 \Rightarrow \text{lokaler Hochpunkt}$$

Da keine weiteren Extremstellen vorliegen, liegt an dieser Stelle das absolute Maximum.
Den zugehörigen y-Wert erhält man, indem man $t = 2$ in $f(t)$ einsetzt:

$$y = f(2) = 4 \cdot 2 \cdot e^{-0,5 \cdot 2} + 36,6 \approx 39,54 \Rightarrow \text{H}(2 \mid 39,54)$$

Somit beträgt die höchste Körpertemperatur der Schülerin während des Infekts etwa 39,5°C.

1.2 Die Koordinaten des Wendepunktes W des Graphen von f erhält man mit der 2. Ableitung von f. Als notwendige Bedingung löst man die Gleichung $f''(t) = 0$ nach t auf. Da $e^{-0,5t} \neq 0$ ist, gilt:

$$(-4+t) \cdot e^{-0,5t} = 0 \Rightarrow -4+t = 0 \Rightarrow t = 4$$

Da f'' bei $t = 4$ einen Vorzeichenwechsel von $-$ nach $+$ hat, handelt es sich um eine Wendestelle.
Den zugehörigen y-Wert erhält man, indem man $t = 4$ in $f(t)$ einsetzt:

$$y = f(4) = 4 \cdot 4 \cdot e^{-0,5 \cdot 4} + 36,6 \approx 38,77 \Rightarrow \text{W}(4 \mid 38,77)$$

Somit hat der Wendepunkt die Koordinaten W$(4 \mid 38,77)$.
Damit ändert sich die Körpertemperatur der Schülerin vier Tage nach dem Auftreten des Infekts am stärksten. Sie beträgt zu diesem Zeitpunkt etwa 38,8°C.

frv.tv/cf

1.3 Zum Skizzieren des Graphen der Funktion d mit $d(t) = 4t \cdot e^{-0,5t}$ im Intervall $[0; 10]$ erstellt man mithilfe des Taschenrechners eine Wertetabelle:

t	0	1	2	3	4	5	6	7	8	9	10
$d(t)$	0	2,43	2,94	2,68	2,17	1,64	1,19	0,85	0,59	0,40	0,27

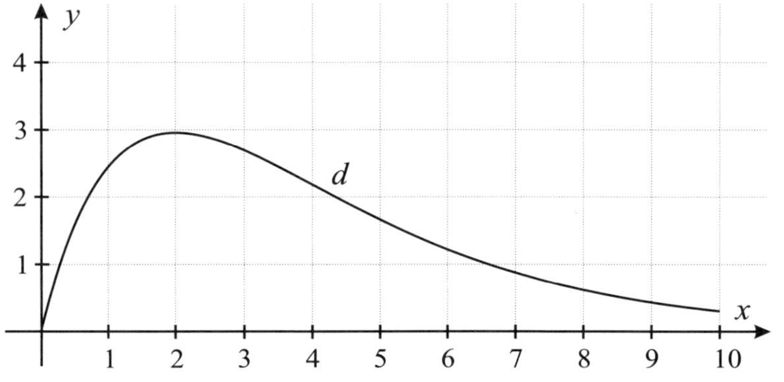

Wegen $d(t) = f(t) - 36,6$ gibt die Funktion d die Differenz der Körpertemperatur während des Infekts zu $36,6°C$ (Normaltemperatur) an, also die Erhöhung der Körpertemperatur während des Infekts.

2 2.1 Um zu zeigen, dass $\mathrm{F}(t) = (-8t - 16) \cdot e^{-0,5t} + 36,6t$ eine mögliche Stammfunktion von f ist, leitet man F mit Hilfe der Produkt- und Kettenregel ab:

$$\begin{aligned} \mathrm{F}'(t) &= -8 \cdot e^{-0,5t} + (-8t - 16) \cdot e^{-0,5t} \cdot (-0,5) + 36,6 \\ &= (-8 + 4t + 8) \cdot e^{-0,5t} + 36,6 \\ &= 4t \cdot e^{-0,5t} + 36,6 \\ &= f(t) \end{aligned}$$

Wegen $\mathrm{F}'(t) = f(t)$ ist F eine Stammfunktion von f.

2.2 Die durchschnittliche Körpertemperatur $\overline{\mathrm{T}}$ der Schülerin innerhalb der ersten Woche, also für $t \in [0; 7]$, erhält man mithilfe eines Integrals unter Verwendung des Taschenrechners:

frv.tv/ce

$$\overline{\mathrm{T}} = \frac{1}{7-0} \int_0^7 f(t)\mathrm{d}t = \frac{1}{7} \int_0^7 \left(4t \cdot e^{-0,5t} + 36,6\right) \mathrm{d}t \approx 38,58$$

Somit beträgt die durchschnittliche Körpertemperatur innerhalb der ersten Woche des Infekts etwa $38,6°C$.

2.3 Die Temperatur, die zu einem bestimmten Zeitpunkt t und dann genau zwei Tage später $(t+2)$ erneut erreicht wird, erhält man, indem man folgende Gleichung löst:

$$\begin{aligned}
f(t) &= f(t+2)\\
4t\cdot e^{-0{,}5t}+36{,}6 &= 4\cdot(t+2)\cdot e^{-0{,}5\cdot(t+2)}+36{,}6\\
4t\cdot e^{-0{,}5t} &= (4t+8)\cdot e^{-0{,}5t-1}\\
4t\cdot e^{-0{,}5t} &= (4t+8)\cdot e^{-0{,}5t}\cdot e^{-1}\\
4t &= (4t+8)\cdot e^{-1}\\
4t &= 4t\cdot e^{-1}+8\cdot e^{-1}\\
4t-4t\cdot e^{-1} &= 8\cdot e^{-1}\\
t\cdot\left(4-4\cdot e^{-1}\right) &= 8\cdot e^{-1}\\
t &= \frac{8\cdot e^{-1}}{4-4\cdot e^{-1}}\\
t &\approx 1{,}16
\end{aligned}$$

Alternativ kann man die Gleichung

$$4t\cdot e^{-0{,}5t}+36{,}6 = 4\cdot(t+2)\cdot e^{-0{,}5\cdot(t+2)}+36{,}6$$

auch mithilfe des Taschenrechners lösen. Man erhält auch hier $t\approx 1{,}16$.
Damit wird nach etwa $1{,}2$ und nach etwa $3{,}2$ Tagen dieselbe Temperatur erreicht.
Die zugehörige Temperatur T erhält man, indem man $t\approx 1{,}16$ in $f(t)$ einsetzt:

$$\mathrm{T}\approx f(1{,}16)=4\cdot 1{,}16\cdot e^{-0{,}5\cdot 1{,}16}+36{,}6\approx 39{,}20$$

Somit wird nach etwa $1{,}2$ und nach etwa $3{,}2$ Tagen eine Körpertemperatur von etwa $39{,}2$°C erreicht.

3 Die Funktion f beschreibt die Niederschlagsrate eines Dauerregens, die Funktion g die Wasserabflussrate (t in Stunden seit Einsetzen des Regens , $f(t)$ und $g(t)$ in Liter pro m^2 pro Stunde).

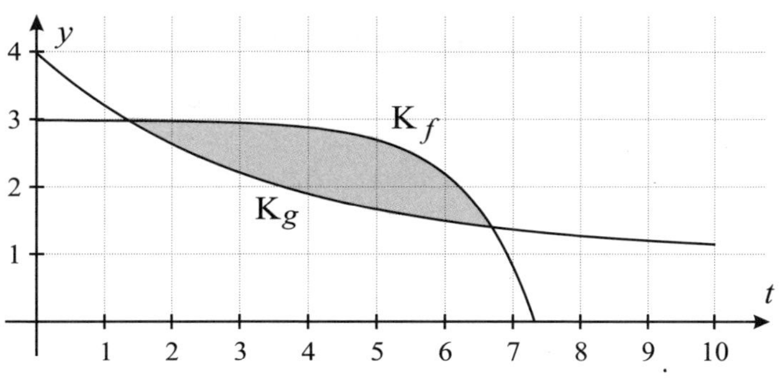

3.1 Anhand des Graphen von f kann man erkennen, dass der Regen etwa die ersten fünf Stunden nahezu gleichbleibend stark ist mit einer Niederschlagsrate von etwa 3 Liter pro m^2 pro Stunde, anschließend lässt er recht schnell nach.
Etwa nach 7,3 Stunden hört der Regen auf, da die Nullstelle von f bei $t \approx 7{,}3$ ist.
Die gesamte Niederschlagsmenge M während des Regens kann man mithilfe eines Integrals bestimmen, da alle Niederschlagsraten während des Regens summiert werden:

$$\mathrm{M} = \int_0^{7,3} f(t)\mathrm{d}t$$

3.2 Die Graphen von f und g haben näherungsweise die Schnittstellen $t_1 \approx 1{,}4$ und $t_2 \approx 6{,}7$. Da der Graph von f oberhalb des Graphen von g verläuft, ist in diesem Zeitraum die Niederschlagsrate größer als die Wasserabflussrate. Somit bilden sich Pfützen. Die schraffierte Fläche, die von den beiden Graphen eingeschlossen wird, kann näherungsweise durch das Integral $\mathrm{W} = \int_{1,4}^{6,7} (f(t) - g(t))\,\mathrm{d}t$ berechnet werden und beschreibt die Wassermenge W, die zwischen 1,4 und 6,7 Stunden nicht abfließen konnte.
Eine Gleichung, mit der man berechnen kann, zu welchem Zeitpunkt T alle Pfützen verschwunden sind, erhält man mithilfe von Integralen. Im Zeitraum von 6,7 bis 7,3 Stunden kann der Abfluss durch $\mathrm{A}_1 = \int_{6,7}^{7,3} (g(t) - f(t))\,\mathrm{d}t$ beschrieben werden. Wenn der Regen aufgehört hat, kann der Abfluss bis zu einem Zeitpunkt T durch $\mathrm{A}_2 = \int_{7,3}^{\mathrm{T}} g(t)\mathrm{d}t$ beschrieben werden. Da die Wassermenge W, die sich zwischen 1,4 und 6,7 Stunden gebildet hat, vollständig bis zum Zeitpunkt T abfließen soll, muss gelten:

$$\mathrm{W} = \mathrm{A}_1 + \mathrm{A}_2$$

$$\int_{1,4}^{6,7} (f(t) - g(t))\,\mathrm{d}t = \int_{6,7}^{7,3} (g(t) - f(t))\,\mathrm{d}t + \int_{7,3}^{\mathrm{T}} g(t)\mathrm{d}t$$

Lineare Algebra/ Analytische Geometrie

9 Flugzeug

Gegeben ist die Flugbahn $f_1: \vec{x} = \begin{pmatrix} 7 \\ 29 \\ 7 \end{pmatrix} + t \cdot \begin{pmatrix} 3 \\ -2 \\ -1 \end{pmatrix}$ eines Flugzeugs F_1 (t in Minuten nach 7.00 Uhr, Koordinatenangaben in km).

1.1 Die Uhrzeit 7.01 Uhr entspricht $t = 1$; setzt man $t = 1$ in f_1 ein, erhält man:

$$\vec{q} = \begin{pmatrix} 7 \\ 29 \\ 7 \end{pmatrix} + 1 \cdot \begin{pmatrix} 3 \\ -2 \\ -1 \end{pmatrix} = \begin{pmatrix} 10 \\ 27 \\ 6 \end{pmatrix} \Rightarrow \mathrm{Q}(10 \mid 27 \mid 6)$$

Also befindet sich das Flugzeug um 7.01 Uhr im Punkt $\mathrm{Q}(10 \mid 27 \mid 6)$.

1.2 Man kann erkennen, dass sich das Flugzeug im Sinkflug befindet, da die z-Komponente des Richtungsvektors der Flugbahn negativ ist.

1.3 Die Geschwindigkeit v des Flugzeugs erhält man, indem man die in der ersten Minute zurückgelegte Wegstrecke $\overline{\mathrm{PQ}}$ durch die benötigte Zeit $\left(\frac{1}{60}\text{ Stunde}\right)$ teilt:

$$v = \frac{\overline{\mathrm{PQ}}}{\frac{1}{60}} = \frac{\left|\overrightarrow{\mathrm{PQ}}\right|}{\frac{1}{60}} = \frac{\left|\begin{pmatrix} 3 \\ -2 \\ -1 \end{pmatrix}\right|}{\frac{1}{60}} = \frac{\sqrt{3^2 + (-2)^2 + (-1)^2}}{\frac{1}{60}} = 60 \cdot \sqrt{14} \approx 224{,}5$$

Das Flugzeug hat damit eine Geschwindigkeit von etwa $224{,}5\ \frac{\mathrm{km}}{\mathrm{h}}$.

1.4 Schneidet man f_1 mit der x-y-Ebene ($z = 0$), erhält man: $7 - t = 0 \Rightarrow t = 7$
Setzt man $t = 7$ in f_1 ein, ergibt sich:

$$\vec{s} = \begin{pmatrix} 7 \\ 29 \\ 7 \end{pmatrix} + 7 \cdot \begin{pmatrix} 3 \\ -2 \\ -1 \end{pmatrix} = \begin{pmatrix} 28 \\ 15 \\ 0 \end{pmatrix} \Rightarrow \mathrm{S}(28 \mid 15 \mid 0)$$

Also würde das Flugzeug um 7.07 Uhr im Punkt $\mathrm{S}(28 \mid 15 \mid 0)$ auf dem Boden aufsetzen.

2.1 Es ist zu prüfen, ob f_1, R_1 und R_2 in einer Ebene liegen, damit der Anflug optimal ist.
Die Ebene E, in der R_1 und f_1 liegen, hat die Spannvektoren

$$\vec{v}_1 = \vec{u}_1 = \begin{pmatrix} 3 \\ -2 \\ -1 \end{pmatrix} \text{ und } \vec{v}_2 = \overrightarrow{\mathrm{PR}_1} = \begin{pmatrix} -1 \\ -26 \\ -7 \end{pmatrix}.$$

Damit lautet die Parametergleichung:

$$E\colon \vec{x} = \begin{pmatrix} 7 \\ 29 \\ 7 \end{pmatrix} + t \cdot \begin{pmatrix} 3 \\ -2 \\ -1 \end{pmatrix} + s \cdot \begin{pmatrix} -1 \\ -26 \\ -7 \end{pmatrix}, \; s,\, t \in \mathbb{R}$$

Um zu prüfen, ob $R_2\,(17 \mid 9 \mid 0)$ auch in der Ebene E liegt, setzt man den Ortsvektor von R_2 in E ein und erhält folgendes lineares Gleichungssystem:

$$\begin{array}{llcllll} \text{I} & 17 & = & 7 & + & 3t & - & s \\ \text{II} & 9 & = & 29 & - & 2t & - & 26s \\ \text{III} & 0 & = & 7 & - & t & - & 7s \end{array}$$

Subtrahiert man das 2-fache von Gleichung III von Gleichung II, erhält man:

$$9 = 15 - 12s \;\Rightarrow\; s = 0{,}5$$

Setzt man $s = 0{,}5$ in Gleichung II ein, ergibt sich: $9 = 29 - 2t - 26 \cdot 0{,}5 \;\Rightarrow\; t = 3{,}5$
Setzt man $s = 0{,}5$ und $t = 3{,}5$ in Gleichung I ein, erhält man:

$$17 = 7 + 3 \cdot 3{,}5 - 0{,}5 \;\Rightarrow\; 17 = 17$$

Aufgrund der wahren Aussage liegt auch R_2 in der Ebene E und damit ist der Anflug optimal.

2.2 Das Flugzeug F_1 entfernt sich von R_1 ab demjenigen Zeitpunkt, an dem der Abstand von R_1 zu f_1 minimal ist.
Hierzu stellt man eine zu f_1 orthogonale Hilfsebene E_H auf, die den Punkt R_1 enthält und deren Normalenvektor der Richtungsvektor $\vec{u}_1$ von f_1 ist. Dazu setzt man die Koordinaten des Punktes $R_1(6 \mid 3 \mid 0)$ in den Ansatz $3x - 2y - z = d$ ein:

$$3 \cdot 6 - 2 \cdot 3 - 0 = d \;\Rightarrow\; d = 12$$

So erhält man die Koordinatengleichung: $E_H\colon\; 3x - 2y - z = 12$.

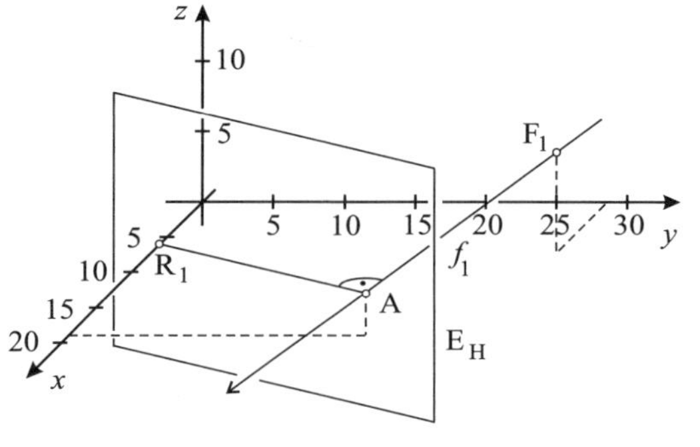

Schneidet man E_H mit f_1 ergibt sich der Schnittpunkt A zum gesuchten Zeitpunkt t:

$$3\cdot(7+3t)-2\cdot(29-2t)-(7-t)=12 \Rightarrow t=4$$

Damit übernimmt die Radarstation R_2 um 7.04 Uhr die Flugüberwachung.

3.1 Um zu bestimmen, wie weit die Flugzeuge F_1 und F_2 um 7.04 Uhr voneinander entfernt sind, setzt man $t=4$ in f_1 und f_2 ein und berechnet den Abstand d der beiden zugehörigen Punkte A und B:

$$\vec{a}=\begin{pmatrix}7\\29\\7\end{pmatrix}+4\cdot\begin{pmatrix}3\\-2\\-1\end{pmatrix}=\begin{pmatrix}19\\21\\3\end{pmatrix} \Rightarrow \mathrm{A}\,(19\,|\,21\,|\,3)$$

$$\vec{b}=\begin{pmatrix}18\\11\\7\end{pmatrix}+4\cdot\begin{pmatrix}2\\2\\0\end{pmatrix}=\begin{pmatrix}26\\19\\7\end{pmatrix} \Rightarrow \mathrm{B}\,(26\,|\,19\,|\,7)$$

$$d=\left|\overrightarrow{\mathrm{AB}}\right|=\left|\begin{pmatrix}7\\-2\\4\end{pmatrix}\right|=\sqrt{7^2+(-2)^2+4^2}=\sqrt{69}\approx 8{,}31$$

Die beiden Flugzeuge sind um 7.04 Uhr etwa 8,3 km voneinander entfernt.

3.2 Um zu berechnen, zu welchem Zeitpunkt die beiden Flugzeuge einen Abstand von 10 km haben, wird zuerst der Abstand $d(t)$ der beiden Positionen $\mathrm{A}_t\,(7+3t\,|\,29-2t\,|\,7-t)$ von F_1 und $\mathrm{B}_t\,(18+2t\,|\,11+2t\,|\,7)$ von F_2 zum Zeitpunkt t bestimmt:

$$d(t)=\left|\overrightarrow{\mathrm{A}_t\mathrm{B}_t}\right|=\left|\begin{pmatrix}11-t\\-18+4t\\t\end{pmatrix}\right|=\sqrt{(11-t)^2+(-18+4t)^2+t^2}$$

Anschließend löst man die Gleichung $d(t)=10$ durch Quadrieren nach t auf:

$$\begin{aligned}\sqrt{(11-t)^2+(-18+4t)^2+t^2}&=10\\(11-t)^2+(-18+4t)^2+t^2&=100\\121-22t+t^2+324-144t+16t^2+t^2&=100\\18t^2-166t+345&=0\end{aligned}$$

Mithilfe der *abc*-Formel oder des Taschenrechners erhält man $t_1\approx 3{,}16$ und $t_2\approx 6{,}06$. Somit haben die beiden Flugzeuge etwa um 7.03 Uhr und um 7.06 Uhr einen Abstand von 10 km.

10 Platte

Gegeben sind die Punkte $A(10 \mid 6 \mid 0)$, $B(0 \mid 6 \mid 0)$, $C(0 \mid 0 \mid 3)$, $D(10 \mid 0 \mid 3)$, $F(5 \mid 6 \mid 0)$ und $L(8 \mid 10 \mid 2)$.

1.1 Die Ebene E, in der die Platte mit den Eckpunkten $A(10 \mid 6 \mid 0)$, $B(0 \mid 6 \mid 0)$ und $C(0 \mid 0 \mid 3)$ liegt, hat beispielsweise den Stützpunkt A und die Spannvektoren

$$\overrightarrow{AB} = \begin{pmatrix} -10 \\ 0 \\ 0 \end{pmatrix} = -10 \cdot \begin{pmatrix} 1 \\ 0 \\ 0 \end{pmatrix} \text{ und } \overrightarrow{AC} = \begin{pmatrix} -10 \\ -6 \\ 3 \end{pmatrix}.$$

Damit hat E die Parametergleichung:

$$E\colon \vec{x} = \begin{pmatrix} 10 \\ 6 \\ 0 \end{pmatrix} + s \cdot \begin{pmatrix} 1 \\ 0 \\ 0 \end{pmatrix} + t \cdot \begin{pmatrix} -10 \\ -6 \\ 3 \end{pmatrix};\ s,t \in \mathbb{R}$$

frv.tv/cg

Einen Normalenvektor $\vec{n}$ von E erhält man mithilfe des Vektorprodukts (siehe Seite 50) der Spannvektoren $\begin{pmatrix} 1 \\ 0 \\ 0 \end{pmatrix}$ und $\begin{pmatrix} -10 \\ -6 \\ 3 \end{pmatrix}$:

$$\begin{pmatrix} 1 \\ 0 \\ 0 \end{pmatrix} \times \begin{pmatrix} -10 \\ -6 \\ 3 \end{pmatrix} = \begin{pmatrix} 0 \\ -3 \\ -6 \end{pmatrix} = -3 \cdot \begin{pmatrix} 0 \\ 1 \\ 2 \end{pmatrix} \Rightarrow \vec{n} = \begin{pmatrix} 0 \\ 1 \\ 2 \end{pmatrix}$$

Alternativ kann man $\vec{n}$ auch mithilfe des Skalarprodukts bestimmen, da $\vec{n}$ auf beiden Spannvektoren senkrecht steht. Damit gilt:

$$\begin{pmatrix} n_1 \\ n_2 \\ n_3 \end{pmatrix} \cdot \begin{pmatrix} 1 \\ 0 \\ 0 \end{pmatrix} = 0$$

und

$$\begin{pmatrix} n_1 \\ n_2 \\ n_3 \end{pmatrix} \cdot \begin{pmatrix} -10 \\ -6 \\ 3 \end{pmatrix} = 0$$

Daraus ergibt sich das lineare Gleichungssystem:

$$\begin{array}{lrcrcrcl} \text{I} & n_1 & + & 0 \cdot n_2 & + & 0 \cdot n_3 & = & 0 \\ \text{II} & -10n_1 & - & 6n_2 & + & 3n_3 & = & 0 \end{array}$$

Aus Gleichung I ergibt sich: $n_1 = 0$.

Setzt man $n_1 = 0$ in Gleichung II ein, erhält man: $-6n_2 + 3n_3 = 0$.

Wählt man in Gleichung II z.B. $n_3 = 2$, erhält man: $-6n_2 + 3 \cdot 2 = 0 \Rightarrow n_2 = 1$

Damit ergibt sich ein Normalenvektor $\vec{n} = \begin{pmatrix} 0 \\ 1 \\ 2 \end{pmatrix}$.

Eine Koordinatengleichung von E erhält man, indem man die Koordinaten des Punktes A$(10 \mid 6 \mid 0)$ in den Ansatz $y + 2z = d$ einsetzt:

$$6 + 2 \cdot 0 = d \Rightarrow d = 6$$

Die Ebene E hat die Koordinatengleichung E: $y + 2z = 6$.

1.2

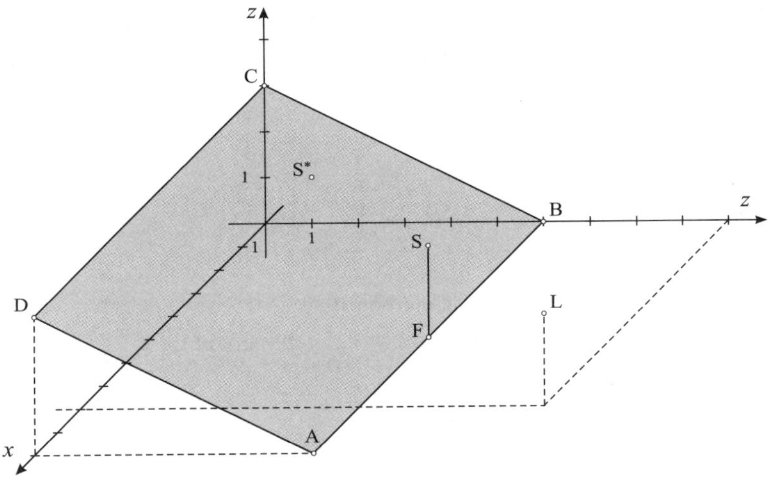

1.3 Das obere Ende des Stabes hat die Koordinaten S$(5 \mid 6 \mid 2)$. Den Abstand d des oberen Endes S des Stabes von der Ebene E: $y + 2z = 6$ erhält man mithilfe des Lotfusspunktverfahrens. Dazu stellt man eine Lotgerade l auf, die durch S geht und orthogonal zur Ebene E ist. Als Richtungsvektor von l wählt man den Normalenvektor von E. Damit hat l folgende Gleichung:

$$l\colon \vec{x} = \vec{s} + t \cdot \vec{n}$$

$$l\colon \vec{x} = \begin{pmatrix} 5 \\ 6 \\ 2 \end{pmatrix} + t \cdot \begin{pmatrix} 0 \\ 1 \\ 2 \end{pmatrix}$$

Anschließend berechnet man den Schnittpunkt K von l und der Ebene E.
Hierzu setzt man den allgemeinen Punkt $P_t(5 \mid 6 + t \mid 2 + 2t)$ von l in die Koordinatengleichung von E: $y + 2z = 6$ ein:

$$6 + t + 2 \cdot (2 + 2t) = 6 \Rightarrow t = -\frac{4}{5}$$

Setzt man $t = -\frac{4}{5}$ in P_t ein, erhält man die Koordinaten des Schnittpunkts K$\left(5 \mid \frac{26}{5} \mid \frac{2}{5}\right)$.

Den Abstand von S zu K erhält man, indem man den Betrag des entsprechenden Verbindungsvektors bestimmt:

$$d = |\overrightarrow{SK}| = \left| \begin{pmatrix} 0 \\ -\frac{4}{5} \\ -\frac{8}{5} \end{pmatrix} \right| = \sqrt{0^2 + \left(-\frac{4}{5}\right)^2 + \left(-\frac{8}{5}\right)^2} \approx 1{,}79$$

Der Abstand des oberen Endes des Stabes von der Ebene E beträgt etwa 1,79 m.

2.1 Das obere Ende des Stabes hat die Koordinaten S (5 | 6 | 2).
Den Schattenpunkt S^* des oberen Endes des Stabes auf der Platte erhält man, indem man die Gerade g durch die Punkte S und L aufstellt und mit der Ebene E, in der die Platte liegt, schneidet. Die Gerade g hat die Gleichung:

$$g: \vec{x} = \begin{pmatrix} 5 \\ 6 \\ 2 \end{pmatrix} + t \cdot \begin{pmatrix} 3 \\ 4 \\ 0 \end{pmatrix}$$

Den Schnittpunkt S^* von g und E erhält man, indem man den allgemeinen Punkt $P_t\,(5+3t \mid 6+4t \mid 2)$ in die Koordinatengleichung von E: $y + 2z = 6$ einsetzt:

$$6 + 4t + 2 \cdot 2 = 6 \Rightarrow t = -1$$

Setzt man $t = -1$ in P_t ein, ergibt sich: $S^*\,(2 \mid 2 \mid 2)$.
Der Schattenpunkt des oberen Endes des Stabes hat die Koordinaten $S^*\,(2 \mid 2 \mid 2)$.

2.2 Um zu begründen, dass der Schatten vollständig auf der Platte liegt, kann man sich Folgendes überlegen:
Das untere Ende des Stabes, also der Punkt F, liegt auf der Platte, da er der Mittelpunkt der Eckpunkte A und B ist.
Der Punkt $S^*\,(2 \mid 2 \mid 2)$ liegt auf der Platte, da die x-Koordinate von S^* zwischen den x-Koordinaten der Eckpunkte A und B liegt, die y-Koordinate von S^* zwischen den y-Koordinaten der Eckpunkte B und C liegt und die z-Koordinate von S^* zwischen den z-Koordinaten der Eckpunkte A und D bzw. B und C liegt.
Damit liegt der gesamte Schatten des Stabes von F zu S^* auf der Platte.

3 Da sich die Lichtquelle von L aus auf einer zur x-y-Ebene parallelen Kreisbahn bewegt, deren Mittelpunkt das obere Ende des Stabes ist, liegt diese Kreisbahn in der Ebene K: $z = 2$. Die Kollisionspunkte der Kreisbahn mit der Platte liegen also auf der Schnittgeraden s von E und K.

Eine Gleichung von s erhält man durch Lösen des zugehörigen Gleichungssystems:

$$\begin{array}{lrcrcl} \text{I} & y & + & 2z & = & 6 \\ \text{II} & & & z & = & 2 \end{array}$$

Setzt man $z = 2$ in Gleichung I ein, ergibt sich: $y + 2 \cdot 2 = 6 \Rightarrow y = 2$.
Wählt man $x = t$, so erhält man:

$$s\colon \vec{x} = \begin{pmatrix} 0 \\ 2 \\ 2 \end{pmatrix} + t \cdot \begin{pmatrix} 1 \\ 0 \\ 0 \end{pmatrix}$$

Die Koordinaten der beiden möglichen Kollisionspunkte erhält man, indem man den Abstand eines allgemeinen Punktes $P_t\,(t \mid 2 \mid 2)$ von s zum Mittelpunkt S des Kreises gleichsetzt mit dem Radius r der Kreisbahn.

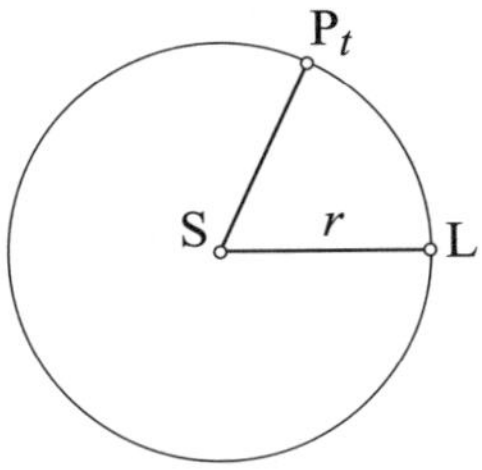

Der Radius r der Kreisbahn ist der Abstand von S zu L:

$$r = \overline{SL} = \left|\overrightarrow{SL}\right| = \left|\begin{pmatrix} 3 \\ 4 \\ 0 \end{pmatrix}\right| = \sqrt{3^2 + 4^2 + 0^2} = \sqrt{25} = 5$$

Der Abstand d_t eines allgemeinen Punktes P_t von s zum Mittelpunkt S des Kreises beträgt:

$$d_t = \overline{P_tS} = \left|\overrightarrow{P_tS}\right| = \left|\begin{pmatrix} 5-t \\ 4 \\ 0 \end{pmatrix}\right| = \sqrt{(5-t)^2 + 4^2 + 0^2} = \sqrt{(5-t)^2 + 16}$$

Die Gleichung $d_t = r$ löst man durch Quadrieren nach t auf:

$$\begin{aligned} \sqrt{(5-t)^2 + 16} &= 5 \\ (5-t)^2 + 16 &= 25 \\ 25 - 10t + t^2 + 16 &= 25 \\ t^2 - 10t + 16 &= 0 \end{aligned}$$

Mithilfe der *abc*- oder des Taschenrechners erhält man die Lösungen $t_1 = 2$ und $t_2 = 8$.
Setzt man $t_1 = 2$ und $t_2 = 8$ in P_t ein, erhält man die Kollisionspunkte $P_1\,(2 \mid 2 \mid 2)$ und $P_2\,(8 \mid 2 \mid 2)$.

11 Turm

1 Für die einzelnen Punkte ergeben sich folgende Koordinaten:
A(8 | 0 | 0), B(8 | 8 | 0), C(0 | 8 | 0), D(0 | 0 | 0), E(8 | 0 | 18), F(8 | 8 | 18), G(0 | 8 | 18), H(0 | 0 | 18), S(4 | 4 | 24), M(4 | 4 | 18).
Den Neigungswinkel des Daches bestimmt man mithilfe der Trigonometrie:

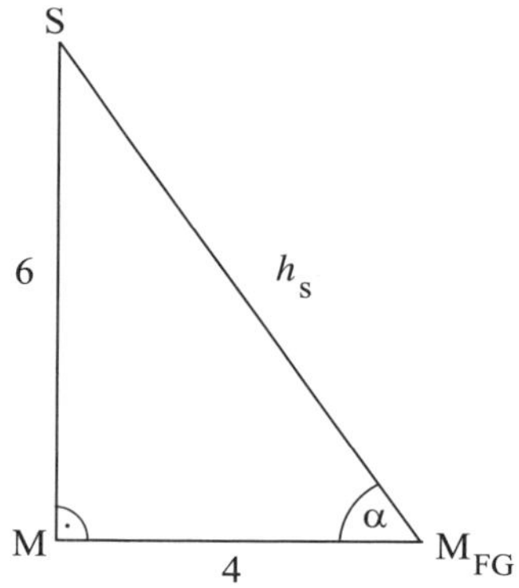

Es ist $\tan\alpha = \frac{6}{4} \Rightarrow \alpha \approx 56{,}31°$.
Für die Berechnung der Größe der Dachfläche ermittelt man zuerst die Dreiecksfläche einer Seitenfläche der Pyramide: $A_\triangle = \frac{1}{2} \cdot g \cdot h_s$.
Die Grundseite g ist 8 m lang, h_s erhält man mithilfe des Satzes des Pythagoras (siehe Skizze):
$h_s^2 = 4^2 + 6^2 \Rightarrow h_s = \sqrt{52} = 2\sqrt{13}$.
Für eine Dreiecksfläche ergibt sich
$A_\triangle = \frac{1}{2} \cdot 8 \cdot 2\sqrt{13} = 8\sqrt{13}$.

Da die gesamte Dachfläche aus 4 kongruenten Dreiecken besteht, erhält man für die Größe der Dachfläche:

$$A_{\text{Dach}} = 4 \cdot A_\triangle = 4 \cdot 8 \cdot \sqrt{13} = 32 \cdot \sqrt{13} \approx 115{,}4$$

Die Größe der Dachfläche beträgt somit etwa 115,4 m^2.

2 Um die Länge des Schattens zu bestimmen, braucht man den Schattenpunkt der Spitze des Fahnenmastes an der Wand und den Schattenpunkt am Übergang zwischen Boden und Wand.
Für die Spitze S′ des Fahnenmastes ergibt sich: S′(18 | 4 | 8).
Den Schattenpunkt Z′ der Spitze S′ an der Wand erhält man, indem mit S′ und der Richtung des Sonnenlichtes eine Gerade g aufgestellt wird, welche mit der Turmebene ABFE mit der Gleichung $x = 8$ geschnitten wird:

$g: \vec{x} = \begin{pmatrix} 18 \\ 4 \\ 8 \end{pmatrix} + t \cdot \begin{pmatrix} -10 \\ 1 \\ -2 \end{pmatrix}; t \in \mathbb{R}$ geschnitten mit $x = 8$ führt zu $18 - 10t = 8 \Rightarrow$
$t = 1$. Setzt man $t = 1$ in g ein, so erhält man Z′: $\vec{z'} = \begin{pmatrix} 18 \\ 4 \\ 8 \end{pmatrix} + 1 \cdot \begin{pmatrix} -10 \\ 1 \\ -2 \end{pmatrix} = \begin{pmatrix} 8 \\ 5 \\ 6 \end{pmatrix}$
$\Rightarrow$ Z′(8 | 5 | 6).

Geht man von Z′ aus vertikal bis zum Boden nach unten, so erhält man einen Schattenpunkt Z am Übergang zwischen Boden und Wand: Z(8 | 5 | 0).
Die Länge des Schattens ergibt sich nun aus zwei Teilstrecken:
$l_1 = \overline{PZ}$ (Schattenlänge am Boden), $l_2 = \overline{ZZ'}$ (Schattenlänge an der Wand):

$$l_1 = \overline{\mathrm{PZ}} = |\overrightarrow{\mathrm{PZ}}| = \left|\begin{pmatrix} -10 \\ 1 \\ 0 \end{pmatrix}\right| = \sqrt{(-10)^2 + 1^2 + 0^2} = \sqrt{101},$$

$$l_2 = \overline{\mathrm{ZZ'}} = |\overrightarrow{\mathrm{ZZ'}}| = \left|\begin{pmatrix} 0 \\ 0 \\ 6 \end{pmatrix}\right| = \sqrt{0^2 + 0^2 + 6^2} = 6.$$

So ergibt sich für die Gesamtlänge l:

$l = l_1 + l_2 = \sqrt{101} + 6 \approx 16{,}05.$

Der Schatten hat eine Gesamtlänge von etwa 16,05 m.

3 Das Auge des Kindes befindet sich in der Ebene E^*: $z = 1$. Es kann die Spitze S erstmals sehen, wenn das Auge sich in der Linie SF befindet, folglich ist die Gerade h durch S und F mit der Ebene E^* zu schneiden, um die Position des Kindes zu erhalten, wenn es die Turmspitze erstmals sehen kann:

$$h: \vec{x} = \begin{pmatrix} 8 \\ 8 \\ 18 \end{pmatrix} + t \cdot \begin{pmatrix} 4 \\ 4 \\ -6 \end{pmatrix}; t \in \mathbb{R} \text{ geschnitten mit } z = 1 \text{ ergibt: } 18 - 6t = 1 \Rightarrow t = \tfrac{17}{6}.$$

Setzt man $t = \frac{17}{6}$ in h ein, so erhält man die Position des Kindes K:

$$\vec{k} = \begin{pmatrix} 8 \\ 8 \\ 18 \end{pmatrix} + \tfrac{17}{6} \cdot \begin{pmatrix} 4 \\ 4 \\ -6 \end{pmatrix} = \begin{pmatrix} \frac{58}{3} \\ \frac{58}{3} \\ 1 \end{pmatrix} \Rightarrow \mathrm{K}\left(\tfrac{58}{3} \mid \tfrac{58}{3} \mid 1\right).$$

Alternativ erhält man den Punkt K, indem man die Gerade h durch S und F mit der Geraden, auf der sich das Kind bewegt, schneidet. Die Gerade k, auf der sich das Kind bewegt, verläuft durch die Punkte $\mathrm{D}'(0 \mid 0 \mid 1)$ und $\mathrm{B}'(8 \mid 8 \mid 1)$:

$$h: \vec{x} = \begin{pmatrix} 8 \\ 8 \\ 18 \end{pmatrix} + t \cdot \begin{pmatrix} 4 \\ 4 \\ -6 \end{pmatrix}, \qquad k: \vec{x} = \begin{pmatrix} 0 \\ 0 \\ 1 \end{pmatrix} + s \cdot \begin{pmatrix} 8 \\ 8 \\ 0 \end{pmatrix}; s, t \in \mathbb{R}.$$

$$h \cap k \text{ ergibt: } \begin{array}{rcrcl} 8 & + & 4t & = & 8s \\ 8 & + & 4t & = & 8s \\ 18 & - & 6t & = & 1 \end{array} \quad \text{mit den Lösungen } t = \tfrac{17}{6} \text{ und } s = \tfrac{29}{12}.$$

Eingesetzt in h bzw. k ergibt sich ebenfalls $\mathrm{K}\left(\frac{58}{3} \mid \frac{58}{3} \mid 1\right)$.

Die Entfernung zur Turmkante BF erhält man, indem man zuerst den Punkt B' auf BF in Höhe 1 bestimmt und dann den Abstand zwischen B' und K berechnet: $\mathrm{B}'(8 \mid 8 \mid 1)$,

$$d(\mathrm{B}';\mathrm{K}) = |\overrightarrow{\mathrm{B'K}}| = \left|\begin{pmatrix} \frac{34}{3} \\ \frac{34}{3} \\ 0 \end{pmatrix}\right| = \sqrt{\left(\tfrac{34}{3}\right)^2 + \left(\tfrac{34}{3}\right)^2 + 0^2} \approx 16{,}03.$$

Die Entfernung des Kindes zur Turmkante beträgt ca. 16,03 m.

12 Pyramide

1.1 Die Verbindungsvektoren sind $\overrightarrow{AB} = \begin{pmatrix} 4 \\ -4 \\ 2 \end{pmatrix}$, $\overrightarrow{AC} = \begin{pmatrix} 6 \\ -3 \\ 0 \end{pmatrix}$ und $\overrightarrow{BC} = \begin{pmatrix} 2 \\ 1 \\ -2 \end{pmatrix}$.

Nimmt man als Spannvektoren $\frac{1}{2}\overrightarrow{AB} = \begin{pmatrix} 2 \\ -2 \\ 1 \end{pmatrix}$ und $\frac{1}{3}\overrightarrow{AC} = \begin{pmatrix} 2 \\ -1 \\ 0 \end{pmatrix}$, so erhält man als Normalenvektor (vergl. Seite 50):

frv.tv/cg

$$\vec{n} = \begin{pmatrix} 2 \\ -2 \\ 1 \end{pmatrix} \times \begin{pmatrix} 2 \\ -1 \\ 0 \end{pmatrix} = \begin{pmatrix} 1 \\ 2 \\ 2 \end{pmatrix}$$

Eine Koordinatengleichung von E erhält man, indem man die Koordinaten des Punktes A $(-3 \mid 1 \mid 2)$ in den Ansatz $x + 2y + 2z = d$ einsetzt:

$$-3 + 2 \cdot 1 + 2 \cdot 2 = d \Rightarrow d = 3$$

Die Ebene E hat die Koordinatengleichung E: $x + 2y + 2z = 3$

1.2 Da $\overrightarrow{AB} \cdot \overrightarrow{BC} = \begin{pmatrix} 4 \\ -4 \\ 2 \end{pmatrix} \cdot \begin{pmatrix} 2 \\ 1 \\ -2 \end{pmatrix} = 4 \cdot 2 + (-4) \cdot 1 + 2 \cdot (-2) = 8 - 4 - 4 = 0$,

ist das Dreieck ABC rechtwinklig (bei B).

Die Seitenlängen sind:

$\overline{AB} = \sqrt{4^2 + (-4)^2 + 2^2} = 6$,

$\overline{AC} = \sqrt{6^2 + (-3)^2 + 0^2} = \sqrt{45}$

$\overline{BC} = \sqrt{2^2 + 1^2 + (-2)^2} = 3$, daher ist das Dreick ABC nicht gleichschenklig.

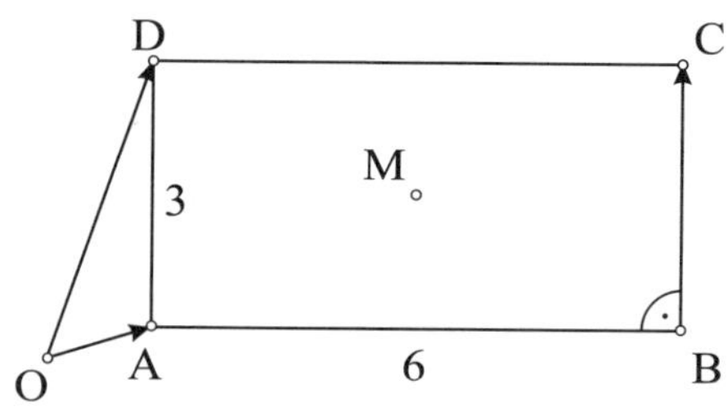

1.3 Für den Ortsvektor von D gilt folgende Vektorkette:

$$\overrightarrow{OD} = \overrightarrow{OA} + \overrightarrow{BC} = \begin{pmatrix} -3 \\ 1 \\ 2 \end{pmatrix} + \begin{pmatrix} 2 \\ 1 \\ -2 \end{pmatrix} = \begin{pmatrix} -1 \\ 2 \\ 0 \end{pmatrix} \Rightarrow D(-1 \mid 2 \mid 0).$$

2.1 Der Mittelpunkt M von AC hat die Koordinaten $M\left(\frac{-3+3}{2} \mid \frac{1-2}{2} \mid \frac{2+2}{2}\right) \Rightarrow M\left(0 \mid -\frac{1}{2} \mid 2\right)$.

2.2 Das Volumen der Pyramide ist $V = \frac{1}{3} \cdot G \cdot h$. Für die Grundfläche G der Pyramide gilt:

$$G = \overline{AB} \cdot \overline{BC} = 6 \cdot 3 = 18$$

Die Höhe h ist der Abstand von $S\,(9 \mid 9 \mid -4)$ zu E, den man mithilfe des Lotfusspunktverfahrens ermittelt. Dazu stellt man eine Lotgerade l auf, die durch S geht und orthogonal zur Ebene E ist. Als Richtungsvektor von l wählt man den Normalenvektor von E. Damit hat l folgende Gleichung:

$$l\colon \vec{x} = \vec{s} + t \cdot \vec{n}$$

$$l\colon \vec{x} = \begin{pmatrix} 9 \\ 9 \\ -4 \end{pmatrix} + t \cdot \begin{pmatrix} 1 \\ 2 \\ 2 \end{pmatrix}$$

Anschließend berechnet man den Schnittpunkt F von l und der Ebene E.
Hierzu setzt man den allgemeinen Punkt $P_t(9+t \mid 9+2t \mid -4+2t)$ von l in die Koordinatengleichung von $E\colon x + 2y + 2z = 3$ ein:

$$9 + t + 2 \cdot (9 + 2t) + 2 \cdot (-4 + 2t) = 3 \Rightarrow t = -\frac{16}{9}$$

Setzt man $t = -\frac{16}{9}$ in P_t ein, erhält man die Koordinaten des Schnittpunkts $F\left(\frac{65}{9} \mid \frac{49}{9} \mid -\frac{68}{9}\right)$.
Den Abstand von S zu F erhält man, indem man den Betrag des entsprechenden Verbindungsvektors bestimmt:

$$|\overrightarrow{SF}| = \left| \begin{pmatrix} -\frac{16}{9} \\ -\frac{32}{9} \\ -\frac{32}{9} \end{pmatrix} \right| = \sqrt{\left(-\frac{16}{9}\right)^2 + \left(-\frac{32}{9}\right)^2 + \left(-\frac{32}{9}\right)^2} = \frac{16}{3}$$

Damit erhält man die Höhe h der Pyramide:

$$h = \frac{16}{3}.$$

Somit gilt für das Volumen der Pyramide:

$$V = \frac{1}{3} \cdot 18 \cdot \frac{16}{3} = 32$$

Die Pyramide ABCDS hat ein Volumen von $V = 32$ VE.

2.3 Damit die Höhe der Pyramide gleich bleibt, muss die Ebene F durch den Punkt S verlaufen und parallel zur Ebene E sein, so dass man für F denselben Normalenvektor verwenden kann.
Man berechnet die Koordinatengleichung, indem die Koordinaten des Punktes S in die Ebenengleichung $x+2y+2z=d$ einsetzt werden.

$$1\cdot 9+2\cdot 9+2\cdot(-4)=d \Rightarrow d=19$$

Die Ebene F hat damit die Koordinatengleichung F: $x+2y+2z=19$.

3 Der Laserstrahl hat die Gleichung $l: \vec{x}=\begin{pmatrix}9\\9\\-4\end{pmatrix}+t\cdot\begin{pmatrix}-6\\6\\8\end{pmatrix}; t\in\mathbb{R}$.

Schneidet man l mit der xy-Ebene ($z=0$), gilt $-4+8t=0$ bzw. $t=\frac{1}{2} \Rightarrow S_1(6\mid 12\mid 0)$.
Schneidet man l mit der yz-Ebene ($x=0$), gilt $9-6t=0$ bzw. $t=\frac{3}{2} \Rightarrow S_2(0\mid 18\mid 8)$.
Schneidet man l mit der xz-Ebene ($y=0$), gilt $9+6t=0$ bzw. $t=-\frac{3}{2}$
$\Rightarrow S_3(18\mid 0\mid -16)$.

13 Haus

Gegeben sind die Punkte A (0 | 0 | 5), B (0 | 8 | 5), C (−12 | 8 | 5), E (−2 | 4 | 8) und F (−10 | 4 | 8).

1.1 Die Länge der Dachkante $\overline{EB}$ erhält man, indem man die Länge des Verbindungsvektors von E zu B bestimmt:

$$\overline{EB} = \left|\overrightarrow{EB}\right| = \left|\begin{pmatrix} 2 \\ 4 \\ -3 \end{pmatrix}\right| = \sqrt{2^2+4^2+(-3)^2} = \sqrt{29} \approx 5,39$$

Die Dachkante $\overline{EB}$ hat eine Länge von etwa 5,39 m.

1.2 Die Ebene E_1, in der die Punkte B, C und E liegen, hat z.B. den Stützpunkt B und die Spannvektoren $\overrightarrow{BC} = \begin{pmatrix} -12 \\ 0 \\ 0 \end{pmatrix}$ und $\overrightarrow{BE} = \begin{pmatrix} -2 \\ -4 \\ 3 \end{pmatrix}$.

Damit hat E_1 die Parametergleichung:

$$E\colon \vec{x} = \begin{pmatrix} 0 \\ 8 \\ 5 \end{pmatrix} + s \cdot \begin{pmatrix} -12 \\ 0 \\ 0 \end{pmatrix} + t \cdot \begin{pmatrix} -2 \\ -4 \\ 3 \end{pmatrix}; \; s,t \in \mathbb{R}$$

Einen Normalenvektor $\vec{n}$ von E_1 erhält man mithilfe des Vektorprodukts (siehe Seite 50) der Spannvektoren $\overrightarrow{BC}$ und $\overrightarrow{BE}$:

$$\overrightarrow{BC} \times \overrightarrow{BE} = \begin{pmatrix} -12 \\ 0 \\ 0 \end{pmatrix} \times \begin{pmatrix} -2 \\ -4 \\ 3 \end{pmatrix} = \begin{pmatrix} 0 \\ 36 \\ 48 \end{pmatrix} = 12 \cdot \begin{pmatrix} 0 \\ 3 \\ 4 \end{pmatrix} \Rightarrow \vec{n} = \begin{pmatrix} 0 \\ 3 \\ 4 \end{pmatrix}$$

Damit ergibt sich ein Normalenvektor $\vec{n} = \begin{pmatrix} 0 \\ 3 \\ 4 \end{pmatrix}$ der Ebene E_1.

Setzt man den Ortsvektor von B und den Normalenvektor $\vec{n}$ in die Ebenengleichung $3y + 4z = d$ einsetzt, ergibt sich

$$3 \cdot 8 + 4 \cdot 5 = d \;\Rightarrow\; d = 44$$

Die Ebene E_1 hat damit die Koordinatengleichung $E_1\colon\; 3y + 4z = 44$.
Um zu zeigen, dass auch der Punkt F (−10 | 4 | 8) in E_1 liegt, setzt man die Koordinaten von F in die Koordinatengleichung von E_1 ein:

$$3 \cdot 4 + 4 \cdot 8 = 44 \;\Leftrightarrow\; 44 = 44$$

Aufgrund der wahren Aussage liegt auch der Punkt F in E_1.
Den Abstand d des Punktes A (0 | 0 | 5) von der Ebene E_1 erhält man, indem man die Gleichung einer Geraden l aufstellt, die durch A geht und als Richtungsvektor den Nor-

malenvektor $\vec{n}$ von E hat:

$$l: \vec{x} = \begin{pmatrix} 0 \\ 0 \\ 5 \end{pmatrix} + t \cdot \begin{pmatrix} 0 \\ 3 \\ 4 \end{pmatrix}$$

Den Lotfußpunkt L erhält man, indem man l mit E_1 schneidet. Setzt man den allgemeinen Punkt $P_t\,(0 \mid 3t \mid 5+4t)$ in die Koordinatenform von E_1 ein, ergibt sich:

$$3 \cdot 3t + 4 \cdot (5+4t) = 44 \Rightarrow t = \frac{24}{25}$$

Setzt man $t = \frac{24}{25}$ in P_t ein, erhält man den Lotfußpunkt $L\left(0 \mid \frac{72}{25} \mid \frac{221}{25}\right)$.
Den Abstand d von A zu L erhält, indem man die Länge des entsprechenden Verbindungsvektors bestimmt:

$$d = \overline{AL} = \left|\overrightarrow{AL}\right| = \left|\begin{pmatrix} 0 \\ \frac{72}{25} \\ \frac{96}{25} \end{pmatrix}\right| = \sqrt{0^2 + \left(\frac{72}{25}\right)^2 + \left(\frac{96}{25}\right)^2} = \frac{24}{5} = 4{,}8$$

Der Abstand des Punktes A von der Ebene E_1 beträgt 4,8 m.

1.3 Den Winkel β, den die Kanten $\overline{BC}$ und $\overline{BE}$ einschließen, erhält man mithilfe der Formel $\cos\beta = \frac{\overrightarrow{BC} \cdot \overrightarrow{BE}}{\left|\overrightarrow{BC}\right| \cdot \left|\overrightarrow{BE}\right|}$. Damit ergibt sich:

$$\begin{aligned} \cos\beta = \frac{\overrightarrow{BC} \cdot \overrightarrow{BE}}{\left|\overrightarrow{BC}\right| \cdot \left|\overrightarrow{BE}\right|} &= \frac{\begin{pmatrix} -12 \\ 0 \\ 0 \end{pmatrix} \cdot \begin{pmatrix} -2 \\ -4 \\ 3 \end{pmatrix}}{\left|\begin{pmatrix} -12 \\ 0 \\ 0 \end{pmatrix}\right| \cdot \left|\begin{pmatrix} -2 \\ -4 \\ 3 \end{pmatrix}\right|} \\ &= \frac{-12 \cdot (-2) + 0 \cdot (-4) + 0 \cdot 3}{\sqrt{(-12)^2 + 0^2 + 0^2} \cdot \sqrt{(-2)^2 + (-4)^2 + 3^2}} \\ &= \frac{24}{12 \cdot \sqrt{29}} = \frac{2}{\sqrt{29}} \\ \Rightarrow \beta &\approx 68{,}20^\circ \end{aligned}$$

Der Winkel, den die Kanten $\overline{BC}$ und $\overline{BE}$ einschließen, beträgt etwa $68{,}20^\circ$.

1.4 Um zu zeigen, dass die Dachfläche BCFE ein achsensymmetrisches Trapez ist, weist man nach, dass die Kanten $\overline{BC}$ und $\overline{EF}$ parallel sind, d.h. dass die Vektoren $\overrightarrow{BC}$ und $\overrightarrow{EF}$ ein Vielfaches voneinander sind, und dass der Winkel γ, den die Kanten $\overline{CB}$ und $\overline{CF}$ einschließen,

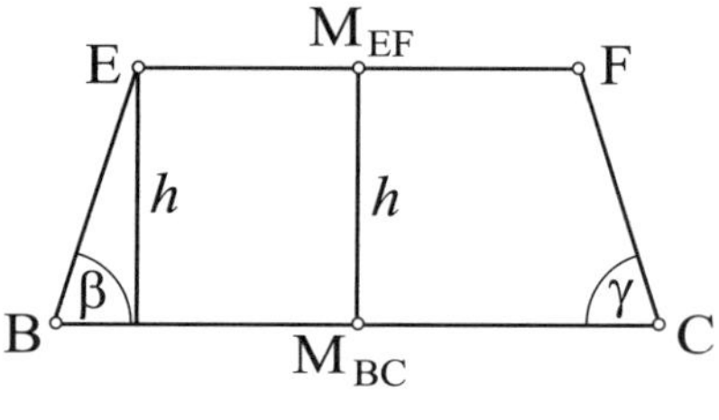

gleich groß wie der Winkel β ist.

Es ist $\overrightarrow{BC} = \begin{pmatrix} -12 \\ 0 \\ 0 \end{pmatrix}$ und $\overrightarrow{EF} = \begin{pmatrix} -8 \\ 0 \\ 0 \end{pmatrix}$. Wegen $\overrightarrow{BC} = 1{,}5 \cdot \overrightarrow{EF}$ sind die Kanten $\overline{BC}$ und $\overline{EF}$ parallel zueinander.

Für den Winkel γ, den die Kanten $\overline{CB}$ und $\overline{CF}$ einschließen, gilt:

$$\cos\gamma = \frac{\overrightarrow{CB} \cdot \overrightarrow{CF}}{\left|\overrightarrow{CB}\right| \cdot \left|\overrightarrow{CF}\right|} = \frac{\begin{pmatrix} 12 \\ 0 \\ 0 \end{pmatrix} \cdot \begin{pmatrix} 2 \\ -4 \\ 3 \end{pmatrix}}{\left|\begin{pmatrix} 12 \\ 0 \\ 0 \end{pmatrix}\right| \cdot \left|\begin{pmatrix} 2 \\ -4 \\ 3 \end{pmatrix}\right|}$$

$$= \frac{12 \cdot 2 + 0 \cdot (-4) + 0 \cdot 3}{\sqrt{12^2 + 0^2 + 0^2} \cdot \sqrt{2^2 + (-4)^2 + 3^2}}$$

$$= \frac{24}{12 \cdot \sqrt{29}} = \frac{2}{\sqrt{29}} \quad \Rightarrow \ \gamma \approx 68{,}20^\circ$$

Da $\overline{BC}$ und $\overline{EF}$ parallel sind und $\gamma = \beta$ ist das Viereck BCFE ein achsensymmetrisches Trapez.

Den Flächeninhalt A des Trapezes erhält man mit der Formel $A = \frac{a+c}{2} \cdot h$.

Das Trapez hat die beiden parallelen Seiten $a = \overline{BC} = 12$ und $c = \overline{EF} = 8$.

Die Höhe h des Trapezes erhält man mithilfe des Sinus-Verhältnisses:

$$\sin\beta = \frac{h}{\overline{EB}} \quad \Rightarrow \ h = \overline{EB} \cdot \sin\beta \approx \sqrt{29} \cdot \sin 68{,}20^\circ \approx 5{,}00$$

Alternativ erhält man die Höhe h des Trapezes, indem man den Abstand des Mittelpunktes $M_{EF}\,(-6 \mid 4 \mid 8)$ der Kante $\overline{EF}$ zum Mittelpunkt $M_{BC}\,(-6 \mid 8 \mid 5)$ der Kante $\overline{BC}$ bestimmt:

$$h = \overline{M_{EF}M_{BC}} = \left|\overrightarrow{M_{EF}M_{BC}}\right| = \left|\begin{pmatrix} 0 \\ 4 \\ -3 \end{pmatrix}\right| = \sqrt{0^2 + 4^2 + (-3)^2} = \sqrt{25} = 5$$

Damit ergibt sich:

$$A = \frac{a+c}{2} \cdot h = \frac{12+8}{2} \cdot 5 = 50$$

Die Dachfläche BCFE hat einen Flächeninhalt von $50\,\text{m}^2$.

2.1 Der waagerechte First des Anbaus steht im rechten Winkel zum Haus, verläuft also in y-Richtung. Die Koordinaten des Punktes R, in dem der First des Anbaus auf die Dachfläche BCFE trifft, erhält man, indem man die Gerade g, die durch den Punkt $W\,(-7 \mid 15 \mid 7{,}4)$ geht und parallel zur y-Achse verläuft, mit der Ebene E_1 schneidet.

Die Gerade g hat die Gleichung:

$$g: \vec{x} = \begin{pmatrix} -7 \\ 15 \\ 7,4 \end{pmatrix} + t \cdot \begin{pmatrix} 0 \\ 1 \\ 0 \end{pmatrix}$$

Den Schnittpunkt von g mit $E_1: 3y + 4z = 44$ erhält man, indem man einen allgemeinen Punkt $P_t(-7 \mid 15+t \mid 7,4)$ von g in die Koordinatengleichung von E_1 einsetzt:

$$3 \cdot (15+t) + 4 \cdot 7,4 = 44 \Rightarrow t = -10,2$$

Setzt man $t = -10,2$ in g ein, ergibt sich:

$$\vec{r} = \begin{pmatrix} -7 \\ 15 \\ 7,4 \end{pmatrix} - 10,2 \cdot \begin{pmatrix} 0 \\ 1 \\ 0 \end{pmatrix} = \begin{pmatrix} -7 \\ 4,8 \\ 7,4 \end{pmatrix} \Rightarrow R(-7 \mid 4,8 \mid 7,4)$$

Der Punkt R hat die Koordinaten $R(-7 \mid 4,8 \mid 7,4)$.

2.2 Um die Koordinaten des Punktes Q zu bestimmen, verwendet man den Strahlensatz sowie eine Vektorkette.

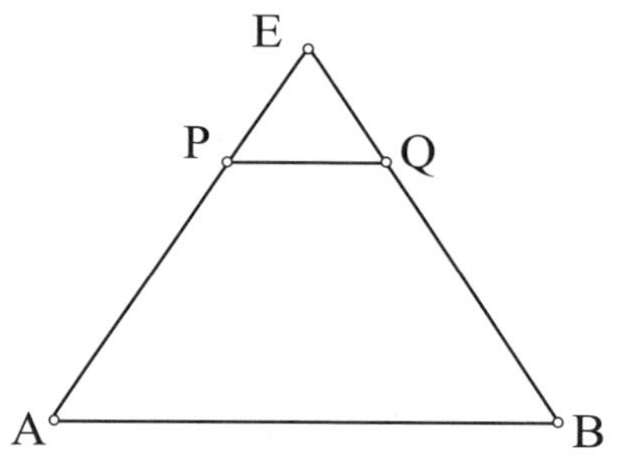

Aufgrund des Strahlensatzes mit Zentrum E gilt:

$$\frac{\overline{EQ}}{\overline{EB}} = \frac{\overline{PQ}}{\overline{AB}} \Leftrightarrow \frac{\overline{EQ}}{\overline{EB}} = \frac{2}{8} \Rightarrow \overline{EQ} = \frac{1}{4} \cdot \overline{EB}$$

Damit ergibt sich folgende Vektorkette:

$$\overrightarrow{OQ} = \overrightarrow{OE} + \frac{1}{4} \cdot \overrightarrow{EB} = \begin{pmatrix} -2 \\ 4 \\ 8 \end{pmatrix} + \frac{1}{4} \cdot \begin{pmatrix} 2 \\ 4 \\ -3 \end{pmatrix} = \begin{pmatrix} -1,5 \\ 5 \\ 7,25 \end{pmatrix} \Rightarrow Q(-1,5 \mid 5 \mid 7,25)$$

Der Punkt Q hat die Koordinaten $Q(-1,5 \mid 5 \mid 7,25)$.

14 Glas

Gegeben sind die Punkte A $(0,3 \mid 3,7 \mid 4,85)$, B $(-0,15 \mid 3,7 \mid 5,3)$ und C $(-0,3 \mid 4,3 \mid 5,15)$ sowie S $(-0,3 \mid 3,85 \mid 4,7)$.

1 Die Ebene E, in der die Punkte A, B und C liegen, hat z.B. den Stützpunkt A und die Spannvektoren $\overrightarrow{AB} = \begin{pmatrix} -0,45 \\ 0 \\ 0,45 \end{pmatrix} = 0,45 \cdot \begin{pmatrix} -1 \\ 0 \\ 1 \end{pmatrix}$ und

$\overrightarrow{AC} = \begin{pmatrix} -0,6 \\ 0,6 \\ 0,3 \end{pmatrix} = 0,3 \cdot \begin{pmatrix} -2 \\ 2 \\ 1 \end{pmatrix}$.

Damit hat E die Parametergleichung:

$$E\colon \vec{x} = \begin{pmatrix} 0,3 \\ 3,7 \\ 4,85 \end{pmatrix} + s \cdot \begin{pmatrix} -1 \\ 0 \\ 1 \end{pmatrix} + t \cdot \begin{pmatrix} -2 \\ 2 \\ 1 \end{pmatrix} \; ; \; s,t \in \mathbb{R}$$

Einen Normalenvektor $\vec{n}$ von E erhält man mithilfe des Vektorprodukts (siehe Seite 50) der beiden Spannvektoren:

frv.tv/cg

$$\begin{pmatrix} -1 \\ 0 \\ 1 \end{pmatrix} \times \begin{pmatrix} -2 \\ 2 \\ 1 \end{pmatrix} = \begin{pmatrix} -2 \\ -1 \\ -2 \end{pmatrix} = -1 \cdot \begin{pmatrix} 2 \\ 1 \\ 2 \end{pmatrix} \Rightarrow \vec{n} = \begin{pmatrix} 2 \\ 1 \\ 2 \end{pmatrix}$$

Damit ergibt sich ein Normalenvektor $\vec{n} = \begin{pmatrix} 2 \\ 1 \\ 2 \end{pmatrix}$ der Ebene E.

Eine Koordinatengleichung von E erhält man, indem man die Koordinaten des Punktes A $(0,3 \mid 3,7 \mid 4,85)$ in den Ansatz $2x + y + 2z = d$ einsetzt:

$$2 \cdot 0,3 + 3,7 + 2 \cdot 4,85 = d \Rightarrow d = 14$$

Die Ebene E hat die Koordinatengleichung $E\colon\ 2x + y + 2z = 14$

2.1 Den Schnittwinkel α zwischen der Ebene E und der Bodenebene, die parallel zur x_1x_2-Ebene ist, erhält man mithilfe der Formel $\cos\alpha = \frac{|\vec{n}_1 \cdot \vec{n}_2|}{|\vec{n}_1| \cdot |\vec{n}_2|}$. Dabei ist $\vec{n}_1 = \begin{pmatrix} 2 \\ 1 \\ 2 \end{pmatrix}$ ein Normalenvektor der Ebene E und $\vec{n}_2 = \begin{pmatrix} 0 \\ 0 \\ 1 \end{pmatrix}$ ein Normalenvektor der Bodenebene. Damit ergibt sich:

$$\cos\alpha = \frac{|\vec{n}_1 \cdot \vec{n}_2|}{|\vec{n}_1| \cdot |\vec{n}_2|} = \frac{\left|\begin{pmatrix} 2 \\ 1 \\ 2 \end{pmatrix} \cdot \begin{pmatrix} 0 \\ 0 \\ 1 \end{pmatrix}\right|}{\left|\begin{pmatrix} 2 \\ 1 \\ 2 \end{pmatrix}\right| \cdot \left|\begin{pmatrix} 0 \\ 0 \\ 1 \end{pmatrix}\right|}$$

$$= \frac{|2 \cdot 0 + 1 \cdot 0 + 2 \cdot 1|}{\sqrt{2^2 + 1^2 + 2^2} \cdot \sqrt{0^2 + 0^2 + 1^2}}$$

$$= \frac{2}{3 \cdot 1} \Rightarrow \alpha \approx 48{,}19^\circ$$

Der Schnittwinkel beträgt etwa $48{,}19^\circ$.

2.2 Den Abstand d des Punktes $S\,(-0{,}3 \mid 3{,}85 \mid 4{,}7)$ von $E\colon 2x + y + 2z = 14$ erhält man, indem man die Gleichung einer Geraden l aufstellt, die durch S geht und als Richtungsvektor den Normalenvektor $\vec{n}$ von E hat:

$$l\colon \vec{x} = \begin{pmatrix} -0{,}3 \\ 3{,}85 \\ 4{,}7 \end{pmatrix} + t \cdot \begin{pmatrix} 2 \\ 1 \\ 2 \end{pmatrix}$$

Den Lotfußpunkt M erhält man, indem man l mit E schneidet. Setzt man den allgemeinen Punkt $P_t\,(-0{,}3 + 2t \mid 3{,}85 + t \mid 4{,}7 + 2t)$ in die Koordinatenform von E ein, ergibt sich:

$$2 \cdot (-0{,}3 + 2t) + 3{,}85 + t + 2 \cdot (4{,}7 + 2t) = 14 \Rightarrow t = 0{,}15$$

Setzt man $t = 0{,}15$ in P_t ein, erhält man den Lotfußpunkt $M\,(0 \mid 4 \mid 5)$.
Den Abstand d von S zu M erhält, indem man die Länge des entsprechenden Verbindungsvektors bestimmt:

$$d = \overline{SM} = \left|\overrightarrow{SM}\right| = \left|\begin{pmatrix} 0{,}3 \\ 0{,}15 \\ 0{,}3 \end{pmatrix}\right| = \sqrt{0{,}3^2 + 0{,}15^2 + 0{,}3^2} = \frac{9}{20} = 0{,}45$$

Der Abstand von S zu E beträgt $0{,}45\,\text{m}$.

3.1 Der Lotfusspunkt des Lots von S auf die Ebene E hat die Koordinaten $M\,(0 \mid 4 \mid 5)$.
Um zu zeigen, dass M der Mittelpunkt des Glasrandkreises ist, berechnet man die Abstände von M zu A, B und C. Hierzu berechnet man die Beträge der entsprechenden Verbindungs-

vektoren:

$$\overline{\text{AM}} = \left|\overrightarrow{\text{AM}}\right| = \left|\begin{pmatrix} -0,3 \\ 0,3 \\ 0,15 \end{pmatrix}\right| = \sqrt{(-0,3)^2 + 0,3^2 + 0,15^2} = \sqrt{0,2025} = 0,45$$

$$\overline{\text{BM}} = \left|\overrightarrow{\text{BM}}\right| = \left|\begin{pmatrix} 0,15 \\ 0,3 \\ -0,3 \end{pmatrix}\right| = \sqrt{0,15^2 + 0,3^2 + (-0,3)^2} = \sqrt{0,2025} = 0,45$$

$$\overline{\text{CM}} = \left|\overrightarrow{\text{CM}}\right| = \left|\begin{pmatrix} 0,3 \\ -0,3 \\ -0,15 \end{pmatrix}\right| = \sqrt{0,3^2 + (-0,3)^2 + (-0,15)^2} = \sqrt{0,2025} = 0,45$$

Wegen $\overline{\text{AM}} = \overline{\text{BM}} = \overline{\text{CM}}$ ist M der Mittelpunkt des Glasrandkreises.
Der Radius r des Glasrandkreises ist beispielsweise der Abstand von M zu A:

$$r = \overline{\text{AM}} = 0,45$$

Der Radius des Glasrandkreises beträgt 0,45 m.

3.2 Die Koordinaten des Fußpunktes F des 1 m langen Glasmodellstiels, der in Richtung der Verlängerung der Strecke $\overline{\text{MS}}$ verläuft, erhält man, indem man eine Vektorkette aufstellt. Hierzu normiert man den Vektor $\overrightarrow{\text{MS}}$ auf Länge 1, indem man ihn durch seinen Betrag teilt. Damit ergibt sich:

$$\overrightarrow{\text{OF}} = \overrightarrow{\text{OS}} + 1 \cdot \frac{\overrightarrow{\text{MS}}}{\left|\overrightarrow{\text{MS}}\right|}$$

$$= \begin{pmatrix} -0,3 \\ 3,85 \\ 4,7 \end{pmatrix} + 1 \cdot \frac{\begin{pmatrix} -0,3 \\ -0,15 \\ -0,3 \end{pmatrix}}{\sqrt{(-0,3)^2 + (-0,15)^2 + (-0,3)^2}}$$

$$= \begin{pmatrix} -0,3 \\ 3,85 \\ 4,7 \end{pmatrix} + \frac{1}{0,45} \cdot \begin{pmatrix} -0,3 \\ -0,15 \\ -0,3 \end{pmatrix}$$

$$= \begin{pmatrix} -\frac{29}{30} \\ \frac{211}{60} \\ \frac{121}{30} \end{pmatrix}$$

Damit hat der Punkt F die Koordinaten $\text{F}\left(-\frac{29}{30} \mid \frac{211}{60} \mid \frac{121}{30}\right)$.

15 Gebäude

Gegeben sind die Punkte A $(12{,}5 \mid 3 \mid 0)$, B $(2{,}5 \mid 6 \mid 0)$ und C $(0 \mid 3 \mid 0)$, D $(10 \mid 0 \mid 0)$, E $(12{,}5 \mid 3 \mid 7)$, F $(2{,}5 \mid 6 \mid 3)$, G $(0 \mid 3 \mid 7)$ und H $(10 \mid 0 \mid 11)$.

1.1 Um die Situation zu verdeutlichen, kann man das Parallelogramm skizzieren:

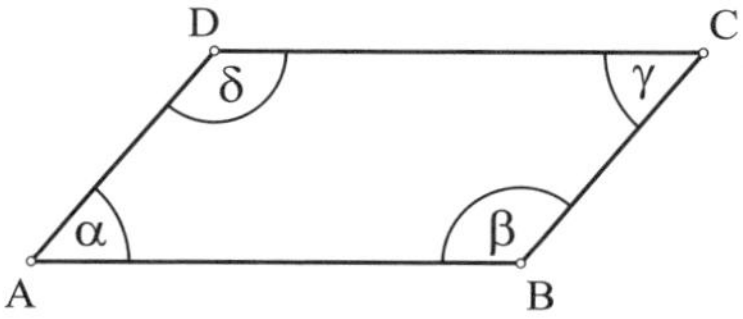

Um zu zeigen, dass die Bodenfläche ABCD des Gebäudes ein Parallelogramm ist, bestimmt man die Verbindungsvektoren der Eckpunkte:

$$\overrightarrow{AB} = \begin{pmatrix} -10 \\ 3 \\ 0 \end{pmatrix}, \overrightarrow{BC} = \begin{pmatrix} -2{,}5 \\ -3 \\ 0 \end{pmatrix}, \overrightarrow{DC} = \begin{pmatrix} -10 \\ 3 \\ 0 \end{pmatrix} \text{ und } \overrightarrow{AD} = \begin{pmatrix} -2{,}5 \\ -3 \\ 0 \end{pmatrix}$$

Wegen $\overrightarrow{AB} = \overrightarrow{DC}$ und $\overrightarrow{BC} = \overrightarrow{AD}$ ist das Viereck ABCD ein Parallelogramm.
Den Innenwinkel α des Parallelogramms erhält man mit der Formel $\cos\alpha = \frac{\overrightarrow{AB}\cdot\overrightarrow{AD}}{|\overrightarrow{AB}|\cdot|\overrightarrow{AD}|}$ für den Winkel zwischen zwei Vektoren:

frv.tv/ch

$$\cos\alpha = \frac{\overrightarrow{AB}\cdot\overrightarrow{AD}}{\left|\overrightarrow{AB}\right|\cdot\left|\overrightarrow{AD}\right|} = \frac{\begin{pmatrix} -10 \\ 3 \\ 0 \end{pmatrix}\cdot\begin{pmatrix} -2{,}5 \\ -3 \\ 0 \end{pmatrix}}{\left|\begin{pmatrix} -10 \\ 3 \\ 0 \end{pmatrix}\right|\cdot\left|\begin{pmatrix} -2{,}5 \\ -3 \\ 0 \end{pmatrix}\right|}$$

$$= \frac{-10\cdot(-2{,}5)+3\cdot(-3)+0\cdot 0}{\sqrt{(-10)^2+3^2+0^2}\cdot\sqrt{(-2{,}5)^2+(-3)^2+0^2}}$$

$$= \frac{16}{\sqrt{109}\cdot\sqrt{15{,}25}} \quad\Rightarrow\quad \alpha \approx 66{,}89^\circ$$

Aufgrund der Symmetrie des Parallelogramms gilt: $\gamma = \alpha = 66{,}89^\circ$ und $\beta = \delta$.
Die Winkelsumme im Viereck beträgt 360°. Damit gilt: $\alpha+\beta+\gamma+\delta = 360^\circ$.
Wegen $\alpha = \gamma$ und $\beta = \delta$ erhält man:

$$\alpha+\beta+\alpha+\beta = 360^\circ \;\Rightarrow\; \beta = \frac{360^\circ - 2\alpha}{2} = \frac{360^\circ - 2\cdot 66{,}89^\circ}{2} = 113{,}11^\circ$$

Die Innenwinkel des Parallelogramms sind $\gamma = \alpha = 66{,}89^\circ$ und $\beta = \delta = 113{,}11^\circ$.

1.2 Den Inhalt A der Bodenfläche erhält man mithilfe des Vektorprodukts (Siehe S. 50):

frv.tv/cg

$$A = \left|\overrightarrow{AB} \times \overrightarrow{AD}\right|$$
$$= \left|\begin{pmatrix} -10 \\ 3 \\ 0 \end{pmatrix} \times \begin{pmatrix} -2,5 \\ -3 \\ 0 \end{pmatrix}\right| = \left|\begin{pmatrix} 0 \\ 0 \\ 37,5 \end{pmatrix}\right| = 37,5$$

Der Inhalt der Bodenfläche beträgt $37,5\,\text{m}^2$.

2.1 Die Ebene E_1, in der die Punkte E, F, G und H liegen, hat z.B. den Stützpunkt E und die Spannvektoren $\overrightarrow{EF} = \begin{pmatrix} -10 \\ 3 \\ -4 \end{pmatrix}$ und $\overrightarrow{EG} = \begin{pmatrix} -12,5 \\ 0 \\ 0 \end{pmatrix} = -12,5 \cdot \begin{pmatrix} 1 \\ 0 \\ 0 \end{pmatrix}$.

Damit hat E die Parametergleichung:

$$E_1 : \vec{x} = \begin{pmatrix} 12,5 \\ 3 \\ 7 \end{pmatrix} + s \cdot \begin{pmatrix} -10 \\ 3 \\ -4 \end{pmatrix} + t \cdot \begin{pmatrix} 1 \\ 0 \\ 0 \end{pmatrix}; \quad s,t \in \mathbb{R}$$

Einen Normalenvektor $\vec{n}$ der Ebene E_1 erhält man mithilfe des Vektorprodukts (siehe Seite 50) der beiden Spannvektoren:

frv.tv/cg

$$\begin{pmatrix} -10 \\ 3 \\ -4 \end{pmatrix} \times \begin{pmatrix} 1 \\ 0 \\ 0 \end{pmatrix} = \begin{pmatrix} 0 \\ -4 \\ -3 \end{pmatrix} = -1 \cdot \begin{pmatrix} 0 \\ 4 \\ 3 \end{pmatrix} \Rightarrow \vec{n} = \begin{pmatrix} 0 \\ 4 \\ 3 \end{pmatrix}$$

Damit ergibt sich ein Normalenvektor $\vec{n} = \begin{pmatrix} 0 \\ 4 \\ 3 \end{pmatrix}$ der Ebene E_1.

Setzt man den Ortsvektor von E und den Normalenvektor $\vec{n}$ in die Ebenengleichung $4y + 3z = d$ einsetzt, ergibt sich

$$4 \cdot 3 + 3 \cdot 7 = d \Rightarrow d = 33$$

Die Ebene E_1 hat damit die Koordinatengleichung $E_1 : 4y + 3z = 33$.

2.2 Um nachzuweisen, dass die Dachfläche EFGH ein Rechteck ist, bestimmt man die Verbindungsvektoren der Eckpunkte und zeigt mithilfe des Skalarprodukts, dass ein rechter Winkel vorhanden ist:

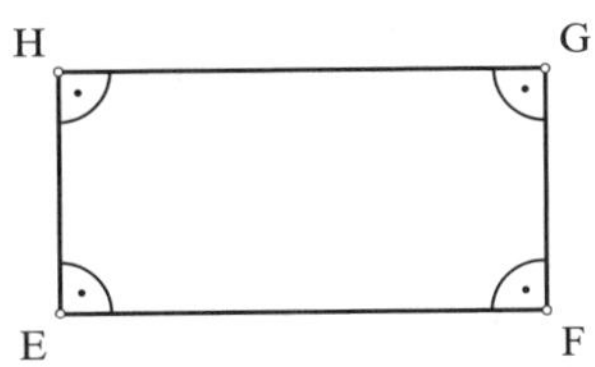

$$\overrightarrow{EF} = \begin{pmatrix} -10 \\ 3 \\ -4 \end{pmatrix}, \overrightarrow{FG} = \begin{pmatrix} -2,5 \\ -3 \\ 4 \end{pmatrix}, \overrightarrow{HG} = \begin{pmatrix} -10 \\ 3 \\ -4 \end{pmatrix} \text{ und } \overrightarrow{EH} = \begin{pmatrix} -2,5 \\ -3 \\ 4 \end{pmatrix}$$

Wegen $\overrightarrow{EF} = \overrightarrow{HG}$ und $\overrightarrow{FG} = \overrightarrow{EH}$ ist das Viereck EFGH ein Parallelogramm.
Wegen

$$\overrightarrow{EF} \cdot \overrightarrow{EH} = \begin{pmatrix} -10 \\ 3 \\ -4 \end{pmatrix} \cdot \begin{pmatrix} -2,5 \\ -3 \\ 4 \end{pmatrix} = (-10) \cdot (-2,5) + 3 \cdot (-3) + (-4) \cdot 4 = 0$$

ist bei E ein rechter Winkel. Somit ist das Parallelogramm EFGH ein Rechteck.

3.1 Den Punkt Q der Ebene E_1, der den kürzesten Abstand zur Spitze $S\,(6,5 \mid 3 \mid 9)$ des Stabes hat, erhält man, indem man die Gleichung einer Lotgeraden l aufstellt, die durch S geht und orthogonal zu E_1 ist.

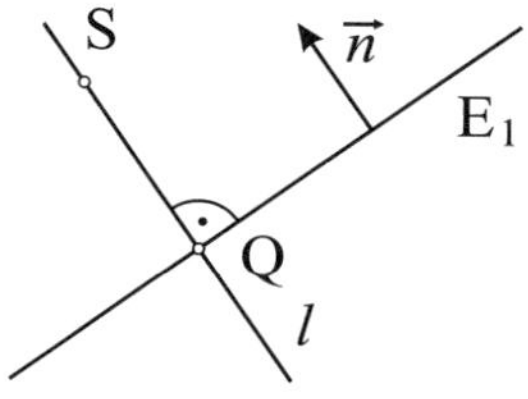

Als Richtungsvektor von l kann man den Normalenvektor von E_1 verwenden. Anschließend schneidet man l mit E_1. Die Gerade l hat die Gleichung:

$$l: \vec{x} = \begin{pmatrix} 6,5 \\ 3 \\ 9 \end{pmatrix} + t \cdot \begin{pmatrix} 0 \\ 4 \\ 3 \end{pmatrix}$$

Den Schnittpunkt Q von l und E_1 erhält man, indem man den allgemeinen Punkt $P_t(6,5 \mid 3+4t \mid 9+3t)$ von l in die Koordinatenform $E_1: 4y+3z = 33$ einsetzt:

$$4 \cdot (3+4t) + 3 \cdot (9+3t) = 33 \Rightarrow t = -0,24$$

Setzt man $t = -0,24$ in P_t ein, erhält man die Koordinaten des gesuchten Punktes: $Q(6,5 \mid 2,04 \mid 8,28)$.

Den Abstand d von $S\,(6,5 \mid 3 \mid 9)$ zu E_1 erhält man, indem man den Abstand zwischen S und Q berechnet. Dazu wird der Betrag des Verbindungsvektors $\overrightarrow{QS}$ berechnet.

$$|\overrightarrow{SQ}| = \left| -\begin{pmatrix} 6,5 \\ 3 \\ 9 \end{pmatrix} - \begin{pmatrix} 6,5 \\ 2,04 \\ 8,28 \end{pmatrix} \right| = \left| \begin{pmatrix} 0 \\ 0,96 \\ 0,72 \end{pmatrix} \right| = \sqrt{0^2 + 0,96^2 + 0,72^2} = 1,2$$

Die Spitze des Stabes hat zu E_1 einen Abstand von $1,2\,\text{m}$.

3.2 Wenn der Punkt Q innerhalb des Rechtecks EFGH liegt, muss gelten:

$$\overrightarrow{OQ} = \overrightarrow{OE} + s \cdot \overrightarrow{EF} + t \cdot \overrightarrow{EH} \text{ mit } 0 < s < 1 \text{ und } 0 < t < 1$$

Dies führt zu:

$$\begin{pmatrix} 6,5 \\ 2,04 \\ 8,28 \end{pmatrix} = \begin{pmatrix} 12,5 \\ 3 \\ 7 \end{pmatrix} + s \cdot \begin{pmatrix} -10 \\ 3 \\ -4 \end{pmatrix} + t \cdot \begin{pmatrix} -2,5 \\ -3 \\ 4 \end{pmatrix}$$

Daraus ergibt sich folgendes Gleichungssystem:

$$\begin{array}{llcllll} \text{I} & 6,5 & = & 12,5 & - & 10s & - & 2,5t \\ \text{II} & 2,04 & = & 3 & + & 3s & - & 3t \\ \text{III} & 8,28 & = & 7 & - & 4s & + & 4t \end{array}$$

bzw.

$$\begin{array}{lrclll} \text{I} & -6 & = & - & 10s & - & 2,5t \\ \text{II} & -0,96 & = & & 3s & - & 3t \\ \text{III} & 1,28 & = & - & 4s & + & 4t \end{array}$$

Mithilfe des Taschenrechners erhält man $t = 0,736$ und $s = 0,416$.
Wegen $0 < s < 1$ und $0 < t < 1$ liegt der Punkt Q innerhalb des Rechtecks EFGH.

frv.tv/cd

Stochastik

16 Zugverspätung

1.1 Bezeichnet man mit A: Zug fährt nach A, mit $\overline{A}$: Zug fährt nach B, mit V: Zug hat Verspätung und mit $\overline{V}$: Zug ist pünktlich, so erhält man folgendes Baumdiagramm:

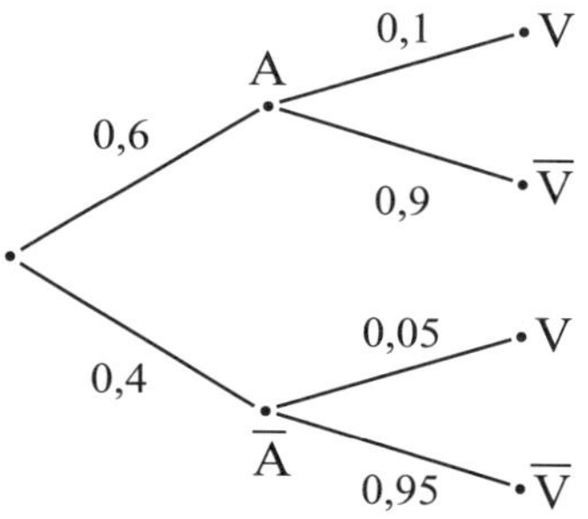

Die vier Pfadwahrscheinlichkeiten erhält man mithilfe der 1. Pfadregel (Produktregel):

$$P(A\cap V) = 0,6\cdot 0,1 = 0,06$$
$$P(A\cap \overline{V}) = 0,6\cdot 0,9 = 0,54$$
$$P(\overline{A}\cap V) = 0,4\cdot 0,05 = 0,02$$
$$P(\overline{A}\cap \overline{V}) = 0,4\cdot 0,95 = 0,38$$

1.2 Die Wahrscheinlichkeit, dass ein aus den pünktlichen Zügen zufällig auszuwählender Zug die Stadt A als Ziel hat, erhält man mithilfe der bedingten Wahrscheinlichkeit:

$$P_{\overline{V}}(A) = \frac{P(A\cap\overline{V})}{P(\overline{V})} = \frac{P(A\cap\overline{V})}{P(A\cap\overline{V}) + P(\overline{A}\cap\overline{V})} = \frac{0,54}{0,54+0,38} = \frac{0,54}{0,92} \approx 0,5870 = 58,7\%$$

Die Wahrscheinlichkeit, dass ein pünktlicher Zug nach A fährt, beträgt etwa 58,7 %.

2.1 Legt man X als Zufallsvariable für die Anzahl der Verspätungen unter 100 Zügen fest, so ist X in diesem Falle binomialverteilt mit den Parametern $n = 100$ und $p = 0,2$.

Die Wahrscheinlichkeit, dass unter 100 Zügen genau 20 Züge Verspätung haben, erhält man mithilfe der Binomialverteilung unter Verwendung des Taschenrechners:

frv.tv/ci

$$P(X = 20) \approx 0,0993 = 9,93\%$$

Die Wahrscheinlichkeit, dass unter 100 Zügen genau 20 Züge Verspätung haben, beträgt etwa 9,93 %.

2.2 Legt man Y als Zufallsvariable für die Anzahl der Verspätungen unter 10 Zügen fest, so ist Y in diesem Falle binomialverteilt mit den Parametern $n = 10$ und $p = 0,2$.

Die Wahrscheinlichkeit, dass unter 10 Zügen mehr als 2 Züge Verspätung haben, erhält man mithilfe der kumulierten Binomialverteilung und der Wahrscheinlichkeit des Gegenereignisses unter Verwendung des Taschenrechners:

frv.tv/ck

$$P(Y > 2) = 1 - P(Y \leqslant 2) \approx 1 - 0,6778 = 0,3222 = 32,22\%$$

Die Wahrscheinlichkeit, dass unter 10 Zügen mehr als 2 Züge Verspätung haben, beträgt etwa $32,22\,\%$.

3.1 Da die Bahngesellschaft Rapid behauptet, die Pünktlichkeit der Züge habe sich durch die Einführung neuer Triebwagen so verbessert, dass sich jetzt weniger als $10\,\%$ aller Züge verspäten werden, kann man die Verneinung als Nullhypothese formulieren: «Es verspäten sich mindestens $10\,\%$ aller Züge». Also ist H_0: $p \geqslant 0,1$ und die zugehörige Alternativhypothese lautet: $H_1 : p < 0,1$.
Legt man X als Zufallsvariable für die Anzahl der verspäteten Züge fest, so ist X in diesem Falle binomialverteilt mit den Parametern $n = 1150$ und $p = 0,1$.
Wegen H_1: $p < 0,1$ handelt es sich um einen linksseitigen Test mit Signifikanzniveau $\alpha = 0,5\%$. Deshalb ist ein maximales $k \in \mathbb{N}$ und damit ein Ablehnungsbereich $\overline{A} = \{0, ..., k\}$ der Nullhypothese so zu bestimmen, dass gilt:

frv.tv/cl

$$P(X \in \overline{A}) \leqslant \alpha$$
$$P(X \leqslant k) \leqslant 0,005$$

Mithilfe des Taschenrechners erhält man: $k = 89$.
Also ist $k = 89$ das maximale $k \in \mathbb{N}$ der Nullhypothese und man erhält damit den Ablehnungsbereich:

$$\overline{A} = \{0, ..., 89\}$$

Die Entscheidungsregel lautet dann folgendermaßen:
Wenn bei einem Stichprobenumfang von 1150 Zügen höchstens 89 Züge Verspätung haben, kann man der Behauptung der Bahngesellschaft Rapid mit einer Irrtumswahrscheinlichkeit von $0,5\,\%$ zustimmen, dass sich die Pünktlichkeit der Züge so verbessert hat, dass sich jetzt weniger als $10\,\%$ aller Züge verspäten werden.

3.2 Ein Fehler 2. Art bedeutet, dass die Nullhypothese nicht abgelehnt wird, obwohl sie in Wirklichkeit falsch ist. Wenn sich bei diesem Test von 1150 Zügen mehr als 88 Züge verspäten, würde man annehmen, dass sich mindestens $10\,\%$ aller Züge verspäten. In Wirklichkeit kommen allerdings weniger als $10\,\%$ der Züge der Bahngesellschaft Rapid zu spät.

3.3 Wenn die tatsächliche Wahrscheinlichkeit für eine Verspätung nur 8 % beträgt, kann man den Fehler 2. Art bestimmen, indem man die Wahrscheinlichkeit des zuvor erhaltenen Annahmebereichs $A = \{90, ..., 1150\}$ berechnet.
Legt man Y als Zufallsvariable für die Anzahl der verspäteten Züge fest, so ist Y in diesem Falle binomialverteilt mit den Parametern $n = 1150$ und $p = 0,08$.
Mithilfe der kumulierten Binomialverteilung und der Wahrscheinlichkeit des Gegenereignisses unter Verwendung des Taschenrechners gilt:

frv.tv/ck

$$P(Y \in A) = P(Y \geqslant 90) = 1 - P(Y \leqslant 89) \approx 1 - 0,3983 = 0,6016 = 60,1\%$$

Der Fehler 2. Art beträgt etwa 60,1 %.

17 Handys

1 Da bei den Handys nur die Ausfälle «fehlerhaft» und «fehlerfrei» unterschieden werden, kann die Ziehung eines Handys als Bernoulli-Experiment angesehen werden. Ferner handelt es sich um Massenproduktion, so dass sich die Wahrscheinlichkeit beim Ziehen ohne Zurücklegen nur unwesentlich ändert. Somit kann mit einer binomialverteilten Zufallsgröße der Kettenlänge $n = 100$ mit der Trefferwahrscheinlichkeit $p = 0,1$ für «Handy ist fehlerhaft» gerechnet werden; die Zufallsvariable X gebe also die Anzahl der fehlerhaften Handys an.

Es ergeben sich mithilfe der (kumulierten) Binomialverteilung unter Verwendung des Taschenrechners für die gesuchten Ereignisse folgende Wahrscheinlichkeiten:

frv.tv/ck

$$P(A) = P(\text{weniger als 5 fehlerhafte Handys}) = P(X \leqslant 4) = 0,0237 = 2,37\,\%$$
$$P(B) = P(\text{genau 3 fehlerhafte Handys}) = P(X = 3) = 0,0059 = 0,59\,\%$$
$$P(C) = P(\text{mind. 90 Handys funktionieren}) = P(X \leqslant 10) = 0,5832 = 58,32\,\%$$

2 Legt man Y als Zufallsvariable für die Anzahl der fehlerhaften Handys fest so ist Y binomialverteilt mit den Parametern $p = 0,1$ und unbekanntem n. Um die Anzahl n der Handys zu bestimmen, die entnommen werden müssen, so dass mit einer Wahrscheinlichkeit von mehr als 99 % wenigstens ein fehlerhaftes dabei ist löst man folgende Gleichung mithilfe des Gegenereignisses:

$$P(Y \geqslant 1) > 0,99$$
$$1 - P(Y = 0) > 0,99$$
$$0,01 > P(Y = 0)$$

Durch Ausprobieren erhält man mithilfe der Binomialverteilung und des Taschenrechners:

frv.tv/ci

$$n = 43:\ P(Y = 0) \approx 0,0108$$
$$n = 44:\ P(Y = 0) \approx 0,0097$$

Es müssen also mindestens 44 Handys entnommen werden, um mit einer Wahrscheinlichkeit von mehr als 99 % mindestens ein fehlerhaftes Handy zu erhalten.

3 Es sei F: Handy fehlerhaft und A: Handy ausgesondert.
Es gelten entsprechend der gegebenen Daten folgende Wahrscheinlichkeiten:
$P(F) = 0,1$ und $P(\overline{F} \cap A) = 0,04$ sowie $P(\overline{A}) = 0,93$.

Hieraus folgt: $P(\overline{F}) = 1 - P(F) = 1 - 0,1 = 0,9$ und $P(A) = 1 - P(\overline{A}) = 1 - 0,93 = 0,07$. Trägt man diese Wahrscheinlichkeiten in eine Vierfeldertafel ein und ergänzt diese, so ergibt sich:

	A	$\overline{A}$	
F	0,03	0,07	0,1
$\overline{F}$	0,04	0,86	0,9
	0,07	0,93	1

Die Wahrscheinlichkeit, dass ein Handy fehlerhaft ist und ausgesondert wird, kann aus der Vierfeldertafel abgelesen werden: $P(F \cap A) = 0,03 = 3\,\%$.
Der Anteil der fehlerhaften und ausgesonderten Handys im Verhältnis zu allen fehlerhaften Handys ist: $\frac{0,03}{0,1} = 30\,\%$.

4 Die Nullhypothese lautet: H_0: $p \leqslant 0,04$ bei Treffer «Handy fehlerhaft» und $n = 100$.
Die Alternativhypothese lautet: $H_1 : p > 0,04$.
Legt man X als Zufallsvariable für die Anzahl der fehlerhaften Handys fest, so ist X binomialverteilt mit den Parametern $n = 100$ und $p = 0,04$. Wegen $H_1 : p > 0,04$ handelt es sich um einen rechtsseitigen Test mit der Irrtumswahrscheinlichkeit $\alpha = 5\,\%$. Deshalb ist ein minimales $k \in \mathbb{N}$ und damit ein Ablehnungsbereich $\overline{A} = \{k, ..., 100\}$ der Nullhypothese so zu bestimmen, dass gilt:

$$\begin{aligned} P(X \in \overline{A}) &\leqslant \alpha \\ P(X \geqslant k) &\leqslant 0,05 \\ 1 - P(X \leqslant k-1) &\leqslant 0,05 \\ 0,95 &\leqslant P(X \leqslant k-1) \end{aligned}$$

frv.tv/cl

Mithilfe des Taschenrechners erhält man: $k - 1 = 7 \Rightarrow k = 8$.
Also ist $k = 8$ das minimale $k \in \mathbb{N}$ der Nullhypothese und man erhält damit den Ablehnungsbereich:

$$\overline{A} = \{8, ..., 100\}$$

Da 7 nicht im Ablehnungsbereich liegt, kann der Großhändler nicht schließen, dass die Firma Noko eine falsche Angabe gemacht hat.

18 Tischtennis

1.1 Anhand der gegebenen Daten kann eine Vierfeldertafel erstellt und durch Summen- und Differenzbildung vervollständigt werden. Bezeichnet man mit V das Ereignis «Ball hat starke Verformung» und mit N das Ereignis «Ball hat Nahtfehler», so kann man folgende Wahrscheinlichkeiten bestimmen:

Da 5 % der Bälle starke Verformungen zeigen, gilt:

$$P(V) = 0,05 \Rightarrow P\left(\overline{V}\right) = 1 - P(V) = 1 - 0,05 = 0,95$$

Da 7 % der Bälle defekte Nahtstellen aufweisen, gilt:

$$P(N) = 0,07 \Rightarrow P\left(\overline{N}\right) = 1 - P(N) = 1 - 0,07 = 0,93$$

Da 2 % aller Bälle beide Fehler zeigen, gilt:

$$P(V \cap N) = 0,02$$

Durch Differenzen- und Summenbildung erhält man folgende Vierfeldertafel:

	N	$\overline{N}$	
V	**0,02**	0,03	**0,05**
$\overline{V}$	0,05	0,90	0,95
	0,07	0,93	1

V: Ball hat starke Verformung

$\overline{V}$: Ball hat keine Verformung

N: Ball hat Nahtfehler

$\overline{N}$: Ball hat keinen Nahtfehler

Um zu zeigen, dass 10 % der Trainingsbälle völlig unbrauchbar sind, addiert man die entsprechenden Wahrscheinlichkeiten:

$$P(V \cup N) = P(V) + P(N) - P(V \cap N) = 0,05 + 0,07 - 0,02 = 0,1 = 10\%$$

Alternativ kann man auch folgendermaßen rechnen:

$$P(V \cup N) = P(V \cap N) + P\left(V \cap \overline{N}\right) + P\left(N \cap \overline{V}\right) = 0,02 + 0,03 + 0,05 = 0,1 = 10\%$$

1.2 Die Wahrscheinlichkeit, dass ein zufällig zu entnehmender Tischtennisball mit Nahtfehlern Verformungen hat, erhält man mithilfe der bedingten Wahrscheinlichkeit:

$$P_N(V) = \frac{P(N \cap V)}{P(N)} = \frac{0,02}{0,07} \approx 0,2857 = 28,57\%$$

Die gesuchte Wahrscheinlichkeit beträgt etwa 28,57 %.

2.1 Da 10 % der Trainingsbälle der Firma «Ping und Pong» völlig unbrauchbar sind, gilt für die Trefferwahrscheinlichkeit des Ereignisses «Ball ist völlig unbrauchbar»: $p = 0,1$. Da in einer Großpackung 100 Bälle sind, gilt: $n = 100$.

Legt man X als Zufallsvariable für die Anzahl der völlig unbrauchbaren Bälle fest, so ist X in diesem Falle binomialverteilt mit den Parametern $n = 100$ und $p = 0,1$.

Die Wahrscheinlichkeit, dass man in einer Großpackung zu 100 Stück mehr als 11, aber höchstens 14 völlig unbrauchbare Bälle findet, erhält man mithilfe der kumulierten Binomialverteilung unter Verwendung des Taschenrechners:

frv.tv/ck

$$P(11 < X \leqslant 14) = P(X \leqslant 14) - P(X \leqslant 11) \approx 0{,}9274 - 0{,}7030 = 0{,}2244 = 22{,}44\,\%$$

Die gesuchte Wahrscheinlichkeit beträgt etwa $22{,}44\,\%$.

2.2 Legt man Z als Zufallsvariable für die Anzahl der völlig unbrauchbaren Bälle unter n Bällen fest, so ist Z in diesem Falle binomialverteilt mit den Parametern $p = 0{,}1$ und unbekanntem n.
Um die Zahl n der Trainingsbälle, die man der Produktion mindestens entnehmen müsste, um mit einer Wahrscheinlichkeit von mehr als $95\,\%$ mindestens einen völlig unbrauchbaren Ball zu erhalten, löst man folgende Gleichung mithilfe des Gegenereignisses:

$$\begin{aligned} P(Z \geqslant 1) &> 0{,}95 \\ 1 - P(Z = 0) &> 0{,}95 \\ 0{,}05 &> P(Z = 0) \end{aligned}$$

Durch Ausprobieren erhält man mithilfe der Binomialverteilung und des Taschenrechners:

frv.tv/ci

$$n = 28:\ P(Z = 0) \approx 0{,}0523$$
$$n = 29:\ P(Z = 0) \approx 0{,}0471$$

Somit müsste man der Produktion mindestens 29 Bälle entnehmen.

3 Die Trefferwahrscheinlichkeit für einen einwandfreien Turnierball beträgt $p = 0{,}92$.
Da 1000 «3-Stern-Bälle» geordert werden, gilt: $n = 1000$.
Legt man X als Zufallsvariable für die Anzahl der einwandfreien Turnierbälle unter 1000 Turnierbällen fest, so ist X in diesem Falle binomialverteilt mit den Parametern $p = 0{,}92$ und $n = 1000$.
Auf diese Weise erhält man die größte Zahl k, so dass die Wahrscheinlichkeit, mit dieser Lieferung mindestens k einwandfreie Turnierbälle zu erhalten, größer als $98\,\%$ ist, mithilfe des Gegenereignisses unter Verwendung des Taschenrechners:

frv.tv/cl

$$\begin{aligned} P(X \geqslant k) &> 0{,}98 \\ 1 - P(X \leqslant k-1) &> 0{,}98 \\ 0{,}02 &> P(X \leqslant k-1) \\ 901 &\leqslant k-1 \\ 902 &\leqslant k \end{aligned}$$

Damit erhält man mit obiger Bedingung höchstens $k = 902$ einwandfreie Turnierbälle.

19 Bildschirm

1 Legt man X als Zufallsgröße für die Anzahl der fehlerhaften Bildschirme fest, so ist X binomialverteilt mit den Parametern $n = 50$ und $p = \frac{1}{5} = 0,2$.
Die Wahrscheinlichkeit des Ereignisses A: «Von 50 zufällig ausgewählten Bildschirmen sind höchstens 8 fehlerhaft.» erhält man mit Hilfe der kumulierten Binomialverteilung:

frv.tv/ck

$$P(A) = P(X \leqslant 8) \approx 0,3073$$

Die Wahrscheinlichkeit für das Ereignis A beträgt etwa 30,73 %.

Legt man Y als Zufallsgröße für die Anzahl der fehlerhaften Bildschirme fest, so ist Y binomialverteilt mit den Parametern $n = 200$ und $p = \frac{1}{5} = 0,2$. Die Wahrscheinlichkeit des Ereignisses B: «Von 200 zufällig ausgewählten Bildschirmen sind mehr als 15% und weniger als 25% fehlerhaft.» erhält man mit Hilfe der kumulierten Binomialverteilung:

frv.tv/ck

$$P(B) = P(30 < Y < 50) = P(Y \leqslant 49) - P(Y \leqslant 30) \approx 0,9506 - 0,0430 = 0,9076$$

Die Wahrscheinlichkeit für das Ereignis B beträgt etwa 90,76 %.

Legt man Z als Zufallsgröße für die Anzahl der fehlerhaften Bildschirme fest, so ist Z binomialverteilt mit den Parametern $n = 10$ und $p = \frac{1}{5} = 0,2$. Den Erwartungswert von Z erhält man durch $E(Z) = n \cdot p = 10 \cdot 0,2 = 2$. Die Wahrscheinlichkeit des Ereignisses C: «Von 10 zufällig ausgewählten Bildschirmen sind genauso viele fehlerhaft, wie zu erwarten ist.» erhält man mit Hilfe der Binomialverteilung:

frv.tv/ci

$$P(C) = P(Z = 2) \approx 0,3020$$

Die Wahrscheinlichkeit für das Ereignis C beträgt etwa 30,20 %.

2.1 Bezeichnet man mit D: Das Display ist defekt und mit N: Das Netzteil ist defekt, so kann man anhand der gegebenen Angaben folgende Werte bestimmmen:
Da die Wahrscheinlichkeit dafür, dass das Display defekt ist, 10,7 % beträgt, gilt: $P(D) = 0,107$.
Da die Wahrscheinlichkeit dafür, dass das Display und das Netzteil defekt sind, 1 % betägt, gilt: $P(D \cap N) = 0,01$.
Da die Wahrscheinlichkeit dafür, dass weder das Display noch das Netzteil defekt sind, 87,3 % betägt, gilt: $P\left(\overline{D} \cap \overline{N}\right) = 0,873$.
Trägt man diese Werte in eine Vierfeldertafel ein und ergänzt sie durch Differenzen- und Summenbildung, ergibt sich:

	D	$\overline{D}$	
N	0,01	0,02	0,03
$\overline{N}$	0,097	0,873	0,97
	0,107	0,893	1

2.2 Die Wahrscheinlichkeit dafür, dass entweder (nur) das Display oder (nur) das Netzteil defekt ist, erhält man mit Hilfe der Vierfeldertafel:

$$P\left(D \cap \overline{N}\right) + P\left(\overline{D} \cap N\right) = 0,097 + 0,02 = 0,117$$

Die Wahrscheinlichkeit beträgt $11,7\,\%$.
Die Wahrscheinlichkeit dafür, dass ein Bildschirm mit einem defekten Netzteil ein nicht-defektes Display hat, erhält man mit Hilfe der bedingten Wahrscheinlichkeit:

$$P_N\left(\overline{D}\right) = \frac{P\left(N \cap \overline{D}\right)}{P(N)} = \frac{0,02}{0,03} = \frac{2}{3} \approx 0,667$$

Die Wahrscheinlichkeit beträgt etwa $66,7\,\%$.

2.3 Um zu untersuchen, ob die beiden betrachteten Defekte unabhängig voneinander auftreten, vergleicht man $P(D \cap N)$ mit $P(D) \cdot P(N)$.
Es gilt:

$$P(D \cap N) = 0,01$$
$$P(D) \cdot P(N) = 0,107 \cdot 0,03 = 0,00321$$

Wegen $P(D \cap N) \neq P(D) \cdot P(N)$ sind die beiden Defekte nicht unabhängig voneinander.

3.1 Die Nullhypothese lautet: «Im Mittel sind mehr als fünf Bildschirme fehlerhaft», also $H_0: p > 0,2$. Da ein Mitarbeiter der Firma vermutet, dass höchstens einer von fünf Bildschirmen fehlerhaft ist, lautet die Alternativhypothese: «Es sind im Mittel höchstens einer von fünf Bildschirmen fehlerhaft », d.h. $H_1: p \leqslant 0,2$. Wegen $H_1: p \leqslant 0,2$ handelt es sich um einen linksseitigen Test mit Signifikanzniveau $\alpha = 5\%$.
Legt man X als Zufallsvariable für die Anzahl der defekten Bildschirme fest, so ist X binomialverteilt mit den Parametern $n = 180$ und $p = 0,2$.
Man wird die Nullhypothese verwerfen, wenn bei den 180 Bildschirmen deutlich weniger als 36 Bildschirme defekt sind (Erwartungswert $E(X) = n \cdot p = 180 \cdot 0,2 = 36$).

Deshalb ist ein maximales $k \in \mathbb{N}$ und damit ein Ablehnungsbereich $\overline{A} = \{0, ..., k\}$ der Nullhypothese so zu bestimmen, dass gilt:

$$P(\overline{A}) \leqslant \alpha$$
$$P(X \leqslant k) \leqslant 0{,}05$$

Mit Hilfe der kumulierten Binomialverteilung erhält man unter Verwendung des Taschenrechners:

$$P(X \leqslant 27) \approx 0{,}0530$$
$$P(X \leqslant 26) \approx 0{,}0346$$

frv.tv/ck

Also ist $k = 26$ das maximale $k \in \mathbb{N}$ und man erhält damit den Ablehnungsbereich:

$$\overline{A} = \{0, ..., 26\}$$

Da in der Stichprobe 27 Bildschirme fehlerhaft sind und 27 nicht im Ablehnungsbereich der Nullhypothese liegt, kann der Mitarbeiter die Nullhypothese nicht verwerfen.

3.2 Da sich der Mitarbeiter bei diesem Hypothesentest aber mit (höchstens) 5% irrt, können die Zweifel des Mitarbeiters nicht vollständig ausgeräumt werden.

4 Bezeichnet man mit B: Der Bildschirm ist fehlerhaft und mit F: Der Bildschirm wird als fehlerfrei eingestuft, so kann man anhand der gegebenen Angaben folgende Werte bestimmmen: $P(B) = 0{,}2$ und $P\left(\overline{B}\right) = 1 - 0{,}2 = 0{,}8$.
Da alle fehlerfreien Bildschirme auch als fehlerfrei eingestuft werden, gilt: $P_{\overline{B}}(F) = 1$.
Die Wahrscheinlichkeit dafür, dass ein fehlerhafter Bildschirm als fehlerhaft eingestuft wird, wird mit x bezeichnet, also gilt: $P_B\left(\overline{F}\right) = x$.
Damit erhält man folgendes Baumdiagramm:

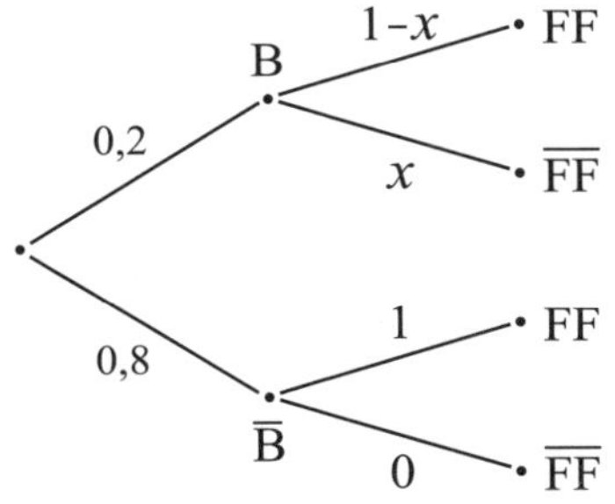

Um den Wert von x so zu bestimmen, dass die Wahrscheinlichkeit dafür, dass ein als fehlerfrei eingestufter Bildschirm fehlerhaft ist, höchstens 5% beträgt, löst man folgende Ungleichung mit Hilfe der bedingten Wahrscheinlichkeit und der Pfadregeln:

$$
\begin{aligned}
P_F(B) &\leqslant 0{,}05 \\
\frac{P(F \cap B)}{P(F)} &\leqslant 0{,}05 \\
\frac{P(F \cap B)}{P(B \cap F) + P(\overline{B} \cap F)} &\leqslant 0{,}05 \\
\frac{0{,}2 \cdot (1-x)}{0{,}2 \cdot (1-x) + 0{,}8 \cdot 1} &\leqslant 0{,}05 \\
\frac{0{,}2 - 0{,}2x}{0{,}2 - 0{,}2x + 0{,}8} &\leqslant 0{,}05 \\
\frac{0{,}2 - 0{,}2x}{1 - 0{,}2x} &\leqslant 0{,}05 \\
0{,}2 - 0{,}2x &\leqslant 0{,}05 \cdot (1 - 0{,}2x) \\
0{,}2 - 0{,}2x &\leqslant 0{,}05 - 0{,}01x \\
0{,}15 &\leqslant 0{,}19x \\
\frac{15}{19} &\leqslant x
\end{aligned}
$$

Somit beträgt der kleinstmögliche Wert $x = \frac{15}{19}$.

20 Unfallstatistik

1 1.1 Anhand der gegebenen Daten kann eine Vierfeldertafel erstellt und durch Summen- und Differenzbildung vervollständigt werden. Bezeichnet man mit G das Ereignis «Die Ursache für den Unfall ist eine nicht angepasste Geschwindigkeit.» und mit A das Ereignis «Die Person fuhr einen PKW.», so kann man folgende Wahrscheinlichkeiten berechnen:

Da von 378 000 Unfällen in 57 000 Fällen das Fehlverhalten eine nicht angepasste Geschwindigkeit war, gilt:

$$P(G) = \frac{57\,000}{378\,000} \approx 0,1508$$

Daraus folgt:

$$P\left(\overline{G}\right) = 1 - P(G) \approx 1 - 0,1508 = 0,8492$$

Da von 378 000 Unfällen in 260 000 Fällen das Fehlverhalten eines PKW-Fahrers/ einer PKW-Fahrerin die Ursache war, gilt:

$$P(A) = \frac{260\,000}{378\,000} \approx 0,6878$$

Daraus folgt:

$$P\left(\overline{A}\right) = 1 - P(A) \approx 1 - 0,6878 = 0,3122$$

Da von 57 000 Fällen mit nicht angepasster Geschwindigkeit 40 000 Fälle von PKW-Fahrern/ PKW-Fahrerinnen begangen wurden, gilt: $P_G(A) = \frac{40\,000}{57\,000} \approx 0,7018$.
Wegen $P_G(A) = \frac{P(G \cap A)}{P(G)}$ ergibt sich:

$$P(G \cap A) = P_G(A) \cdot P(G) = 0,7018 \cdot 0,1508 \approx 0,1058$$

Damit erhält man folgende Vierfeldertafel:

	A	$\overline{A}$	
G	0,1058	0,0450	0,1508
$\overline{G}$	0,5820	0,2672	0,8492
	0,6878	0,3122	1

G: nicht angepasste Geschwindigkeit

$\overline{G}$: angepasste Geschwindigkeit

A: Person fuhr PKW

$\overline{A}$: Person fuhr keinen PKW

1.2 Die Wahrscheinlichkeit, dass ein von einem/ einer zufällig auszuwählenden PKW-Fahrer/ PKW-Fahrerin verursachter Unfall eine nicht angepasste Geschwindigkeit als Ursache hatte, erhält man mithilfe der bedingten Wahrscheinlichkeit:

$$P_A(G) = \frac{P(A \cap G)}{P(A)} = \frac{0,1058}{0,6878} \approx 0,1538$$

Die Wahrscheinlichkeit beträgt etwa $15,38\,\%$.

2 2.1 Da von 190000 Personen 54 % wegen Alkoholdelikten verurteilt wurden und 85 % von diesen männlich waren, erhält man die Anzahl M der Männer, die 2009 wegen Alkoholvergehen im Straßenverkehr verurteilt wurden, folgendermaßen:

$$M = 190000 \cdot 0,54 \cdot 0,85 = 87210$$

2.2 Legt man X als Zufallsvariable für die Anzahl der Männer unter den wegen Alkoholdelikten verurteilten 50 Personen fest, so ist X binomialverteilt mit den Parametern $n = 50$ und $p = 0,85$.

Die Wahrscheinlichkeit, dass unter 50 zufällig auszuwählenden Personen, die wegen Alkoholvergehen im Straßenverkehr verurteilt wurden, genau 43 Männer sind, erhält man mithilfe der Binomialverteilung:

frv.tv/ci

$$P(X = 43) \approx 0,1575$$

Die Wahrscheinlichkeit beträgt etwa 15,75 %.

2.3 Legt man Y als Zufallsvariable für die Anzahl der Männer unter den wegen Alkoholdelikten verurteilten 500 Personen fest, so ist Y binomialverteilt mit den Parametern $n = 500$ und $p = 0,85$. Die Wahrscheinlichkeit dafür, dass unter 500 zufällig auszuwählenden Personen, die wegen Alkoholvergehen im Straßenverkehr verurteilt wurden, mindestens 420 Männer sind, erhält man mit Hilfe der Wahrscheinlichkeit des Gegenereignisses und der kumulierten Binomialverteilung:

frv.tv/ck

$$P(Y \geqslant 420) = 1 - P(Y \leqslant 419) \approx 1 - 0,2451 = 0,7549 = 75,49\%$$

Die Wahrscheinlichkeit beträgt etwa 75,49 %.

2.4 Um zu bestimmen, wie viele Fälle von Verurteilungen aufgrund von Alkoholdelikten im Straßenverkehr man mindestens auswählen müsste, um mit einer Wahrscheinlichkeit von über 95 % wenigstens eine Frau zu finden, legt man Z als Zufallsvariable für die Anzahl der Frauen unter n Personen, die aufgrund von Alkoholdelikten verurteilt wurden, fest. Z ist dann binomialverteilt mit den Parametern n und $p = 1 - 0,85 = 0,15$. Damit ist folgende Ungleichung nach n aufzulösen:

$$\begin{aligned} P(Z \geqslant 1) &> 0,95 \\ 1 - P(Z = 0) &> 0,95 \\ 0,05 &> P(Z = 0) \end{aligned}$$

Durch Ausprobieren erhält man mit Hilfe der Binomialverteilung unter Verwendung des Teachenrechners:

frv.tv/ci

$$n = 18: \ P(Z = 0) \approx 0,0526$$
$$n = 19: \ P(Z = 0) \approx 0,0456$$

Somit müssen mindestens 19 Fälle ausgewählt werden.

3 Da die mit der Aufklärungskampagne von Aufgabenteil b) beauftragte Agentur behauptet, dass sich nach der Durchführung eines Probedurchlaufs in einem repräsentativen Landkreis der Anteil der unter Alkoholeinfluss verursachten Unfälle mit Personenschaden reduziert haben soll, kann man die Verneinung als Nullhypothese formulieren: «Der Anteil der unter Alkoholeinfluss verursachten Unfälle mit Personenschaden ist größer oder gleich 4,4 %», also: H_0: $p \geqslant 0,044$. Die zugehörige Alternativhypothese lautet: $H_1: p < 0,044$. Wegen H_1: $p < 0,044$ handelt es sich um einen linksseitigen Test mit Signifikanzniveau $\alpha = 1\%$.

Legt man X als Zufallsvariable für die Anzahl der Unfälle mit Personenschaden, bei denen Alkoholeinfluss die Unfallursache war, fest, so ist X binomialverteilt mit den Parametern $n = 450$ und $p = 0,044$. Der zugehörige Erwartungswert der Zufallsvariable X ist $\mu = n \cdot p = 450 \cdot 0,044 = 19,8$.

Man wird die Nullhypthese verwerfen, wenn man deutlich weniger als 20 Unfälle mit Personenschaden, bei denen Alkoholeinfluss die Unfallursache war, ermittelt. Deshalb ist ein maximales $k \in \mathbb{N}$ und damit ein Ablehnungsbereich $\overline{A} = \{0, ..., k\}$ der Nullhypothese so zu bestimmen, dass gilt:

$$P(\overline{A}) \leqslant \alpha$$
$$P(X \leqslant k) \leqslant 0,01$$

Mit Hilfe der kumulierten Binomialverteilung erhält man unter Verwendung des Taschenrechners:

$$P(X \leqslant 9) \approx 0,0049$$
$$P(X \leqslant 10) \approx 0,0109$$

frv.tv/ck

Also ist $k = 9$ das maximale $k \in \mathbb{N}$ und man erhält damit den Ablehnungsbereich:

$$\overline{A} = \{0, ..., 9\}$$

Die Entscheidungsregel lautet damit folgendermaßen: Wenn von 450 Unfällen mit Personenschaden höchstens 9 unter Alkoholeinfluss verursacht wurden, kann man der Behauptung der Agentur mit einer Irrtumswahrscheinlichkeit von 1 % zustimmen.

4 Mit Hilfe der gegebenen Daten kann man ein Baumdiagramm erstellen.

Bezeichnet man mit J das Ereignis «Person ist jung (höchstens 25 Jahre alt)», mit $\overline{J}$ das Ereignis «Person ist mindestens 25 Jahr alt», mit K das Ereignis «Person hat von der Kampagne gehört», mit $\overline{K}$ das Ereignis «Person hat nicht von der Kampagne gehört», so

ergeben sich folgende Wahrscheinlichkeiten:
Da 45 % der befragten Personen von der Kampagne gehört hatten und höchstens 25 Jahre alt waren, gilt:

$$P(K \cap J) = 0,45$$

Da 10 % derjenigen, die von der Kampagne gehört hatten, älter als 25 Jahre alt waren, gilt:

$$P_K(\overline{J}) = 0,1$$

und damit

$$P_K(J) = 0,9$$

Wegen $P_K(J) = \frac{P(K \cap J)}{P(K)}$ ergibt sich:

$$P(K) = \frac{P(K \cap J)}{P_K(J)} = \frac{0,45}{0,9} = 0,5$$

und damit $P(\overline{K}) = 0,5$.
Da 40 % derjenigen, die nicht von der Kampagne gehört hatten, älter als 25 Jahre alt waren, gilt:

$$P_{\overline{K}}(\overline{J}) = 0,4$$

und damit

$$P_{\overline{K}}(J) = 0,6$$

Somit erhält man folgendes Baumdiagramm:

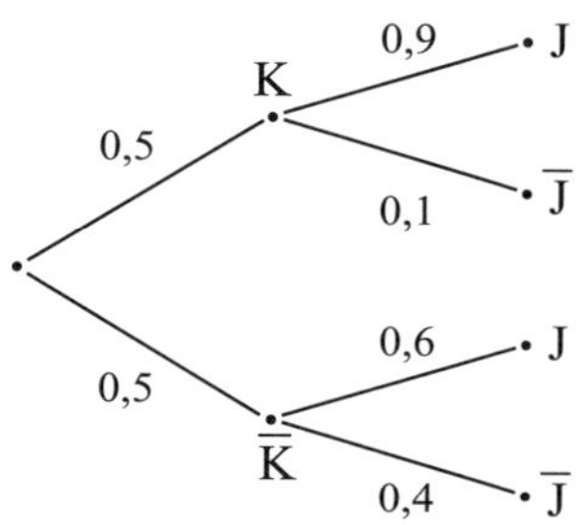

Um zu zeigen, dass drei Viertel der befragten Personen dieser Umfrage höchstens 25 Jahre alt waren, bestimmt man mit Hilfe der Pfadregeln die Wahrscheinlichkeit der zugehörigen Ereignisse:

$$\begin{aligned} P(J) &= P(K \cap J) + P(\overline{K} \cap J) \\ &= 0,5 \cdot 0,9 + 0,5 \cdot 0,6 \\ &= 0,45 + 0,3 \\ &= 0,75 \end{aligned}$$

Damit waren drei Viertel der befragten Personen dieser Umfrage höchstens 25 Jahre alt.

Abitur 2019

Tipps ab Seite 151, Lösungen ab Seite 156

Landesabitur 2019 Mathematik (WTR) Grundkurs
Analysis Prüfungsteil 2 – Vorschlag B1

Das in Material 1 im Schrägbild dargestellte Werkstück hat eine rechteckige Grundfläche und dazu senkrecht verlaufende Seitenflächen. Es besteht aus zwei unterschiedlich gefärbten Kunststoffen. Der obere Teil ist heller, der untere dunkler gefärbt.
In Material 2 ist eine Querschnittsfläche des Werkstücks abgebildet.

1 Die obere Randkurve der Querschnittsfläche kann für $-2 \leqslant x \leqslant 10$ durch den Graphen der Funktion f mit $f(x) = 0{,}016x^3 - 0{,}18x^2 + 0{,}2x + 5$ beschrieben werden (alle Angaben in cm).

1.1 Berechnen Sie, auch unter Berücksichtigung der Randwerte des Intervalls, an welcher Stelle das Werkstück am höchsten ist, und geben Sie seine maximale Höhe an. **(8 BE)**

1.2 Berechnen Sie den Inhalt A der gesamten Querschnittsfläche des Werkstücks. **(4 BE)**

2 Die obere Randkurve des unteren, dunkler gefärbten Teils der Querschnittsfläche kann für $-2 \leqslant x \leqslant 10$ durch den Graphen der Funktion g mit $g(x) = (1{,}5 \cdot x + 4{,}5) \cdot e^{-0{,}3x}$ beschrieben werden (alle Angaben in cm).

2.1 Mithilfe des Formansatzes $\mathrm{G}(x) = (a \cdot x + b) \cdot e^{-0{,}3x}$ soll eine Stammfunktion G der Funktion g ermittelt werden.
Berechnen Sie die Ableitungsfunktion G′ der Funktion G.
Ermitteln Sie durch Vergleich der Funktionsterme von G′ und g eine Stammfunktion von g.
$\left[\text{zur Kontrolle: } \mathrm{G}(x) = \left(-5x - \frac{95}{3}\right) \cdot e^{-0{,}3x}\right]$ **(6 BE)**

2.2 Bestimmen Sie das Volumen des oberen, heller gefärbten Teils des Werkstücks. **(5 BE)**

2.3 Auf der rechten Seite wird ein Teil des Werkstücks durch einen ebenen Schnitt abgetrennt. Die Schnittebene E verläuft dabei senkrecht zur Querschnittsfläche und durch die Punkte $(9 \mid 0)$ und $(10 \mid 5)$.
Erläutern Sie eine Vorgehensweise, mit der man ermitteln kann, um wie viel Kubikzentimeter das in Aufgabe 2.2 bestimmte Volumen des oberen, heller gefärbten Werkstückteils dadurch kleiner wird. **(5 BE)**

2.4 Für $x < -2$ hat der Graph von G einen relativen Extrempunkt. Berechnen Sie diesen nur anhand der notwendigen Bedingung und begründen Sie unter Verwendung der Abbildung in Material 2, dass es sich um einen relativen Tiefpunkt handeln muss.

(5 BE)

3 Die Funktion f gehört zu der Funktionenschar f_k mit $f_k(x) = k \cdot x^3 - 0,18x^2 + 0,2x + 5$ für $k > 0$.

3.1 Berechnen Sie die Wendestelle x_W des Graphen von f_k in Abhängigkeit von k.
Hinweis: Die Untersuchung der notwendigen Bedingung ist ausreichend.
[zur Kontrolle: $x_W(k) = \frac{3}{50k}$]

(5 BE)

3.2 Untersuchen Sie, wie sich die Lage von $x_W(k)$ für $k \to \infty$ ändert.

(2 BE)

Material 1

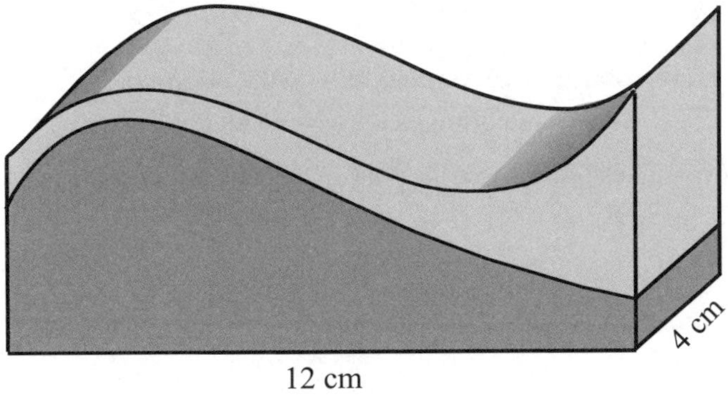

Material 2

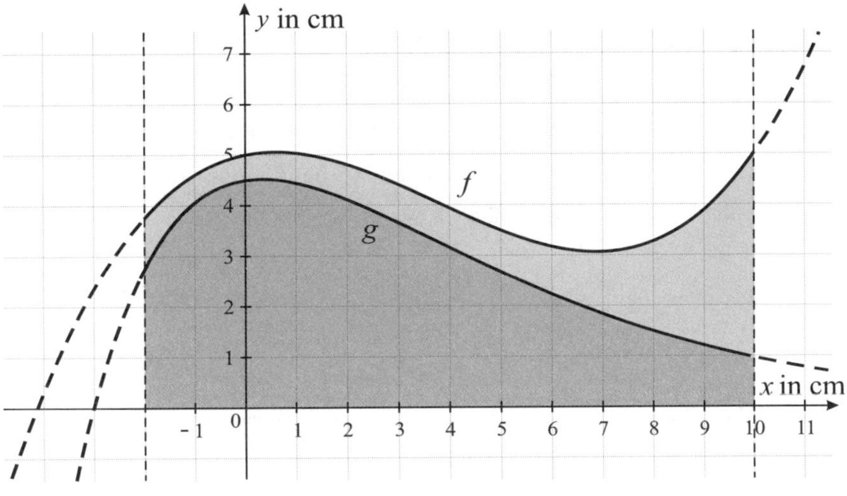

Tipps ab Seite 152, Lösungen ab Seite 160

Landesabitur 2019 Mathematik (WTR) Grundkurs
Analysis Prüfungsteil 2 – Vorschlag B2

Eine Brauerei stellt Fassbrause (Limonade aus Malzextrakt mit Kräuterzusätzen) und alkoholfreies Bier her.

1 Die Entwicklung der wöchentlichen Produktionsmenge der Fassbrause über das Jahr hinweg lässt sich für das vergangene Jahr näherungsweise durch die Funktion f mit

$$f(t) = 18 \cdot e^{-\frac{1}{200}(t-26)^2} + 10$$

auf dem Intervall $[0; 52]$ modellieren. Hierbei gibt t die Zeit in Wochen seit Jahresbeginn an; $f(t)$ beschreibt die wöchentliche Produktionsmenge in $\frac{\text{m}^3}{\text{Woche}}$.
Der Graph von f ist im Material abgebildet.

1.1 Zeigen Sie rechnerisch, dass für f' gilt: $f'(t) = -0{,}18 \cdot (t-26) \cdot e^{-\frac{1}{200}(t-26)^2}$. **(4 BE)**

1.2 Berechnen Sie die Koordinaten des Hochpunkts des Graphen von f.
Hinweis: Die Untersuchung der notwendigen Bedingung ist ausreichend. **(4 BE)**

1.3 Begründen Sie anhand des Funktionsterms von f, dass die wöchentliche Produktionsmenge den Wert $28\,\frac{\text{m}^3}{\text{Woche}}$ nicht überschreitet. **(3 BE)**

1.4 Es gilt: $f''(36) = 0$. Deuten Sie dies im Sachzusammenhang. **(3 BE)**

1.5 Es gilt: $\frac{1}{26}\int_0^{26} f(t)\,\mathrm{d}t \approx 18{,}6$.
Deuten Sie dies im Sachzusammenhang. **(3 BE)**

2 Für das vergangene Jahr soll die wöchentliche Produktionmenge des alkoholfreien Biers in $\frac{\text{m}^3}{\text{Woche}}$ zum Zeitpunkt t in Wochen seit Jahresbeginn durch eine quadratische Funktion g auf dem Intervall $[0; 52]$ beschrieben werden. Zu Beginn des Jahres betrug die wöchentliche Produktionsmenge $7\,\frac{\text{m}^3}{\text{Woche}}$. Zum Zeitpunkt $t = 30$ Wochen wurde mit $25\,\frac{\text{m}^3}{\text{Woche}}$ die größte wöchentliche Produktionsmenge des alkoholfreien Biers erreicht.

2.1 Leiten Sie die Funktionsgleichung von g her und zeigen Sie, dass gilt:

$$g(t) = -0{,}02t^2 + 1{,}2t + 7$$

Skizzieren Sie den Funktionsgraphen von g in das Koordinatensystem im Material.

(7 BE)

2.2 Der Marketingberater der Brauerei trifft folgende Aussagen:
«Die Differenz zwischen der größten und der kleinsten wöchentlichen Produktionsmenge der Fassbrause und die entsprechende Differenz für das alkoholfreie Bier unterscheiden sich um weniger als 1 $\frac{\text{m}^3}{\text{Woche}}$.»
«Die Gesamtproduktion der Fassbrause innerhalb des vergangenen Jahres in m^3 war größer als die des alkoholfreien Biers.»
«In der Nachbarbrauerei beträgt die Gesamtproduktion des alkoholfreien Biers innerhalb eines Jahres mehr als 1.000.000 Liter. Um dies zu erreichen, müssten wir unsere Produktion deutlich steigern.»
Prüfen Sie die Aussagen des Beraters.

(8 BE)

3 Die wöchentliche Produktionsmenge des alkoholfreien Biers soll erhöht werden. Zur Modellierung dieses Sachverhalts werden im Folgenden geeignete Funktionen der Funktionenscharen g_m und g_n verwendet mit $g_m(t) = m \cdot \left(-0{,}02t^2 + 1{,}2t + 7\right)$ und $g_n(t) = -0{,}02t^2 + 1{,}2t + 7 + n$.
Hierbei gibt t jeweils die Zeit in Wochen seit Jahresbeginn an; $g_m(t)$ und $g_n(t)$ beschreiben die wöchentliche Produktionsmenge in $\frac{\text{m}^3}{\text{Woche}}$.
Es wird prognostiziert, dass die wöchentliche Produktionsmenge für den Zeitpunkt $t = 30$ Wochen 35 $\frac{\text{m}^3}{\text{Woche}}$ beträgt.

3.1 Bestimmen Sie die Parameter m und n der beiden Funktionenscharen so, dass zum Zeitpunkt $t = 30$ Wochen die prognostizierte wöchentliche Produktionsmenge des alkoholfreien Biers erreicht wird.

(4 BE)

3.2 Es sei $m = 1{,}4$ und $n = 10$.
Beschreiben Sie jeweils auch im Sachzusammenhang die Wirkung des Parameters auf den Verlauf der Graphen g_m und g_n im Vergleich zum Graphen von g.

(4 BE)

Material

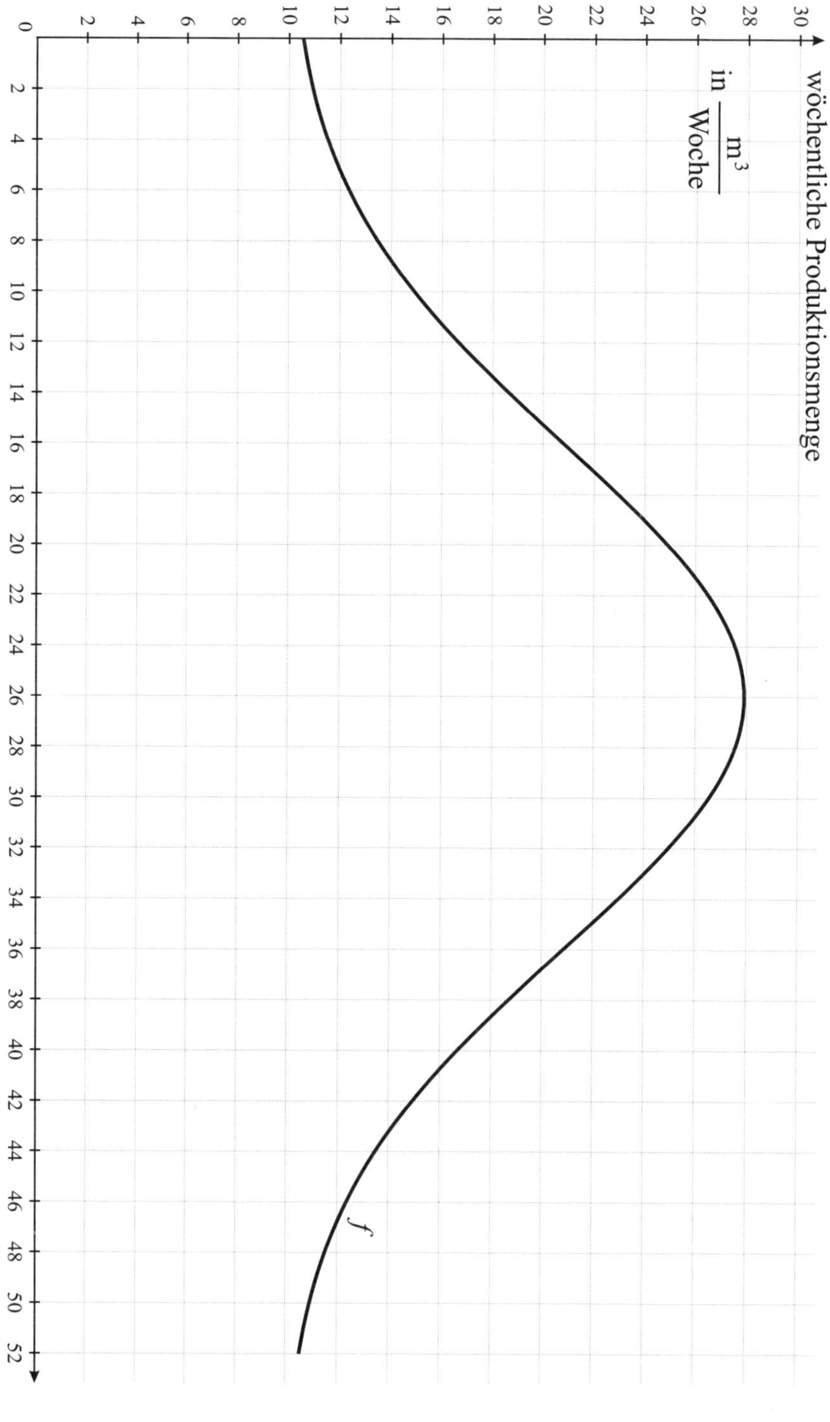
wöchentliche Produktionsmenge
in $\frac{m^3}{\text{Woche}}$
0
2
4
6
8
10
12
14
16
18
20
22
24
26
28
30
32
34
36
38
40
42
44
46
48
50
52
t (in Wochen)
f

Tipps ab Seite 153, Lösungen ab Seite 164

Landesabitur 2019 Mathematik (WTR) Grundkurs
Lineare Algebra/Analytische Geometrie Prüfungsteil 2 – Vorschlag C1

Ein neu geplantes Mehrfamilienhaus soll 9m breit, 15m lang und inklusive Dach 9m hoch werden. Das Material zeigt eine Darstellung des Hauses im Koordinatensystem. Der Erdboden wird durch die x-y-Ebene beschrieben. In dieser Ebene liegen die Eckpunkte A, B, C und D des rechteckigen Hausbodens. Der Punkt G hat die Koordinaten $G(9 \mid 15 \mid 6)$. Der Dachfirst $\overline{IJ}$ verläuft horizontal und mittig über der Dachbodenfläche EFGH.

1.1 Geben Sie die Koordinaten der Punkte C, F und J an.
Beschriften Sie die Achsen im Material mit einer geeigneten Skalierung. **(5 BE)**

1.2 Geben Sie eine Parametergleichung der Ebene T an, in der die Dachfläche FGJI liegt, und bestimmen Sie eine Koordinatengleichung dieser Ebene.
[zur Kontrolle: $2x + 3z = 36$ ist eine mögliche Koordinatengleichung der Ebene.]
(6 BE)

1.3 Berechnen Sie den Flächeninhalt der gesamten Dachfläche des Hauses. **(3 BE)**

1.4 Berechnen Sie das Volumen des Mehrfamilienhauses. **(3 BE)**

1.5 Damit das Dach für die geplante Installation einer Photovoltaikanlage geeignet ist, sollte die Dachneigung zwischen 30 und 35 Grad betragen.
In diesem Sachzusammenhang wird folgende Rechnung durchgeführt:

$$(1)\ \vec{u}_1 = \begin{pmatrix} -4,5 \\ 0 \\ 3 \end{pmatrix},\ \vec{u}_2 = \begin{pmatrix} -9 \\ 0 \\ 0 \end{pmatrix}$$

$$(2)\ \cos\alpha = \frac{\begin{pmatrix} -4,5 \\ 0 \\ 3 \end{pmatrix} \cdot \begin{pmatrix} -9 \\ 0 \\ 0 \end{pmatrix}}{\left|\begin{pmatrix} -4,5 \\ 0 \\ 3 \end{pmatrix}\right| \cdot \left|\begin{pmatrix} -9 \\ 0 \\ 0 \end{pmatrix}\right|} = \ldots$$

Erläutern Sie den Ansatz in Zeile (1) und den Rechenschritt in Zeile (2).
Berechnen Sie den Winkel α.
Deuten Sie Ihr Ergebnis für α im Sachzusammenhang.

(4 BE)

Auf dem Nachbargrundstück steht eine 13,5m hohe Tanne im Punkt $P(30,75 \mid 6 \mid 0)$.

Zu einem bestimmten Zeitpunkt fällt das Sonnenlicht in Richtung des Vektors $\vec{v} = \begin{pmatrix} -2 \\ 0 \\ -0,5 \end{pmatrix}$ auf die Dachfläche FGJI.

1.6 Prüfen Sie, ob der Schatten der Tannenspitze zu diesem Zeitpunkt auf die Dachfläche FGJI trifft. **(5 BE)**

2 Im Garten des Hauses soll ein Blumenbeet angelegt werden. Dafür sollen Pflanzen dreier Pflanzengattungen gekauft werden. Eine Pflanze der Gattung Sonnenhut kostet 3 €, eine der Gattung Phlox 4 € und eine der Gattung Malve 6 €. Es sollen genau 25 Pflanzen für insgesamt 100 € gekauft werden. Darunter sollen doppelt so viele Pflanzen der Gattung Sonnenhut wie Pflanzen der Gattung Malve sein.

2.1 Mithilfe der Informationen im Text wird das folgende lineare Gleichungssystem aufgestellt:

$$\begin{array}{llcccccc} \text{I} & x_S & & & - & 2x_M & = & 0 \\ \text{II} & x_S & + & x_P & + & x_M & = & 25 \\ \text{III} & 3x_S & + & 4x_P & + & 6x_M & = & 100 \end{array}$$

Geben Sie die Definition der verwendeten Variablen an.
Erläutern Sie die Bedeutung der einzelnen Gleichungen im Sachzusammenhang. **(4 BE)**

2.2 Das lineare Gleichungssystem besitzt ohne Beachtung des Sachzusammenhangs unendlich viele Lösungen.
Berechnen Sie diese Lösungen. **(5 BE)**

2.3 Eine mögliche Darstellung aller Lösungen des linearen Gleichungssystems lautet:

$$\vec{x} = \begin{pmatrix} x_S \\ x_P \\ x_M \end{pmatrix} = \begin{pmatrix} 0 \\ 25 \\ 0 \end{pmatrix} + t \begin{pmatrix} 2 \\ -3 \\ 1 \end{pmatrix}$$

2.3.1 Um eine mögliche Bepflanzung des Beetes darzustellen, müssen x_S, x_P und x_M nichtnegative ganzzahlige Werte annehmen.
Untersuchen Sie, welche Werte t unter dieser Bedingung annehmen kann. **(3 BE)**

2.3.2 Gesucht ist die Bepflanzung mit der maximal möglichen Anzahl der Pflanzung der Gattung Sonnenhut.
Bestimmen Sie die Anzahlen der Pflanzen der Gattung Sonnenhut, Phlox und Malve für diese Bepflanzung. **(2 BE)**

Material

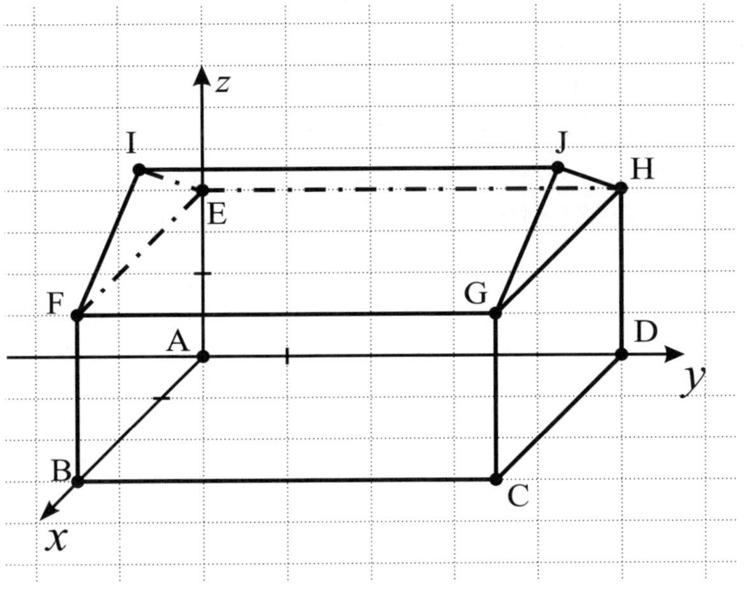

Tipps ab Seite 154, Lösungen ab Seite 170

Landesabitur 2019 Mathematik (WTR) Grundkurs
Stochastik Prüfungsteil 2 – Vorschlag C2

1 Bei einer Befragung unter 2360 Männern und 2200 Frauen, die in den vorhergegangenen 12 Monaten zumindest einmal an einem Glücksspiel teilgenommen hatten, zeigten 2,5% der befragten Männer und 0,5% der befragten Frauen Anzeichen spielsüchtigen Verhaltens.
Unter den Befragten wird eine Person zufällig ausgewählt.

Betrachtet werden folgende Ereignisse:
M: «Die ausgewählte Person ist ein Mann.»
S: «Die ausgewählte Person zeigte Anzeichen spielsüchtigen Verhaltens.»

1.1 Stellen Sie den beschriebenen Sachzusammenhang in einer vollständig ausgefüllten Vierfeldertafel dar. **(4 BE)**

1.2 Die Terme $P_M(S)$ und $P(M \cap S)$ stellen Wahrscheinlichkeiten dar.
Beschreiben Sie für jeden der beiden Terme die Bedeutung im Sachzusammenhang. **(2 BE)**

1.3 Von den befragten Personen, die Anzeichen spielsüchtigen Verhaltens zeigten, wird eine zufällig ausgewählt.
Geben Sie die Wahrscheinlichkeit dafür an, dass die ausgewählte Person eine Frau ist. **(2 BE)**

Im Folgenden werden ausschließlich Männer betrachtet, die in den vorangegangenen 12 Monaten zumindest einmal an einem Glücksspiel teilgenommen hatten.

2 Für eine weiterführende Studie sollen 200 Männer zufällig ausgewählt werden. Es soll davon ausgegangen werden, dass die Anzahl der ausgewählten Männer, die Anzeichen spielsüchtigen Verhaltens zeigen, durch eine binomialverteilte Zufallsgröße X mit der Trefferwahrscheinlichkeit von 2,5% beschrieben werden kann.

2.1 Bestimmen Sie die Wahrscheinlichkeiten folgender Ereignisse:
A: Unter den ausgewählten Männern befinden sich genau 4 Männer, die Anzeichen spielsüchtigen Verhaltens zeigen.
B: Unter den ausgewählten Männern befinden sich mindestens 4 Männer, die Anzeichen spielsüchtigen Verhaltens zeigen.
C: Alle ausgewählten Männer zeigen keine Anzeichen spielsüchtigen Verhaltens. **(7 BE)**

2.2 Bestimmen Sie das kleinste Intervall mit den beiden folgenden Eigenschaften:
- Das Intervall ist bezüglich des Erwartungswerts von X symmetrisch.
- Die Wahrscheinlichkeit dafür, dass der Wert von X im Intervall liegt, ist größer als 90%.

(5 BE)

2.3 Berechnen Sie, wie viele Männer mindestens befragt werden müssen, damit mit einer Wahrscheinlichkeit von mindestens 90% mindestens ein Mann darunter ist, der Anzeichen spielsüchtigen Verhaltens zeigt. **(4 BE)**

3 Die Bundeszentrale für gesundheitliche Aufklärung (BZgA) führt eine Kampagne durch, die die Bevölkerung über Glücksspielsucht aufklären soll. Die BZgA vermutet, dass durch die Kampagne der Anteil der Männer, die Anzeichen spielsüchtigen Verhaltens zeigen, unter 2,5% gesunken ist.

Entwickeln Sie zur Überprüfung dieser Vermutung einen Hypothesentest auf Grundlage der Befragung von 500 zufällig ausgewählten Männern bei einer vorgegebenen Irrtumswahrscheinlichkeit von 5% und geben Sie die Entscheidungsregel im Sachzusammenhang an.

(7 BE)

4 In einer Urne befinden sich fünf Kugeln, die jeweils mit einer natürlichen Zahl beschriftet sind. Drei Kugeln tragen die Zahl 4, die anderen beiden die von 4 verschiedene Zahl x.

4.1 Im dargestellten Sachzusammenhang wird die Wahrscheinlichkeit eines Ereignisses mit dem Term $1 - 0,6^3$ berechnet.
Beschreiben Sie das zugrundeliegende Zufallsexperiment und das Ereignis.

(3 BE)

4.2 Werden der Urne zwei Kugeln gleichzeitig entnommen, so ist der Erwartungswert für die Summe der beiden Zahlen auf den entnommenen Kugeln 12.

4.2.1 Begründen Sie ohne Berechnung von Wahrscheinlichkeiten, dass x größer als 5 ist.

(2 BE)

4.2.2 Berechnen Sie die Zahl x.

(4 BE)

Binomialsummenfunktion $F_{n;\,p}(k) = \sum_{i=0}^{k} \binom{n}{i} \cdot p^i \cdot (1-p)^{n-i}$ für $n = 500$

p =	**0,025**
k =	
0	0,0000
1	0,0000
2	0,0003
3	0,0014
4	0,0050
5	0,0139
6	0,0330
7	0,0674
8	0,1218
9	0,1980
10	0,2940
11	0,4037
12	0,5183
13	0,6285
14	0,7269
15	0,8086
16	0,8721
17	0,9185
18	0,9504
19	0,9711
20	0,9839
21	0,9914
22	0,9956
23	0,9978
24	0,9990
25	0,9995
26	0,9998
27	0,9999
28	1,0000

Die Werte 1,0000 und 0,0000 bedeuten: Die angegebenen Wahrscheinlichkeiten sind auf vier Stellen gerundet 1,0000 bzw. 0,0000.

Tipps

Aufgabe B1 (WTR)

1.1 Den relativen Hochpunkt des Graphen von f erhalten Sie mithilfe der 1. und 2. Ableitung von f. Als notwendige Bedingung lösen Sie die Gleichung $f'(x) = 0$ nach x auf. Verwenden Sie die abc-Formel. Setzen Sie die erhaltenen x-Werte in $f''(x)$ ein; falls das Ergebnis kleiner als Null ist, handelt es sich um einen Hochpunkt. Den y-Wert des Hochpunkts erhalten Sie, indem Sie den zugehörigen x-Wert in $f(x)$ einsetzen. Zur Untersuchung der Randwerte des Intervalls setzen Sie $x = -2$ und $x = 10$ in $f(x)$ ein und vergleichen die Ergebnisse mit dem y-Wert des relativen Hochpunkts.

1.2 Den Inhalt A der gesamten Querschnittsfläche des Werkstücks erhalten Sie mithilfe eines Integrals. Verwenden Sie den Hauptsatz der Differential- und Integralrechnung:
$\int_a^b f(x)\mathrm{d}x = \mathrm{F}(b) - \mathrm{F}(a)$, wobei F eine Stammfunktion von f ist.

2.1 Die Ableitungsfunktion G$'$ der Funktion G erhalten Sie mit der Produkt- und Kettenregel. Beachten Sie, dass G eine Stammfunktion von g ist, wenn gilt: $\mathrm{G}'(x) = g(x)$. Durch Vergleich der Koeffizienten der Funktionsterme von $\mathrm{G}'(x)$ und $g(x)$ erhalten Sie zwei Gleichungen. Lösen Sie das zugehörige lineare Gleichungssystem.

2.2 Das Volumen des oberen, heller gefärbten Teils des Werkstücks erhalten Sie, indem Sie den Inhalt der entsprechenden Querschnittsfläche Q mit der Tiefe $t = 4$ des Werkstücks multiplizieren: $\mathrm{V} = \mathrm{Q} \cdot t$. Den Inhalt der Querschnittsfläche Q, also die Fläche zwischen den beiden Graphen von f und g, erhalten Sie mithilfe eines Integrals. Beachten Sie, dass der Graph von f oberhalb des Graphen von g verläuft. Verwenden Sie den Taschenrechner.

2.3 Fertigen Sie eine Skizze an und überlegen Sie, welche Querschnittsfläche Q^* Sie zuerst bestimmen müssten, um das gesuchte Volumen zu erhalten.

2.4 Den relativen Extrempunkt von G erhalten Sie mit der 1. Ableitung von G, also mit $g(x)$. Als notwendige Bedingung lösen Sie die Gleichung $\mathrm{G}'(x) = 0$ nach x auf. Den y-Wert erhalten Sie, indem Sie den x-Wert in $\mathrm{G}(x)$ einsetzen. Prüfen Sie in der Abbildung in Material 2, ob und welchen Vorzeichenwechsel die 1. Ableitung von G, also g, hat.

3.1 Die Wendestelle x_{W} des Graphen von f_k erhalten Sie mithilfe der 2. Ableitung von f_k. Als notwendige Bedingung lösen Sie die Gleichung $f_k''(x) = 0$ nach x auf.

3.2 Überlegen Sie, ob der Nenner von $x_{\mathrm{W}}(k)$ immer größer oder kleiner wird, wenn $k \to \infty$ geht. Bestimmen Sie damit den «Grenzwert» von $x_{\mathrm{W}}(k)$ und überlegen Sie, wo die Stelle im Koordinatensystem liegt.

Aufgabe B2 (WTR CAS)

1.1 Die 1. Ableitung von f erhalten Sie mithilfe der Kettenregel: «äußere Ableitung mal innere Ableitung».

1.2 Den t-Wert des Hochpunkts des Graphen von f erhalten Sie, indem Sie die Gleichung $f'(t) = 0$ nach t auflösen. Beachten Sie, dass $e^{-\frac{1}{200}(t-26)^2} \neq 0$ ist. Den zugehörigen y-Wert erhalten Sie, indem Sie den t-Wert in $f(t)$ einsetzen.

1.3 Überlegen Sie, welche Werte der Exponent des Terms $e^{-\frac{1}{200}(t-26)^2}$ annehmen kann und welche Werte damit der Term selbst annehmen kann.

1.4 Überlegen Sie, welche Bedeutung die 1. Ableitung von f hat (auch im Sachzusammenhang) und beachten Sie, dass die 2. Ableitung von f die 1. Ableitung von f' ist. Überlegen Sie, welche Bedeutung vorliegt, wenn die 1. Ableitung von f' gleich Null ist.

1.5 Überlegen Sie, was mithilfe des Integrals $\int_0^{26} f(t)\mathrm{d}t$ berechnet wird. Beachten Sie, dass mithilfe des Integrals $\frac{1}{26}\int_0^{26} f(t)\mathrm{d}t$ ein Mittelwert ermittelt wird.

2.1 Als Ansatz für die quadratische Funktion g verwenden Sie $g(t) = a \cdot t^2 + b \cdot t + c$ mit $g'(t) = 2a \cdot t + b$.
Stellen Sie anhand der gegebenen Daten drei Gleichungen auf und lösen Sie das zugehörige lineare Gleichungssystem mithilfe des Gauß-Verfahrens. Zum Skizzieren verwenden Sie eine Wertetabelle.

2.2 Die größte wöchentliche Produktionsmenge der Fassbrause wurde in Aufgabe 1.2 berechnet, die kleinste wöchentliche Produktionsmenge der Fassbrause erhalten Sie, indem Sie $t = 0$ in $f(t)$ einsetzen. Bestimmen Sie die Differenz d_1 zwischen beiden Werten.
Beachten Sie, dass die größte wöchentliche Produktionsmenge des alkoholfreien Biers im Aufgabentext beschrieben ist und die kleinste wöchentliche Produktionsmenge des alkoholfreien Biers zu Beginn des Jahres ebenfalls im Aufgabentext steht. Bestimmen Sie die Differenz d_2 zwischen beiden Werten. Zum Schluß bestimmen Sie $d_2 - d_1$ und vergleichen das Ergebnis mit der Aussage des Beraters.
Die Gesamtproduktion der Fassbrause und des alkoholfreien Biers innerhalb des vergangenen Jahres erhalten Sie jeweils mithilfe eines Integrals; verwenden Sie den Taschenrechner. Vergleichen Sie die beiden Werte mit der Aussage des Beraters.
Beachten Sie, dass 1.000.000 Liter einem Volumen von $1000\,\mathrm{m}^3$ entspricht und vergleichen Sie die Gesamtproduktion des alkoholfreien Biers in m^3 mit der Aussage des Beraters.

3.1 Um m und n zu bestimmen, setzen Sie die gegebenen Daten jeweils in $g_m(t)$ und $g_n(t)$ ein und lösen die entstandenen Gleichungen nach m bzw. n auf.

3.2 Überlegen Sie, wie die Gleichungen von $g_m(t)$ und $g_n(t)$ aus der Gleichung von $g(t)$ hervorgehen und beachten Sie, dass der Graph von g mit einem Faktor in y-Richtung gestreckt oder in y-Richtung verschoben werden kann. Überlegen Sie, welche Bedeutung eine Streckung oder Verschiebung für die Größe der wöchentlichen Produktionsmengen hat.

Aufgabe C1 (WTR CAS)

1.1 Beachten Sie, dass der Punkt C genau senkrecht unterhalb von G auf der x-y-Ebene liegt, sich der Punkt F genau auf gleicher Höhe wie G und senkrecht oberhalb von B, der auf der x-Achse liegt, befindet und der Punkt J auf der Höhe 9m und mittig über der Strecke GH liegt. Anhand der Koordinaten der bestimmten Punkte können Sie die Achsen skalieren.

1.2 Verwenden Sie beispielsweise F als Stützpunkt und die verkürzten Vektoren $\overrightarrow{FG}$ und $\overrightarrow{FJ}$ als zugehörige Spannvektoren. Einen Normalenvektor $\vec{n}$ von T erhalten Sie mithilfe des Vektorprodukts (siehe Seite 50) der Spannvektoren.
Alternativ können Sie $\vec{n}$ auch mithilfe des Skalarprodukts bestimmen. Da $\vec{n}$ sowohl auf dem verkürzten Vektor $\overrightarrow{FG}$ als auch auf dem verkürzten Vektor $\overrightarrow{FJ}$ senkrecht steht, muss das jeweilige Skalarprodukt der Vektoren Null ergeben. Lösen Sie das zugehörige lineare Gleichungssystem. Die Koordinatengleichung von T erhalten Sie dann, indem Sie $\vec{n}$ und die Koordinaten von F in die Ebenengleichung $n_x x + n_y y + n_z z = d$ einsetzen und d bestimmen.
Alternativ können Sie auch die Normalenform $\left(\vec{x} - \vec{f}\right) \cdot \vec{n} = 0$ verwenden.

1.3 Beachten Sie, dass die Dachfläche aus zwei gleich großen Rechtecken besteht. Bestimmen Sie die Länge und die Breite des Rechtecks FGJI, indem Sie die Beträge der Verbindungsvektoren ermitteln. Die Fläche A eines Rechtecks erhalten Sie durch $\mathrm{A} = a \cdot b$, wobei a die Länge und b die Breite des Rechtecks ist.

1.4 Das Volumen V des Mehrfamilienhauses erhalten Sie, indem Sie das Volumen V_1 des Quaders ABCDEFGH und das Volumen V_2 des Prismas EFGHIJ bestimmen. Ermitteln Sie die Länge a, Breite b und Höhe c des Quaders und verwenden Sie für das Volumen V_1 des Quaders die Formel $\mathrm{V}_1 = a \cdot b \cdot c$. Verwenden Sie als Grundfläche des Prismas das Dreieck GHJ und die Prismenhöhe $h^* = \overline{\mathrm{FG}}$. Den Flächeninhalt A^* des Dreiecks GHJ erhalten Sie mit der Formel $\mathrm{A}^* = \frac{g \cdot h}{2}$.
Als Grundlinie verwenden Sie $g = \overline{\mathrm{GH}}$, die Dreieckshöhe h erhalten Sie durch Differenz der Dachhöhe und der Quaderhöhe. Verwenden Sie für das Volumen V_2 des Prismas die Formel: $\mathrm{V}_2 = \mathrm{A}^* \cdot h^*$. Dann erhalten Sie das Volumen V durch $\mathrm{V} = \mathrm{V}_1 + \mathrm{V}_2$.

1.5 Überlegen Sie, welche Vektoren in Zeile (1) gebildet werden und welchen Winkel sie einschließen.
Beachten Sie, dass in Zeile (2) eine Formel zur Berechnung des Winkels zwischen zwei Vektoren verwendet wird.
Vergleichen Sie den berechneten Winkel mit den Vorgaben, ob das Dach für die geplante Installation einer Photovoltaikanlage geeignet ist.

1.6 Um zu prüfen, ob der Schatten der Tannenspitze auf die Dachfläche FGJI trifft, stellen Sie zuerst die Gleichung der Geraden g durch den «Spitzen-Punkt» P^* mit Richtungsvektor $\vec{v}$ auf. Anschließend berechnen Sie den Schnittpunkt S von g und der Ebene T, in der die Dachfläche FGJI liegt, indem Sie einen allgemeinen Punkt P_t von g in die Koordinatengleichung von T einsetzen. Setzen Sie den erhaltenen t-Wert in P_t ein. Prüfen Sie noch, ob der Punkt S innerhalb des Vierecks FGJI liegt. Dazu vergleichen Sie die Koordinaten von S mit den Koordinaten der Randpunkte des Vierecks.

2.1 Beachten Sie, dass die Variablen Anzahlen von Pflanzen sind. Überlegen Sie, welche Gleichung zu welcher Angabe im Aufgabentext gehört.

2.2 Um das gegebene lineare Gleichungssystem zu lösen, verwenden Sie das Gauß-Verfahren. Wählen Sie $x_M = t$ und bestimmen Sie damit die übrigen Variablen in Abhängigkeit von t.

2.3.1 Beachten Sie, dass $x_S \geqslant 0$, $x_P \geqslant 0$ und $x_M \geqslant 0$ sein müssen und was daraus jeweils für die Werte von t folgt.

2.3.2 Überlegen Sie, welchen Wert t annehmen muss, wenn die Bepflanzung mit der maximal möglichen Anzahl der Pflanzung der Gattung Sonnenhut durchgeführt wird. Bestimmen Sie mithilfe dieses t-Werts die Anzahlen der anderen Pflanzen.

C2 (WTR CAS)

1. [1.1]Berechnen Sie anhand der gegebenen Daten zuerst die Anzahlen, dass ein Mann bzw. eine Frau Anzeichen spielsüchtigen Verhaltens zeigt und tragen Sie diese Werte sowie die Gesamtanzahlen in die Vierfeldertafel ein.

1.2 Beachten Sie, dass mithilfe des Terms $P_M(S)$ eine bedingte Wahrscheinlichkeit und mithilfe des Terms $P(M \cap S)$ eine Pfadwahrscheinlichkeit berechnet wird.

1.3 Die Wahrscheinlichkeit, dass eine der befragten Personen, die Anzeichen spielsüchtigen Verhaltens zeigten, eine Frau ist, erhalten Sie mithilfe der bedingten Wahrscheinlichkeit: $P_S(\overline{M}) = \frac{P(S \cap \overline{M})}{P(S)}$. Statt der Wahrscheinlichkeiten können Sie die entsprechenden Anzahlen der Vierfeldertafel entnehmen.

2.1 Die Wahrscheinlichkeit für das Ereignis A erhalten Sie mithilfe der Binomialverteilung unter Verwendung des Taschenrechners. Die Wahrscheinlichkeit für das Ereignis B erhalten Sie mithilfe der Wahrscheinlichkeit des Gegenereignisses und der kumulierten Binomialverteilung (Binomialsummenfunktion) unter Verwendung des Taschenrechners. Für das Ereignis C legen Sie Y als binomialverteilte Zufallsvariable für die Anzahl der Männer, die keine Anzeichen spielsüchtigen Verhaltens zeigen, mit den Parametern n und $p = 1 - 0{,}025$ fest. Die Wahrscheinlichkeit für das Ereignis C erhalten Sie dann mithilfe der Binomialverteilung unter Verwendung des Taschenrechners.
Alternativ können Sie auch die Pfadregeln und die Trefferwahrscheinlichkeit des Gegenereignisses verwenden.

2.2 Den Erwartungswert μ von X erhalten Sie, indem Sie die Anzahl n mit der Trefferwahrscheinlichkeit p multiplizieren: $\mu = n \cdot p$. Um das kleinste zu μ symmetrische Intervall zu finden, so dass die Wahrscheinlichkeit dafür, dass der Wert von X im Intervall liegt, größer als 90% ist, berechnen Sie für verschiedene zu μ symmetrische Intervalle die entsprechenden Wahrscheinlichkeiten mithilfe der kumulierten Binomialverteilung (Binomialsummenfunktion) unter Verwendung des Taschenrechners.

2.3 Stellen Sie eine Ungleichung auf und lösen Sie diese mithilfe der Wahrscheinlichkeit des Gegenereignisses und durch Ausprobieren mithilfe der Binomialverteilung unter Verwendung des Taschenrechners. Alternativ können Sie die Ungleichung auch durch Logarithmieren lösen.

3 Da vermutet wird, dass der Anteil der Männer mit Anzeichen spielsüchtigen Verhaltens gesunken ist, lautet die Alternativhypothese: $H_1: p < \ldots$. Stellen Sie die zugehörige Nullhypothese $H_0: p \geqslant \ldots$ auf. Beachten Sie, dass es sich wegen $H_1: p < \ldots$ um einen linksseitigen Test mit dem Ablehnungsbereich $\overline{A} = \{0, \ldots k\}$ und dem Signifikanzniveau (maximale Irrtumswahrscheinlichkeit) $\alpha \leqslant 5\,\%$ handelt. Legen Sie X als binomialverteilte Zufallsvariable für die Anzahl der Männer, die Anzeichen spielsüchtigen Verhaltens zeigen, mit den Parametern n und p fest.
Bestimmen Sie mithilfe der Wahrscheinlichkeit der kumulierten Binomialverteilung unter Verwendung des Taschenrechners ein maximales $k \in \mathbb{N}$ so, dass gilt: $P\left(X \in \overline{A}\right) \leqslant \alpha$ bzw. $P(X \leqslant k) \leqslant \alpha$. Bestimmen Sie damit den Ablehnungsbereich $\overline{A}$ und formulieren Sie die Entscheidungsregel.

4.1 Überlegen Sie, welche Kugel bei einmaligem Ziehen gezogen wird, damit die Wahrscheinlichkeit 0,6 beträgt. Überlegen Sie anhand des Terms, wie oft gezogen wird und ob es sich um Ziehen mit oder ohne Zurücklegen handelt. Beachten Sie, dass für die Wahrscheinlichkeit eines Gegenereignisses gilt: $P(A) = 1 - P\left(\overline{A}\right)$. Formulieren Sie damit ein Ereignis, welches zum angegebenen Term passt.

4.2.1 Überlegen Sie für den Fall, dass $x \leqslant 5$ ist, die maximale Summe der beiden Zahlen auf den entnommenen Kugeln und vergleichen Sie diese mit dem angegebenen Erwartungswert für die Summe der beiden Zahlen.

4.2.2 Den Erwartungswert E für die Summe der beiden Zahlen erhalten Sie, indem Sie die möglichen Summen mit den entsprechenden Wahrscheinlichkeiten multiplizieren und anschließend addieren. Beachten Sie, dass es sich beim gleichzeitigen Ziehen um Ziehen ohne Zurücklegen handelt. Stellen Sie anschließend eine Gleichung auf und lösen diese nach x auf.

Lösungen

Aufgabe B1 (WTR)

1 Es ist $f(x) = 0,016x^3 - 0,18x^2 + 0,2x + 5$ für $-2 \leqslant x \leqslant 10$.

1.1 Den relativen Hochpunkt des Graphen von f erhält man mithilfe der 1. und 2. Ableitung von f:

$$f'(x) = 0,048x^2 - 0,36x + 0,2$$
$$f''(x) = 0,096x - 0,36$$

Als notwendige Bedingung löst man die Gleichung $f'(x) = 0$ nach x auf:

$$0,048x^2 - 0,36x + 0,2 = 0$$

Mithilfe der *abc*-Formel erhält man die Lösungen $x_1 \approx 0,604$ und $x_2 \approx 6,896$.
Setzt man die erhaltenen x-Werte in $f''(x)$ ein, ergibt sich:

$$f''(0,604) \approx 0,096 \cdot 0,604 - 0,36 \approx -0,302 < 0 \Rightarrow \text{Hochpunkt}$$
$$f''(6,896) \approx 0,096 \cdot 6,896 - 0,36 \approx 0,302 < 0 \Rightarrow \text{Tiefpunkt}$$

Den y-Wert des Hochpunkts erhält man, indem man $x_1 \approx 0,604$ in $f(x)$ einsetzt:

$$y = f(0,604) \approx 0,016 \cdot 0,604^3 - 0,18 \cdot 0,604^2 + 0,2 \cdot 0,604 + 5 \approx 5,059$$

Damit hat der relative Hochpunkt die Koordinaten $\mathrm{H}(0,604 \mid 5,059)$.
Zur Untersuchung der Randwerte des Intervalls setzt man $x = -2$ und $x = 10$ in $f(x)$ ein:

$$f(-2) = 0,016 \cdot (-2)^3 - 0,18 \cdot (-2)^2 + 0,2 \cdot (-2) + 5 = 3,752 < 5,059$$
$$f(10) = 0,016 \cdot 10^3 - 0,18 \cdot 10^2 + 0,2 \cdot 10 + 5 = 5 < 5,059$$

Somit ist das Werkstück an der Stelle $x \approx 0,604$ am höchsten; seine maximale Höhe beträgt etwa $5,059\,\text{cm}$.

1.2 Den Inhalt A der gesamten Querschnittsfläche des Werkstücks erhält man mithilfe eines Integrals. Unter Verwendung des Hauptsatzes der Differential- und Integralrechnung ergibt sich:

$$\begin{aligned}
\mathrm{A} &= \int_{-2}^{10} f(x)\mathrm{d}x \\
&= \int_{-2}^{10} \left(0{,}016x^3 - 0{,}18x^2 + 0{,}2x + 5\right)\mathrm{d}x \\
&= \left[0{,}004x^4 - 0{,}06x^3 + 0{,}1x^2 + 5x\right]_{-2}^{10} \\
&= 0{,}004 \cdot 10^4 - 0{,}06 \cdot 10^3 + 0{,}1 \cdot 10^2 + 5 \cdot 10 \\
&\quad - \left(0{,}004 \cdot (-2)^4 - 0{,}06 \cdot (-2)^3 + 0{,}1 \cdot (-2)^2 + 5 \cdot (-2)\right) \\
&= 49{,}056
\end{aligned}$$

Der Inhalt A der gesamten Querschnittsfläche des Werkstücks beträgt $49{,}056\,\mathrm{cm}^2$.

2.1 Die Ableitungsfunktion G' der Funktion G mit $\mathrm{G}(x) = (a \cdot x + b) \cdot e^{-0{,}3x}$ erhält man mit der Produkt- und Kettenregel:

$$\mathrm{G}'(x) = a \cdot e^{-0{,}3x} + (a \cdot x + b) \cdot e^{-0{,}3x} \cdot (-0{,}3) = (a - 0{,}3 \cdot a \cdot x - 0{,}3b) \cdot e^{-0{,}3x}$$

Die Funktion G ist eine Stammfunktion von g, wenn gilt: $\mathrm{G}'(x) = g(x)$. Durch Vergleich der Koeffizienten der Funktionsterme von $\mathrm{G}'(x) = (-0{,}3a \cdot x + a - 0{,}3b) \cdot e^{-0{,}3x}$ und $g(x) = (1{,}5 \cdot x + 4{,}5) \cdot e^{-0{,}3x}$ ergeben sich folgende Gleichungen:

$$\begin{array}{llcll}
\mathrm{I} & -0{,}3a & & = & 1{,}5 \\
\mathrm{II} & a & - \; 0{,}3b & = & 4{,}5
\end{array}$$

Aus Gleichung I ergibt sich: $-0{,}3a = 1{,}5 \Rightarrow a = -5$.
Setzt man $a = -5$ in Gleichung II ein, erhält man: $-5 - 0{,}3b = 4{,}5 \Rightarrow b = -\frac{95}{3}$.
Setzt man $a = -5$ und $b = -\frac{95}{3}$ in $\mathrm{G}(x)$ ein, erhält man:

$$\mathrm{G}(x) = \left(-5x - \frac{95}{3}\right) \cdot e^{-0{,}3x}$$

Somit ist $\mathrm{G}(x) = \left(-5x - \frac{95}{3}\right) \cdot e^{-0{,}3x}$ eine Stammfunktion von g.

2.2 Das Volumen des oberen, heller gefärbten Teils des Werkstücks erhält man, indem man den Inhalt der entsprechenden Querschnittsfläche Q mit der Tiefe $t = 4$ des Werkstücks multipliziert:

$$\mathrm{V} = \mathrm{Q} \cdot t$$

Den Inhalt der Querschnittsfläche Q, also die Fläche zwischen den beiden Graphen von f

frv.tv/ce

und g, erhält man mit Hilfe eines Integrals. Da der Graph von f oberhalb des Graphen von g verläuft, gilt:

$$\mathrm{Q} = \int_{-2}^{10} (f(x) - g(x))\,\mathrm{d}x \approx 13{,}643 \text{ (WTR)}$$

Damit ergibt sich:

$$\mathrm{V} = \mathrm{Q} \cdot t \approx 13{,}643 \cdot 4 = 54{,}572$$

Das Volumen des oberen, heller gefärbten Teils des Werkstücks beträgt etwa $54{,}572\,\mathrm{cm}^3$.

2.3 Um zu ermitteln, um wie viel Kubikzentimeter das in Aufgabe 2.2 bestimmte Volumen des oberen, heller gefärbten Werkstückteils kleiner wird, stellt man zuerst die Gleichung $h(x)$ der Geraden h durch die Punkte $(9 \mid 0)$ und $(10 \mid 5)$ auf. Anschließend berechnet man die Schnittstelle x_S von h und dem Graphen von g durch Gleichsetzen der beiden Funktionsterme. Dann wird der Flächeninhalt der Querschnittsfläche Q^*, die von der Geraden h und dem Graph von g im Intervall $[x_S; 10]$ eingeschlossen wird, mithilfe eines Integrals bestimmt:

$$\mathrm{Q}^* = \int_{x_S}^{10} (h(x) - g(x))\,\mathrm{d}x$$

Das Volumen V^* des abgetrennten hellen Kunststoffteils erhält man, indem man den Flächeninhalt von Q^* mit der Tiefe $t = 4$ des Werkstücks multipliziert:

$$\mathrm{V}^* = \mathrm{Q}^* \cdot t$$

2.4 Den relativen Extrempunkt von G erhält man mit der 1. Ableitung von G:

$$\mathrm{G}'(x) = g(x) = (1{,}5 \cdot x + 4{,}5) \cdot e^{-0{,}3x}$$

Als notwendige Bedingung löst man die Gleichung $\mathrm{G}'(x) = 0$ nach x auf, dabei wird der Satz vom Nullprodukt und die Tatsache benutzt, dass eine e-Funktion immer ungleich Null ist:

$$\begin{aligned} (1{,}5 \cdot x + 4{,}5) \cdot e^{-0{,}3x} &= 0 \\ 1{,}5 \cdot x + 4{,}5 &= 0 \\ x &= -3 \end{aligned}$$

Den y-Wert erhält man, indem man $x = -3$ in $\mathrm{G}(x)$ einsetzt:

$$y = \mathrm{G}(-3) = \left(-5 \cdot (-3) - \frac{95}{3}\right) \cdot e^{-0{,}3 \cdot (-3)} \approx -40{,}99$$

Somit hat der Extrempunkt die Koordinaten $\mathrm{E}(-3 \mid -40{,}99)$.
Es handelt sich dabei um einen relativen Tiefpunkt, da die 1. Ableitung von G, also g, bei $x = -3$ das Vorzeichen von $-$ nach $+$ wechselt (siehe Abbildung in Material 2).

3.1 Die Wendestelle x_W des Graphen von f_k mit $f_k(x) = k \cdot x^3 - 0,18x^2 + 0,2x + 5$ für $k > 0$ erhält man mithilfe der 2. Ableitung von f_k:

$$f_k{}'(x) = 3k \cdot x^2 - 0,36x + 0,2$$
$$f_k{}''(x) = 6k \cdot x - 0,36$$

Als notwendige Bedingung löst man die Gleichung $f_k{}''(x) = 0$ nach x auf:

$$6k \cdot x - 0,36 = 0 \Rightarrow x_W = \frac{0,06}{k} = \frac{\frac{6}{100}}{k} = \frac{6}{100k} = \frac{3}{50k}$$

3.2 Für $k \to \infty$ wird der Nenner von $x_W(k)$ immer größer, damit geht $x_W(k)$ gegen Null. Somit nähert sich die Wendestelle für immer größer werdendes k von rechts der y-Achse an.

Aufgabe B2 (WTR CAS)

Es ist $f(t) = 18 \cdot e^{-\frac{1}{200}(t-26)^2} + 10$ (t in Wochen seit Jahresbeginn, $f(t)$ in $\frac{\text{m}^3}{\text{Woche}}$).

1.1 Die 1. Ableitung von f erhält man mithilfe der Kettenregel:

$$f'(t) = 18 \cdot e^{-\frac{1}{200}(t-26)^2} \cdot \left(-\frac{1}{200} \cdot 2 \cdot (t-26)\right) \cdot 1 = -0,18 \cdot (t-26) \cdot e^{-\frac{1}{200}(t-26)^2}$$

1.2 Den t-Wert des Hochpunkts des Graphen von f erhält man, indem man die Gleichung $f'(t) = 0$ nach t auflöst. Wegen $e^{-\frac{1}{200}(t-26)^2} \neq 0$ ergibt sich mit dem Satz vom Nullprodukt:

$$\begin{aligned} -0,18 \cdot (t-26) \cdot e^{-\frac{1}{200}(t-26)^2} &= 0 \\ t - 26 &= 0 \\ t &= 26 \end{aligned}$$

Den zugehörigen y-Wert erhält man, indem man $t = 26$ in $f(t)$ einsetzt:

$$y = f(26) = 18 \cdot e^{-\frac{1}{200}(26-26)^2} + 10 = 28$$

Somit hat der Hochpunkt des Graphen von f die Koordinaten $\text{H}(26 \mid 28)$.

1.3 Der Exponent des Terms $e^{-\frac{1}{200}(t-26)^2}$ kann wegen des negativen Vorzeichens und des Quadrats keinen positiven Wert annehmen, ist also maximal Null. Also gilt:

$$e^{-\frac{1}{200}(t-26)^2} \leqslant e^0 = 1$$

Damit ergibt sich:

$$f(t) = 18 \cdot e^{-\frac{1}{200}(t-26)^2} + 10 \leqslant 18 \cdot 1 + 10 = 28$$

Somit überschreitet die wöchentliche Produktionsmenge den Wert 28 $\frac{\text{m}^3}{\text{Woche}}$ nicht .

1.4 Die 1. Ableitung von f beschreibt die Änderungsrate von f, im Sachzusammenhang für positive t-Werte die Zu- und Abnahme der wöchentlichen Produktionsmenge. Die 2. Ableitung von f ist die 1. Ableitung von f'. Ist die 1. Ableitung von f' gleich Null, hat f' einen Extremwert, also ist die Abnahme der wöchentlichen Produktionsmenge extremal. Wegen $f''(36) = 0$ und da f zu diesem Zeitpunkt eine negative Steigung hat (Zeichung), ist somit zum Zeitpunkt 36 Wochen die Abnahme der wöchentlichen Produktionsmenge extremal, in diesem Fall am stärksten.

1.5 Mithilfe des Integrals $\int_0^{26} f(t)\mathrm{d}t$ berechnet man die gesamte Produktionsmenge für die ersten 26 Wochen, da die wöchentlichen Produktionsmengen summiert werden. Da das Ergebnis noch durch 26 geteilt wird, berechnet man mithilfe des Integrals

$$\frac{1}{26}\int_0^{26} f(t)\mathrm{d}t \approx 18{,}6$$

die mittlere wöchentliche Produktionsmenge in den ersten 26 Wochen. Somit beträgt die mittlere wöchentliche Produktionsmenge der Fassbrause in den ersten 26 Wochen etwa $18{,}6\,\frac{\text{m}^3}{\text{Woche}}$.

2.1 Als Ansatz für die quadratische Funktion g verwendet man $g(t) = a\cdot t^2 + b\cdot t + c$ mit $g'(t) = 2a\cdot t + b$.
Da zu Beginn des Jahres die wöchentliche Produktionsmenge $7\,\frac{\text{m}^3}{\text{Woche}}$ betrug, gilt: $g(0) = 7$.
Da zum Zeitpunkt $t = 30$ Wochen mit $25\,\frac{\text{m}^3}{\text{Woche}}$ die größte wöchentliche Produktionsmenge des alkoholfreien Biers erreicht wurde, gelten folgende Bedingungen: $g(30) = 25$ und $g'(30) = 0$.
Mithilfe dieser drei Bedingungen erhält man folgendes lineares Gleichungssystem:

$$\begin{array}{llllllll} \text{I} & a\cdot 0^2 & + & b\cdot 0 & + & c & = & 7 \\ \text{II} & a\cdot 30^2 & + & b\cdot 30 & + & c & = & 25 \\ \text{III} & 2a\cdot 30 & + & b & & & = & 0 \end{array}$$

Aus Gleichung I erhält man: $c = 7$.
Setzt man $c = 7$ in Gleichung II ein, ergibt sich:

$$\begin{array}{llllll} \text{I} & & & & c = & 7 \\ \text{II} & 900a & + & 30b & = & 18 \\ \text{III} & 60a & + & b & = & 0 \end{array}$$

Subtrahiert man das 15-fache von Gleichung III von Gleichung II, ergibt sich:

$$15b = 18 \Rightarrow b = 1{,}2$$

Setzt man $b = 1{,}2$ in Gleichung III ein, erhält man: $60a + 1{,}2 = 0 \Rightarrow a = -0{,}02$.
Damit gilt:

$$g(t) = -0{,}02t^2 + 1{,}2t + 7$$

Um den Graphen von g zu skizzieren, verwendet man eine Wertetabelle (WTR).

frv.tv/cf

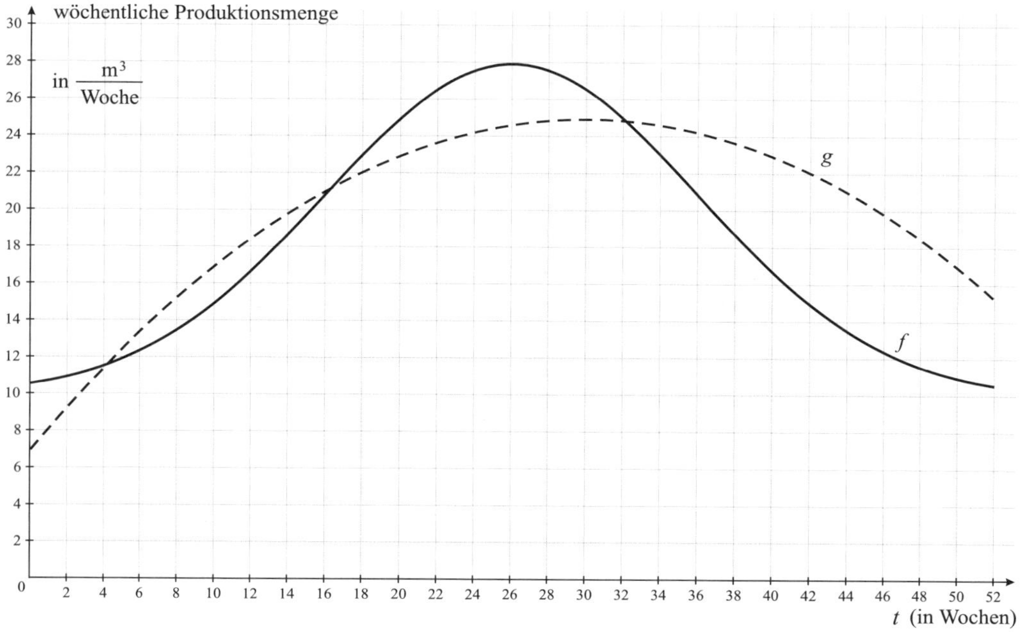

2.2 Die größte wöchentliche Produktionsmenge der Fassbrause beträgt 28 $\frac{m^3}{\text{Woche}}$ (siehe Aufgabe 1.2). Die kleinste wöchentliche Produktionsmenge der Fassbrause erhält man, indem man $t = 0$ in $f(t)$ einsetzt:

$$f(0) = 18 \cdot e^{-\frac{1}{200}(0-26)^2} + 10 \approx 10{,}61$$

Damit gilt für die Differenz d_1 zwischen der größten und der kleinsten wöchentlichen Produktionsmenge der Fassbrause:

$$d_1 \approx 28 - 10{,}61 = 17{,}39$$

Die größte wöchentliche Produktionsmenge des alkoholfreien Biers wurde zum Zeitpunkt $t = 30$ Wochen mit 25 $\frac{m^3}{\text{Woche}}$ erreicht. Die kleinste wöchentliche Produktionsmenge zu Beginn des Jahres betrug 7 $\frac{m^3}{\text{Woche}}$.
Damit gilt für die Differenz d_2 zwischen der größten und der kleinsten wöchentlichen Produktionsmenge des alkoholfreien Biers:

$$d_2 = 25 - 7 = 18$$

Wegen $d_2 - d_1 = 18 - 17{,}39 = 0{,}61$ unterscheidet sich die Differenz zwischen der größten und der kleinsten wöchentlichen Produktionsmenge der Fassbrause von der entsprechende Differenz für das alkoholfreie Bier um weniger als 1 $\frac{m^3}{\text{Woche}}$. Die erste Aussage des Marketingberaters ist somit richtig.

Die Gesamtproduktion der Fassbrause innerhalb des vergangenen Jahres erhält man mit Hilfe eines Integrals:

$$\int_0^{52} f(t)\,\mathrm{d}t \approx 967$$

Die Gesamtproduktion des alkoholfreien Biers innerhalb des vergangenen Jahres erhält man ebenfalls mithilfe eines Integrals:

$$\int_0^{52} g(t)\,\mathrm{d}t \approx 1049$$

Die Gesamtproduktion der Fassbrause innerhalb des vergangenen Jahres in m^3 war damit kleiner als die des alkoholfreien Biers. Die zweite Aussage des Marketingberaters ist somit falsch.
Da 1.000.000 Liter einem Volumen von $1000\,\mathrm{m}^3$ entsprechen und die Gesamtproduktion des alkoholfreien Biers innerhalb eines Jahres bereits $1049\,\mathrm{m}^3$ erreicht hat, muss die Produktion nicht mehr gesteigert werden. Die dritte Aussage des Marketingberaters ist somit auch falsch.

3 Es ist $g_m(t) = m \cdot \left(-0,02t^2 + 1,2t + 7\right)$ und $g_n(t) = -0,02t^2 + 1,2t + 7 + n$ (t in Wochen seit Jahresbeginn und $g_m(t)$ und $g_n(t)$ in $\frac{\mathrm{m}^3}{\mathrm{Woche}}$).

3.1 Da die wöchentliche Produktionsmenge für den Zeitpunkt $t = 30$ Wochen $35\,\frac{\mathrm{m}^3}{\mathrm{Woche}}$ betragen soll, setzt man diese Werte in die Funktionen $g_m(t) = m \cdot \left(-0,02t^2 + 1,2t + 7\right)$ und $g_n(t) = -0,02t^2 + 1,2t + 7 + n$ ein:

$$35 = m \cdot \left(-0,02 \cdot 30^2 + 1,2 \cdot 30 + 7\right) \Rightarrow m = \frac{35}{-0,02 \cdot 30^2 + 1,2 \cdot 30 + 7} = 1,4$$

$$35 = -0,02 \cdot 30^2 + 1,2 \cdot 30 + 7 + n \Rightarrow n = 35 - \left(-0,02 \cdot 30^2 + 1,2 \cdot 30 + 7\right) = 10$$

3.2 Wegen $g_m(t) = m \cdot \left(-0,02t^2 + 1,2t + 7\right) = m \cdot g(t)$ wird der Graph von g mit dem Faktor m in y-Richtung gestreckt. Für $m = 1,4$ wird der Graph von g mit dem Faktor $1,4$ in y-Richtung gestreckt, d.h. die wöchentlichen Produktionsmengen sind jeweils um 40% größer als vorher.
Wegen $g_n(t) = -0,02t^2 + 1,2t + 7 + n = g(t) + n$ wird der Graph von g um n LE in y-Richtung verschoben. Für $n = 10$ wird der Graph von g um 10 LE in y-Richtung verschoben, d.h. die wöchentlichen Produktionsmengen sind jeweils um $10\,\mathrm{m}^3$ größer.

Aufgabe C1 (WTR CAS)

1.1 Anhand der gegebenen Abbildung und der Koordinaten des Punktes G(9 | 15 | 6) kann man die Koordinaten der Punkte C, F und J angeben:
Der Punkt C liegt genau unterhalb von G auf der x-y-Ebene, hat also die Koordinaten C(9 | 15 | 0).
Der Punkt F liegt genau auf gleicher Höhe wie G und oberhalb von B, der auf der x-Achse liegt, hat also die Koordinaten F(9 | 0 | 6).
Der Punkt J liegt auf der Höhe 9m und ist mittig über der Strecke GH, hat also die Koordinaten J(4,5 | 15 | 9).
Damit ergibt sich auch folgende Skalierung der Achsen:

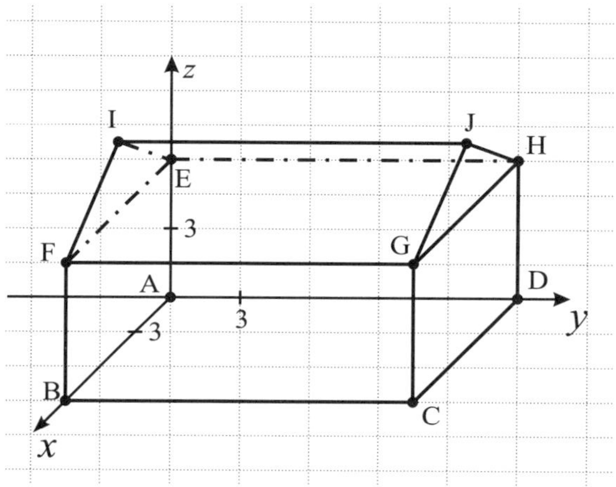

1.2 Die Ebene T, in der die Dachfläche FGJI liegt, enthält die Punkte F(9 | 0 | 6), G(9 | 15 | 6) und J(4,5 | 15 | 9). Sie hat beispielsweise den Stützpunkt F und die beiden Spannvektoren

$$\overrightarrow{FG} = \begin{pmatrix} 0 \\ 15 \\ 0 \end{pmatrix} = 15 \cdot \begin{pmatrix} 0 \\ 1 \\ 0 \end{pmatrix} \text{ und } \overrightarrow{FJ} = \begin{pmatrix} -4,5 \\ 15 \\ 3 \end{pmatrix} = 1,5 \cdot \begin{pmatrix} -3 \\ 10 \\ 2 \end{pmatrix}$$

Damit hat T die Parametergleichung:

$$T\colon \vec{x} = \begin{pmatrix} 9 \\ 0 \\ 6 \end{pmatrix} + s \cdot \begin{pmatrix} 0 \\ 1 \\ 0 \end{pmatrix} + t \cdot \begin{pmatrix} -3 \\ 10 \\ 2 \end{pmatrix}; \; s,t \in \mathbb{R}$$

Einen Normalenvektor $\vec{n}$ von T erhält man mithilfe des Vektorprodukts (siehe Seite 50) der verkürzten Spannvektoren:

$$\begin{pmatrix} 0 \\ 1 \\ 0 \end{pmatrix} \times \begin{pmatrix} -3 \\ 10 \\ 2 \end{pmatrix} = \begin{pmatrix} 2 \\ 0 \\ 3 \end{pmatrix} \Rightarrow \vec{n} = \begin{pmatrix} 2 \\ 0 \\ 3 \end{pmatrix}$$

Alternativ kann man $\vec{n}$ auch mithilfe des Skalarprodukts bestimmen, da $\vec{n}$ auf beiden verkürzten Spannvektoren senkrecht steht. Damit gilt:

$$\begin{pmatrix} n_x \\ n_y \\ n_z \end{pmatrix} \cdot \begin{pmatrix} 0 \\ 1 \\ 0 \end{pmatrix} = 0 \text{ und } \begin{pmatrix} n_x \\ n_y \\ n_z \end{pmatrix} \cdot \begin{pmatrix} -3 \\ 10 \\ 2 \end{pmatrix} = 0$$

Daraus ergibt sich das lineare Gleichungssystem:

$$\begin{array}{lccccccc} \text{I} & & + & 1n_y & & & = & 0 \\ \text{II} & -3 \cdot n_x & + & 10 \cdot n_y & + & 2 \cdot n_z & = & 0 \end{array}$$

Aus Gleichung I ergibt sich: $n_y = 0$.
Setzt man $n_y = 0$ in Gleichung II ein, ergibt sich:

$$-3n_x + 2n_z = 0$$

Wählt man geschickterweise $n_x = 2$, so erhält man:

$$-3 \cdot 2 + 2 \cdot n_z = 0 \Rightarrow n_z = 3$$

Damit ergibt sich ein Normalenvektor $\vec{n} = \begin{pmatrix} 2 \\ 0 \\ 3 \end{pmatrix}$.
Die Ebene T hat damit die Form:

$$\text{T}: 2x + 3z = d$$

Die Koordinatengleichung von T erhält man, indem man z.B. die Koordinaten des Punktes F(9 | 0 | 6) in obige Gleichung einsetzt und so die Konstante d bestimmt:

$$2 \cdot 9 + 3 \cdot 6 = d \Rightarrow d = 36$$

Somit hat die Ebene T die Koordinatengleichung $\text{T}: 2x + 3z = 36$.
Alternativ kann man eine Koordinatengleichung der Ebene T auch mit Hilfe der Punkt-Normalenform bestimmen:

$$\text{T}: \left(\vec{x} - \vec{f}\right) \cdot \vec{n} = 0$$

$$\text{T}: \left(\begin{pmatrix} x \\ y \\ z \end{pmatrix} - \begin{pmatrix} 9 \\ 0 \\ 6 \end{pmatrix}\right) \cdot \begin{pmatrix} 2 \\ 0 \\ 3 \end{pmatrix} = 0$$

$$\text{T}: (x-9) \cdot 2 + (y-0) \cdot 0 + (z-6) \cdot 3 = 0$$

$$\text{T}: 2x - 18 + 3z - 18 = 0$$

$$\text{T}: 2x + 3z = 36$$

Die Ebene T hat somit die Koordinatengleichung $\text{T}: 2x + 3z = 36$.

1.3 Die Dachfläche besteht aus zwei gleich großen Rechtecken. Das Rechteck FGJI hat die Länge 15m, die Breite ist der Abstand von G zu J. Diesen erhält man, indem man den Betrag des zugehörigen Verbindungsvektors bestimmt:

$$\overline{GJ} = \left|\overrightarrow{GJ}\right| = \left|\begin{pmatrix}-4,5\\0\\3\end{pmatrix}\right| = \sqrt{(-4,5)^2+0^2+3^2} = \sqrt{29,25}$$

Damit erhält man den Flächeninhalt A der gesamten Dachfläche des Hauses:

$$A = 2\cdot 15\cdot\sqrt{29,25}\approx 162,25$$

Der Flächeninhalt der gesamten Dachfläche beträgt etwa $162,25\,\text{m}^2$.

1.4 Das Volumen V des Mehrfamilienhauses erhält man, indem man das Volumen V_1 des Quaders ABCDEFGH und das Volumen V_2 des Prismas EFGHIJ bestimmt.
Für das Volumen des Quaders mit Länge 15 m, Breite 9 m und Höhe 6 m gilt:

$$V_1 = 15\cdot 9\cdot 6 = 810$$

Das Prisma hat als Grundfläche das Dreieck GHJ und die Prismenhöhe $h^* = \overline{FG} = 15\,\text{m}$.
Den Flächeninhalt A^* des Dreiecks GHJ erhält man mit der Formel $A^* = \frac{g\cdot h}{2}$.
Als Grundlinie verwendet man $g = \overline{GH} = 9\,\text{m}$, die Dreieckshöhe beträgt $h = 3\,\text{m}$, da das Dach 9 m und der Quader 6 m hoch ist.
Damit erhält man das Volumen V_2 des Prismas:

$$V_2 = A^*\cdot h^* = \frac{g\cdot h}{2}\cdot h^* = \frac{9\cdot 3}{2}\cdot 15 = 202,5$$

Somit erhält man das Volumen V:

$$V = V_1 + V_2 = 810 + 202,5 = 1012,5$$

Das Volumen des Mehrfamilienhauses beträgt $1012,5\,\text{m}^3$.

1.5 In Zeile (1) $\vec{u}_1 = \begin{pmatrix}-4,5\\0\\3\end{pmatrix}$, $\vec{u}_2 = \begin{pmatrix}-9\\0\\0\end{pmatrix}$ werden beispielsweise die beiden Vektoren

$\overrightarrow{GJ} = \vec{u}_1 = \begin{pmatrix}-4,5\\0\\3\end{pmatrix}$ und $\overrightarrow{GH} = \vec{u}_2 = \begin{pmatrix}-9\\0\\0\end{pmatrix}$ gebildet, welche den Winkel α der Dachneigung beim Punkt G bilden.

In Zeile (2) $\cos\alpha = \frac{\begin{pmatrix}-4,5\\0\\3\end{pmatrix}\cdot\begin{pmatrix}-9\\0\\0\end{pmatrix}}{\left|\begin{pmatrix}-4,5\\0\\3\end{pmatrix}\right|\cdot\left|\begin{pmatrix}-9\\0\\0\end{pmatrix}\right|} = \ldots$ werden die beiden Vektoren $\overrightarrow{GJ}$ und $\overrightarrow{GH}$ in die Formel zur Berechnung des Winkels α zwischen zwei Vektoren eingesetzt.

Damit erhält man:

$$\begin{aligned}\cos\alpha &= \frac{\begin{pmatrix}-4,5\\0\\3\end{pmatrix}\cdot\begin{pmatrix}-9\\0\\0\end{pmatrix}}{\left|\begin{pmatrix}-4,5\\0\\3\end{pmatrix}\right|\cdot\left|\begin{pmatrix}-9\\0\\0\end{pmatrix}\right|}\\ &= \frac{-4,5\cdot(-9)+0\cdot 0+3\cdot 0}{\sqrt{(-4,5)^2+0^2+3^2}\cdot\sqrt{(-9)^2+0^2+0^2}}\\ &= \frac{40,5}{\sqrt{29,25\cdot 9}}\\ \Rightarrow \alpha &\approx 33,69^\circ\end{aligned}$$

Da $\alpha \approx 33,69$ zwischen 30 und 35 Grad liegt, ist das Dach für die geplante Installation einer Photovoltaikanlage geeignet.

1.6 Um zu prüfen, ob der Schatten der Tannenspitze auf die Dachfläche FGJI trifft, stellt man zuerst die Gleichung der Geraden g durch den Punkt $P^*(30,75 \mid 6 \mid 13,5)$ mit Richtungsvektor $\vec{v} = \begin{pmatrix}-2\\0\\-0,5\end{pmatrix}$ auf:

$$g: \vec{x} = \begin{pmatrix}30,75\\6\\13,5\end{pmatrix} + t\cdot\begin{pmatrix}-2\\0\\-0,5\end{pmatrix}$$

Anschließend berechnet man den Schnittpunkt S von g und der Ebene T, in der die Dachfläche FGJI liegt, indem man einen allgemeinen Punkt $P^*_t(30,75-2t \mid 6 \mid 13,5-0,5t)$ von g in die Koordinatengleichung $T\colon\ 2x+3z=36$ einsetzt:

$$\begin{aligned}2\cdot(30,75-2t)+3\cdot(13,5-0,5t) &= 36\\ 61,5-4t+40,5-1,5t &= 36\\ -5,5t &= -66\\ t &= 12\end{aligned}$$

Setzt man $t = 12$ in P_t ein, ergibt sich der Schnittpunkt $S(6{,}75 \mid 6 \mid 7{,}5)$.
Nun ist noch zu prüfen, ob der Punkt S innerhalb des Vierecks FGJI liegt. Dazu vergleicht man die Koordinaten von S mit den Koordinaten der Randpunkte des Vierecks:
Wegen $4{,}5 \leqslant x_S \leqslant 9$ und $0 \leqslant y_S \leqslant 15$ sowie $6 \leqslant z_S \leqslant 9$ trifft der Schatten der Tannenspitze auf die Dachfläche FGJI.

2.1 Mit x_S wird die Anzahl der Pflanzen der Gattung Sonnenhut, mit x_P die Anzahl der Pflanzen der Gattung Phlox und mit x_M die Anzahl der Pflanzen der Gattung Malve definiert.
Gleichung

$$\text{I} \quad x_S - 2x_M = 0 \text{ bzw. } x_S = 2x_M$$

bedeutet, dass es doppelt so viele Pflanzen der Gattung Sonnenhut wie Pflanzen der Gattung Malve gibt.
Gleichung

$$\text{II} \quad x_S + x_P + x_M = 25$$

bedeutet, dass insgesamt 25 Pflanzen der drei Gattungen gekauft werden.
Gleichung

$$\text{III} \quad 3x_S + 4x_P + 6x_M = 100$$

bedeutet, dass beim Kauf der 25 Pflanzen 100 € ausgegeben werden, wenn eine Pflanze der Gattung Sonnenhut 3 €, eine Pflanze der Gattung Phlox 4 € und eine Pflanze der Gattung Malve 6 € kostet.

2.2 Um das gegebene lineare Gleichungssystem zu lösen, verwendet man das Gauß-Verfahren. Zuerst tauscht man die Gleichungen I und III:

$$\begin{array}{llllllll}
\text{I} & 3x_S & + & 4x_P & + & 6x_M & = & 100 \\
\text{II} & x_S & + & x_P & + & x_M & = & 25 \\
\text{III} & x_S & & & - & 2x_M & = & 0
\end{array}$$

Subtrahiert man das 3-fache von Gleichung II von Gleichung I und Gleichung III von Gleichung II, ergibt sich:

$$\begin{array}{llllllll}
\text{I} & 3x_S & + & 4x_P & + & 6x_M & = & 100 \\
\text{IIa} & & & x_P & + & 3x_M & = & 25 \\
\text{IIIa} & & & x_P & + & 3x_M & = & 25
\end{array}$$

Subtrahiert man Gleichung IIIa von Gleichung IIa, erhält man:

$$\begin{array}{llllllll}
\text{I} & 3x_S & + & 4x_P & + & 6x_M & = & 100 \\
\text{IIa} & & & x_P & + & 3x_M & = & 25 \\
\text{IIIb} & & & & & 0 & = & 0
\end{array}$$

Wegen $0 = 0$ gibt es unendlich viele Lösungen.
Wählt man in Gleichung II für die Variable $x_M = t$, so ergibt sich:

$$x_P + 3t = 25 \Rightarrow x_P = 25 - 3t$$

Setzt man $x_M = t$ und $x_P = 25 - 3t$ in Gleichung I ein, erhält man:

$$3x_S + 4 \cdot (25 - 3t) + 6t = 100 \Rightarrow x_S = 2t$$

Damit erhält man folgende Lösung:

$$\vec{x} = \begin{pmatrix} x_S \\ x_P \\ x_M \end{pmatrix} = \begin{pmatrix} 0 \\ 25 \\ 0 \end{pmatrix} + t \begin{pmatrix} 2 \\ -3 \\ 1 \end{pmatrix}$$

2.3.1 Wegen $x_S \geqslant 0$ muss gelten: $t \geqslant 0$ (und t auch ganzzahlig).
Wegen $x_P \geqslant 0$ muss gelten: $25 - 3t \geqslant 0 \Rightarrow t \leqslant \frac{25}{3}$.
Wegen $x_M \geqslant 0$ muss gelten: $t \geqslant 0$.
Somit gilt:

$$0 \leqslant t \leqslant \frac{25}{3} \approx 8{,}33$$

Da x_S, x_P und x_M nichtnegative ganzzahlige Werte annehmen sollen, kann auch t nur alle ganzzahligen Werte von 0 bis 8 annehmen.

2.3.2 Wenn die Bepflanzung mit der maximal möglichen Anzahl der Pflanzung der Gattung Sonnenhut durchgeführt wird, dann muss t auch maximal gewählt werden, also $t = 8$.
Setzt man $t = 8$ in die gegebene Lösung ein, ergibt sich:

$$\vec{x} = \begin{pmatrix} x_S \\ x_P \\ x_M \end{pmatrix} = \begin{pmatrix} 0 \\ 25 \\ 0 \end{pmatrix} + 8 \cdot \begin{pmatrix} 2 \\ -3 \\ 1 \end{pmatrix} = \begin{pmatrix} 16 \\ 1 \\ 8 \end{pmatrix}$$

Somit wird das Beet mit 16 Pflanzen der Gattung Sonnenhut, einer Pflanze der Gattung Phlox und 8 Pflanzen der Gattung Malve bepflanzt.

Aufgabe C2 (WTR CAS)

1.1 Bezeichnet man mit M: «Die ausgewählte Person ist ein Mann.» und mit S: «Die ausgewählte Person zeigte Anzeichen spielsüchtigen Verhaltens.», so kann man anhand der gegebenen Daten zuerst die entsprechenden Anzahlen berechnen. 2,5% von 2360 ergibt 59 und 0,5% von 2200 ergibt 11. Damit erhält man eine Vierfeldertafel, bei der man entweder die absoluten Zahlen oder die Wahrscheinlichkeiten eintragen kann:

	S	$\overline{S}$	
M	59	2301	2360
$\overline{M}$	11	2189	2200
	70	4490	4560

	S	$\overline{S}$	
M	$0,0129$	$0,5046$	$0,5175$
$\overline{M}$	$0,0024$	$0,4800$	$0,4825$
	$0,0153$	$0,9846$	1

1.2 Mithilfe des Terms $P_M(S)$ wird die bedingte Wahrscheinlichkeit dafür berechnet, dass eine Person Anzeichen spielsüchtigen Verhaltens zeigt, wenn bekannt ist, dass die Person männlich ist.
Mithilfe des Terms $P(M \cap S)$ wird die Wahrscheinlichkeit berechnet, dass eine Person männlich ist und Anzeichen spielsüchtigen Verhaltens zeigt.

1.3 Die Wahrscheinlichkeit, dass eine der befragten Personen, die Anzeichen spielsüchtigen Verhaltens zeigten, eine Frau ist, erhält man mithilfe der bedingten Wahrscheinlichkeit. Statt der Wahrscheinlichkeiten kann man die entsprechenden Anzahlen der Vierfeldertafel entnehmen:

$$P_S\left(\overline{M}\right) = \frac{P\left(S \cap \overline{M}\right)}{P(S)} = \frac{11}{70} \approx 0,157 \text{ bzw. } P_S\left(\overline{M}\right) = \frac{P\left(S \cap \overline{M}\right)}{P(S)} = \frac{0,0024}{0,0153} \approx 0,157$$

2.1 Die Wahrscheinlichkeit für das Ereignis A: «Unter den ausgewählten Männern befinden sich genau 4 Männer, die Anzeichen spielsüchtigen Verhaltens zeigen.» erhält man mithilfe der Binomialverteilung ($n = 200$, $p = 0,025$) unter Verwendung des Taschenrechners:

frv.tv/ci

$$P(A) = P(X = 4) = B_{200;\,0,025}(4) \approx 0,1768 = 17,68\%$$

Die Wahrscheinlichkeit für das Ereignis A beträgt etwa $17,68\,\%$.

Die Wahrscheinlichkeit für das Ereignis B: «Unter den ausgewählten Männern befinden sich mindestens 4 Männer, die Anzeichen spielsüchtigen Verhaltens zeigen.» erhält man mithilfe der Wahrscheinlichkeit des Gegenereignisses und der kumulierten Binomialverteilung (Binomialsummenfunktion) unter Verwendung des Taschenrechners:

frv.tv/ck

$$P(B) = P(X \geqslant 4) = 1 - P(X \leqslant 3) = 1 - F_{200;\,0,025}(3) \approx 1 - 0,2615 = 0,7385 = 73,85\%$$

Die Wahrscheinlichkeit für das Ereignis B beträgt also etwa $73,85\,\%$.

Für das Ereignis C legt man Y als Zufallsvariable für die Anzahl der Männer, die keine Anzeichen spielsüchtigen Verhaltens zeigen, so ist Y binomialverteilt mit den Parametern $n = 200$ und

$$p = 1 - 0{,}025 = 0{,}975$$

Die Wahrscheinlichkeit für das Ereignis C: «Alle ausgewählten Männer zeigen keine Anzeichen spielsüchtigen Verhaltens.» erhält man mithilfe der Binomialverteilung unter Verwendung des Taschenrechners:

$$P(C) = P(Y = 200) = B_{200;\,0{,}975}(200) \approx 0{,}0063 = 0{,}63\%$$

frv.tv/ci

Die Wahrscheinlichkeit für das Ereignis C beträgt etwa $0{,}63\,\%$.
Alternativ kann man auch die Pfadregeln und die Trefferwahrscheinlichkeit des Gegenereignisses verwenden:

$$P(C) = (1 - 0{,}025)^{200} \approx 0{,}0063 = 0{,}63\%$$

2.2 Den Erwartungswert μ von X erhält man, indem man die Anzahl n mit der Trefferwahrscheinlichkeit multipliziert:

$$\mu = n \cdot p = 200 \cdot 0{,}025 = 5$$

Um das kleinste zu μ symmetrische Intervall zu finden, so dass die Wahrscheinlichkeit dafür, dass der Wert von X im Intervall liegt, größer als 90% ist, berechnet man für verschiedene zu μ symmetrische Intervalle die entsprechenden Wahrscheinlichkeiten mithilfe der kumulierten Binomialverteilung (Binomialsummenfunktion) unter Verwendung des Taschenrechners:

frv.tv/ck

$$[3\,;7] : P(3 \leqslant X \leqslant 7) = P(X \leqslant 7) - P(X \leqslant 2) = F_{200;\,0{,}025}(7) - F_{200;\,0{,}025}(2)$$
$$\approx 0{,}8693 - 0{,}1215 = 0{,}7478$$
$$[2\,;8] : P(2 \leqslant X \leqslant 8) = P(X \leqslant 8) - P(X \leqslant 1) = F_{200;\,0{,}025}(8) - F_{200;\,0{,}025}(1)$$
$$\approx 0{,}9344 - 0{,}0387 = 0{,}8957$$
$$[1\,;9] : P(1 \leqslant X \leqslant 9) = P(X \leqslant 9) - P(X \leqslant 0) = F_{200;\,0{,}025}(9) - F_{200;\,0{,}025}(0)$$
$$\approx 0{,}9700 - 0{,}0063 = 0{,}9637$$

Da die Wahrscheinlichkeit, dass X im gesuchten Intervall liegen soll, größer als 90% sein muss, ist das kleinste zu μ symmetrische Intervall das Intervall $[1\,;9]$.

2.3 Um zu berechnen, wie viele Männer (n) mindestens befragt werden müssen, damit mit einer Wahrscheinlichkeit von mindestens 90% mindestens ein Mann darunter ist, der Anzeichen spielsüchtigen Verhaltens zeigt, löst man zuerst folgende Ungleichung mithilfe der

Wahrscheinlichkeit des Gegenereignisses:

$$\begin{aligned} P(X \geqslant 1) &\geqslant 0,9 \\ 1 - P(X = 0) &\geqslant 0,9 \\ 0,1 &\geqslant P(X = 0) \end{aligned}$$

Durch Ausprobieren ergibt sich mithilfe der Binomialverteilung unter Verwendung des Taschenrechners:

frv.tv/ci

$$n = 91 : P(X = 0) \approx 0,0999$$
$$n = 90 : P(X = 0) \approx 0,1024$$

Somit müssen mindestens 91 Männer befragt werden.
Alternativ kann man die Ungleichung auch durch Logarithmieren lösen:

$$\begin{aligned} P(X \geqslant 1) &\geqslant 0,9 \\ 1 - P(X = 0) &\geqslant 0,9 \\ 0,1 &\geqslant P(X = 0) \\ 0,1 &\geqslant 0,975^n \\ n &\geqslant \log_{0,975}(0,1) \\ n &\geqslant 90,95 \end{aligned}$$

Somit müssen mindestens 91 Männer befragt werden.

3 Mithilfe eines geeigneten Hypothesentests soll überprüft werden, ob der Anteil der Männer, die Anzeichen spielsüchtigen Verhaltens zeigen, unter 2,5% gesunken ist. Da vermutet wird, dass der Anteil gesunken ist, lautet die Alternativhypothese: $H_1 : p < 0,025$. Die zugehörige Nullhypothese lautet: $H_0 : p \geqslant 0,025$. Wegen $H_1 : p < 0,025$ handelt es sich um einen linksseitigen Test mit dem Ablehnungsbereich $\overline{A} = \{0, ... k\}$ und dem Signifikanzniveau (maximale Irrtumswahrscheinlichkeit) $\alpha \leqslant 5\,\%$. Legt man X als Zufallsvariable für die Anzahl der Männer, die Anzeichen spielsüchtigen Verhaltens zeigen, fest, so ist X binomialverteilt mit den Parametern $n = 500$ und $p = 0,025$.
Es ist also ein maximales $k \in \mathbb{N}$ so zu bestimmen, dass gilt:

$$P\left(X \in \overline{A}\right) \leqslant \alpha \text{ bzw. } P(X \leqslant k) \leqslant 0,05$$

Mithilfe der Wahrscheinlichkeit der kumulierten Binomialverteilung unter Verwendung des Taschenrechners ergibt sich:

frv.tv/cl

$$P(X \leqslant 7) = F_{500;\,0,025}(7) \approx 0,0674$$
$$P(X \leqslant 6) = F_{500;\,0,025}(6) \approx 0,0330$$

Somit ist $k = 6$ das maximale k und man erhält den Ablehnungsbereich der Nullhypothese:

$$\overline{A} = \{0, ..., 6\}$$

Damit ergibt sich folgende Entscheidungsregel:
Wenn unter den 500 Männern höchstens 6 Männer Anzeichen spielsüchtigen Verhaltens zeigen, ist die Nullhypothese zu verwerfen, d.h. der Anteil der Männer, die Anzeichen spielsüchtigen Verhaltens zeigen, ist mit einer Irrtumswahrscheinlichkeit von höchstens 5% unter 2,5% gesunken.

4.1 Da drei von fünf Kugeln die Zahl 4 tragen, beträgt die Wahrscheinlichkeit, beim einmaligen Ziehen eine Kugel mit der Zahl 4 zu ziehen, $p = \frac{3}{5} = 0{,}6$. Beim dreimaligen Ziehen mit Zurücklegen beträgt die Wahrscheinlichkeit, jedes Mal eine Kugel mit der Zahl 4 zu ziehen, $P = 0{,}6^3$. Mithilfe des Terms $1 - 0{,}6^3$ wird die Wahrscheinlichkeit des Gegenereignisses dazu berechnet, also dass beim dreimaligen Ziehen mit Zurücklegen höchstens zwei Mal eine Kugel mit der Zahl 4 gezogen wird oder anders formuliert: Es wird mindestens eine Kugel mit der Zahl x gezogen.

4.2.1 Falls $x \leqslant 5$ wäre, wäre die Summe der beiden Zahlen auf den entnommenen Kugeln höchstens 10, so dass der Erwartungswert für die Summe der beiden Zahlen auf den entnommenen Kugeln niemals 12 sein könnte.

4.2.2 Den Erwartungswert E für die Summe der beiden Zahlen erhält man, indem man die möglichen Summen mit den entsprechenden Wahrscheinlichkeiten multipliziert und anschließend addiert. Dabei ist zu beachten, dass es sich beim gleichzeitigen Ziehen um Ziehen ohne Zurücklegen handelt.

$$\begin{aligned}
E &= \frac{3}{5} \cdot \frac{2}{4} \cdot (4+4) + \frac{3}{5} \cdot \frac{2}{4} \cdot (4+x) + \frac{2}{5} \cdot \frac{3}{4} \cdot (x+4) + \frac{2}{5} \cdot \frac{1}{4} \cdot (x+x) \\
&= \frac{3}{10} \cdot 8 + \frac{3}{10} \cdot 4 + \frac{3}{10} \cdot x + \frac{3}{10} \cdot x + \frac{3}{10} \cdot 4 + \frac{1}{10} \cdot 2x \\
&= \frac{48}{10} + \frac{8}{10}x \\
&= 4{,}8 + 0{,}8x
\end{aligned}$$

Da der Erwartungswert 12 sein soll, löst man die Gleichung $E = 12$ nach x auf:

$$4{,}8 + 0{,}8x = 12 \Rightarrow x = 9$$

Somit tragen die beiden anderen Kugeln die Zahl 9.

Abitur 2020

Tipps ab Seite 187, Lösungen ab Seite 192

Landesabitur 2020 Mathematik (WTR) Grundkurs
Analysis Prüfungsteil 2 – Vorschlag B1

Die Tabellen in Material 1 zeigen die Entwicklung der Weltbevölkerung über einen Zeitraum von 60 Jahren. In Material 2 sind die Wertepaare für ausgewählte Zeitpunkte als Punkte eingezeichnet (Weltbevölkerung in Milliarden Menschen, gerundet auf zwei Nachkommastellen, Zeit t in Jahren nach Beginn des Jahres 1960).

1.1 Zeigen Sie anhand der Tabellenwerte in Material 1, dass die Entwicklung der Weltbevölkerung im Zeitraum von 1960 bis 1985 als exponentieller Wachstumsprozess modelliert werden kann. **(4 BE)**

1.2 Ein Wissenschaftler schlägt vor, die Entwicklung der Weltbevölkerung durch die Funktion f mit $f(t) = 3{,}02 \cdot e^{0{,}019 \cdot t}$ ($f(t)$ in Milliarden Menschen, Zeit t in Jahren nach Beginn des Jahres 1960) zu modellieren. Geben Sie die Funktionswerte in der folgenden Wertetabelle an und zeichnen Sie den Graphen der Funktion f für $0 \leqslant t \leqslant 60$ in das Koordinatensystem in Material 2.

t	0	10	20	30	40	50	60
$f(t)$							

Geben Sie die Weltbevölkerung an, die der Wissenschaftler bei dieser Modellierung für den Beginn des Jahres 2020 prognostiziert. **(5 BE)**

1.3 Zeichnen Sie die Wertepaare der Tabelle (Material 1) für die Jahre 1990 bis 2020 als Punkte in das Koordinatensystem in Material 2.
Beurteilen Sie, inwieweit der in Aufgabe 1.2 genannte Modellierungsvorschlag geeignet ist, die tatsächliche Bevölkerungsentwicklung in der Zeit vor und nach 1990 zu beschreiben. **(5 BE)**

1.4 Berechnen Sie den Wert des Terms $\frac{1}{20} \cdot \int_5^{25} 3{,}02 \cdot e^{0{,}019 \cdot t}\,\mathrm{d}t$ und deuten Sie das Ergebnis im Sachzusammenhang. **(6 BE)**

2 Für die Zeit ab 1985 wird eine neue Modellierung für die Entwicklung der Weltbevölkerung vorgeschlagen. Dabei wird davon ausgegangen, dass sich die momentane Änderungsrate der Bevölkerungsentwicklung durch eine Funktion g' mit $g'(t) = d \cdot e^{k \cdot t}$ modellhaft beschreiben lässt.
Im Gegensatz zur Funktion f aus Aufgabe 1 wird für die Funktion g' der Zeitpunkt $t = 0$ auf den Beginn des Jahres 1985 festgelegt.

2.1 Für den Beginn des Jahres 1985 geht man von einer momentanen Änderungsrate von $0,0891$ Milliarden Menschen pro Jahr aus, während für den Beginn des Jahres 2020 nur noch eine Änderungsrate von $0,078$ Milliarden Menschen pro Jahr angenommen wird. Berechnen Sie auf dieser Grundlage die Werte der Parameter d und k und geben Sie die Funktionsgleichung von g' an. **(5 BE)**

Im Folgenden soll die momentane Änderungsrate der Bevölkerungsentwicklung durch die Gleichung $g'(t) = 0,0891 \cdot e^{-0,004 \cdot t}$ beschrieben werden.

2.2 Die Funktion g soll die Entwicklung der Weltbevölkerung ab 1985 modellhaft beschreiben.
Berechnen Sie eine Funktionsgleichung der Funktion g so, dass der Funktionswert von g für den Beginn des Jahres 1985 mit dem Tabellenwert dieses Jahres übereinstimmt.
[zur Kontrolle: $g(t) = 27,125 - 22,275 \cdot e^{-0,004 \cdot t}$] **(5 BE)**

2.3 Untersuchen Sie anhand des Funktionsterms von g, wie sich die Weltbevölkerung nach diesem Modell langfristig entwickelt. **(3 BE)**

2.4 Berechnen Sie den Zeitpunkt, ab dem die Weltbevölkerung nach diesem Modell um weniger als $0,08$ Milliarden Menschen pro Jahr zunimmt. **(3 BE)**

3 Untersuchen Sie anhand der Werte für die Jahre 1995, 2005 und 2020, ob sich die Funktion g zur Modellierung der Entwicklung der Weltbevölkerung für den Zeitraum von 1995 bis 2020 besser eignet als die Funktion f. **(4 BE)**

Material 1

Entwicklung der Weltbevölkerung von 1960 bis 1985

Jahr	1960	1965	1970	1975	1980	1985
Weltbevölkerung (Milliarden Menschen, gerundet auf zwei Nachkommastellen	3,02	3,32	3,68	4,06	4,44	4,85

Entwicklung der Weltbevölkerung von 1985 bis 2020

Jahr	1985	1990	1995	2000	2005	2010	2015	2020
Weltbevölkerung (Milliarden Menschen, gerundet auf zwei Nachkommastellen	4,85	5,31	5,74	6,13	6,52	6,93	7,35	7,78

http://www.bpb.de/nachschlagen/zahlen-und-fakten/globalisierung/52699/bevoelkerungsentwicklung (abgerufen am 07.11.2019)

Material 2

Graphische Darstellung der Entwicklung der Weltbevölkerung

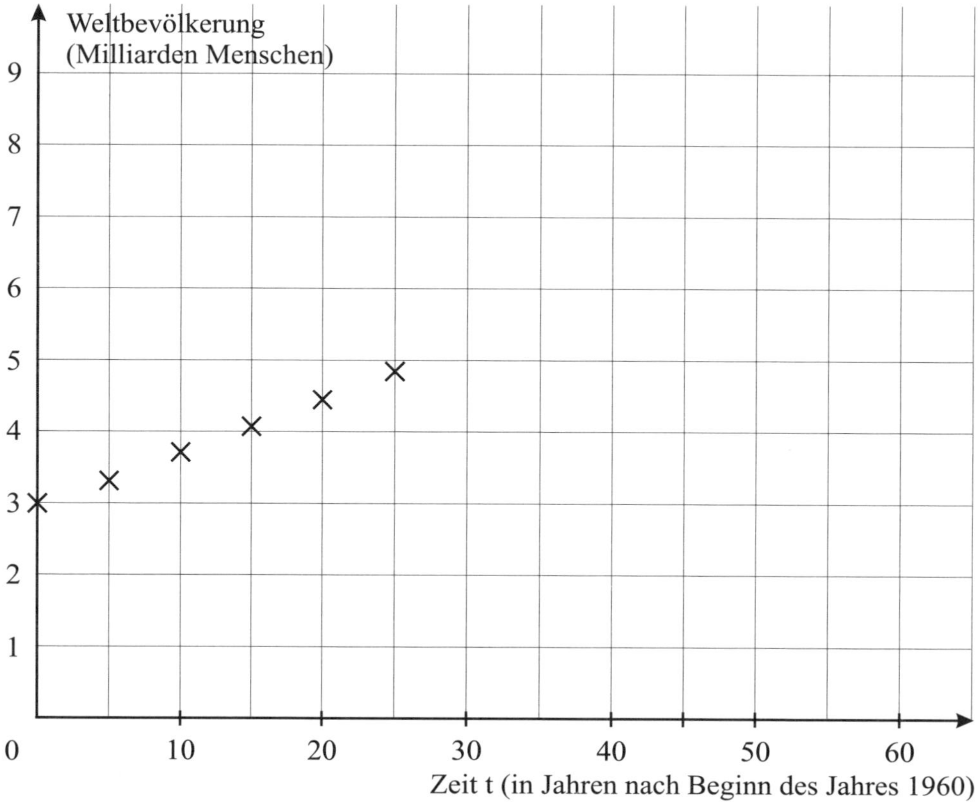

Tipps ab Seite 187, Lösungen ab Seite 196

Landesabitur 2020 Mathematik (WTR) Grundkurs
Analysis Prüfungsteil 2 – Vorschlag B2

1 Gegeben sind die Funktion f mit $f(t) = 0,25 \cdot t^4 - 2 \cdot t^3 + 4 \cdot t^2$ und ihr Graph (Material 1).

1.1 Berechnen Sie die Nullstellen von f. Bestimmen Sie die lokalen Extrempunkte und Wendepunkte des Graphen von f.
Hinweis: Die Untersuchung der notwendigen Bedingung ist jeweils ausreichend.
Geben Sie in Material 1 die Skalierung der Achsen des Koordinatensystems an. **(8 BE)**

1.2 Skizzieren Sie den Graphen der Ableitungsfunktion f' der Funktion f in das Koordinatensystem in Material 1. Begründen Sie anhand von drei Eigenschaften den Verlauf des Graphen von f' mithilfe des Verlaufs des Graphen von f. **(6 BE)**

1.3 Die Funktion f gehört zur Funktionenschar f_a mit $f_a(t) = \frac{1}{a} \cdot \left(t^4 - 8 \cdot t^3 + 16 \cdot t^2\right)$, $a > 0$.

1.3.1 Geben Sie den Wert des Parameters a an, der zu f gehört. **(1 BE)**

1.3.2 Zeigen Sie, dass alle Scharfunktionen f_a dieselben Nullstellen besitzen. **(3 BE)**

1.3.3 Die Abbildung in Material 2 zeigt den Verlauf der Graphen der Scharfunktionen $f_{0,5}$, f_1 und f_2. Ordnen Sie die Funktionen den jeweiligen Graphen zu und begründen Sie Ihre Zuordnung. **(3 BE)**

Bei einem Sportler wird vor einem Wettkampf ein Lungenfunktionstest durchgeführt, bei dem sowohl das Luftvolumen in der Lunge als auch die momentane Änderungsrate des Luftvolumens in der Lunge, die sogenannte Atemgeschwindigkeit, in Abhängigkeit von der Zeit gemessen wird. Der Sportler atmet nach Anweisung des Arztes durch ein Mundstück ein und aus. Im Folgenden soll vereinfachend davon ausgegangen werden, dass sich zu Beginn der Messung keine Luft in der Lunge befindet.

2 Die Funktion f mit $f(t) = 0,25 \cdot t^4 - 2 \cdot t^3 + 4 \cdot t^2$ aus Aufgabe 1 beschreibt in den ersten vier Sekunden nach Beginn der Messung modellhaft den zeitlichen Verlauf des Luftvolumens in der Lunge einer Sportlerin während eines Lungenfunktionstests. Dabei wird $t \in [0; 4]$ in Sekunden nach Beginn der Messung und $f(t)$ in Liter angegeben.

2.1 Beschreiben Sie im Sachzusammenhang die Entwicklung des Luftvolumens in der Lunge der Sportlerin während des Lungenfunktionstests. **(4 BE)**

2.2 Berechnen Sie $f(1{,}5)$ und $f'(1{,}5)$.
Deuten Sie die beiden Werte im Sachzusammenhang. **(4 BE)**

2.3 Bestimmen Sie unter Angabe einer Stammfunktion den Wert des Terms $\frac{1}{4} \cdot \int_0^4 f(t)\,\mathrm{d}t$ und deuten Sie das Ergebnis im Sachzusammenhang. **(5 BE)**

3 Die momentane Änderungsrate des Luftvolumens in der Lunge (Atemgeschwindigkeit) eines Spitzensportlers wird in den ersten fünf Sekunden eines Lungenfunktionstests durch die Funktion g mit $g(t) = 4{,}4 \cdot \sin\left(\frac{2}{5} \cdot \pi \cdot t\right)$ modelliert. Dabei wird $t \in [0;5]$ in Sekunden nach Beginn der Messung und $g(t)$ in Liter pro Sekunde angegeben.
Die Abbildung in Material 3 zeigt den Graphen der Funktion g.

3.1 Es gilt $\int_0^5 g(t)\,\mathrm{d}t = 0$.
Deuten Sie dies im Sachzusammenhang. **(2 BE)**

3.2 Bestätigen Sie, dass G mit $\mathrm{G}(t) = \frac{11}{\pi} \cdot \left(1 - \cos\left(\frac{2}{5} \cdot \pi \cdot t\right)\right)$ diejenige Stammfunktion von g ist, für die gilt: $\mathrm{G}(0) = 0$.
Bestimmen Sie $\mathrm{G}(2{,}5)$ und deuten Sie den Wert im Sachzusammenhang. **(4 BE)**

Material 1

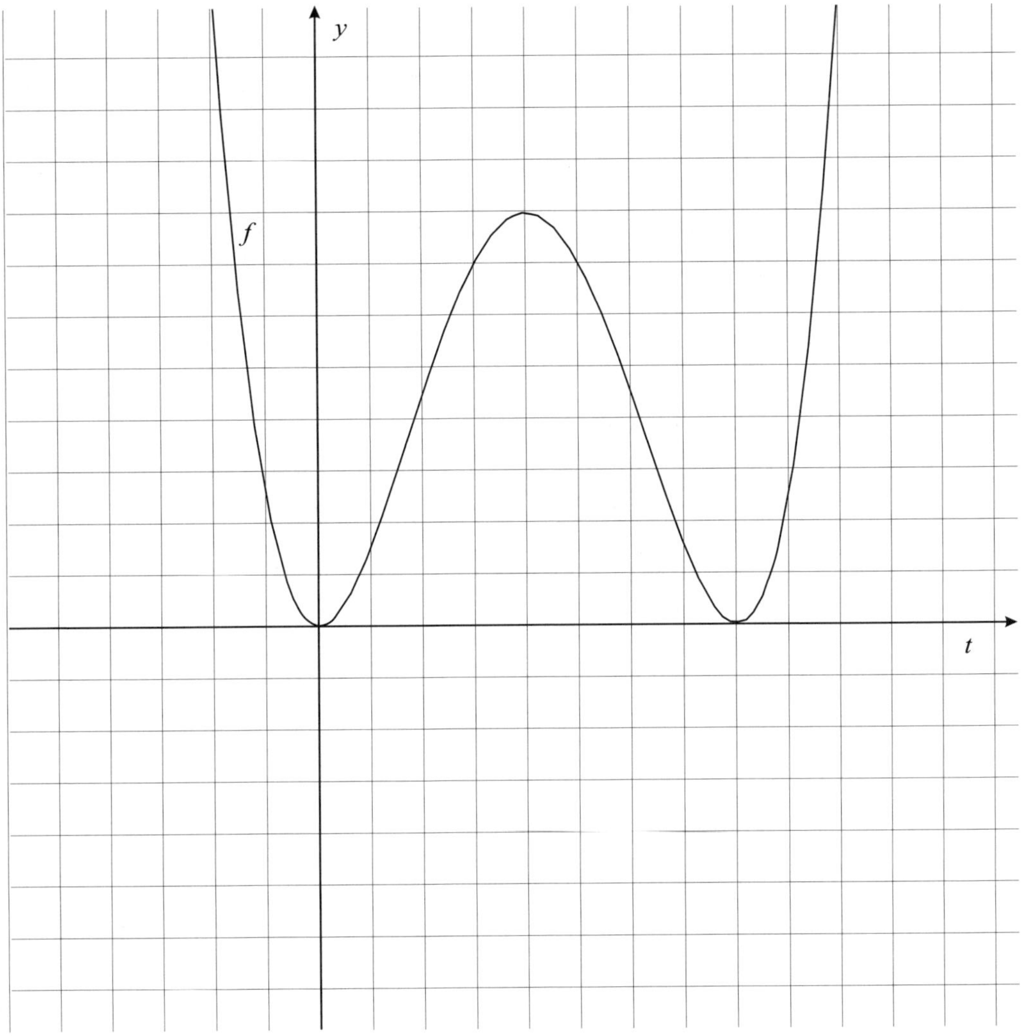

Material 2

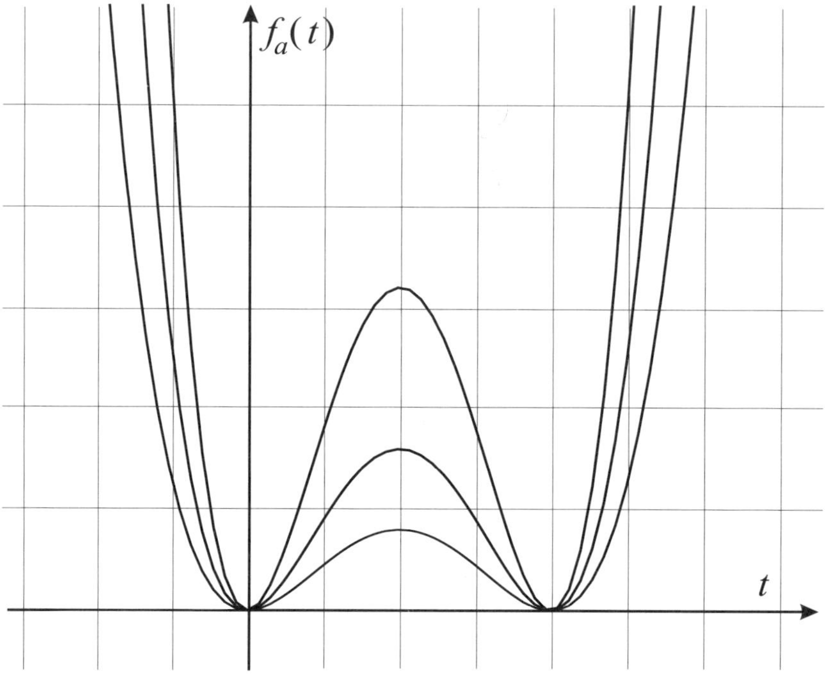

Material 3

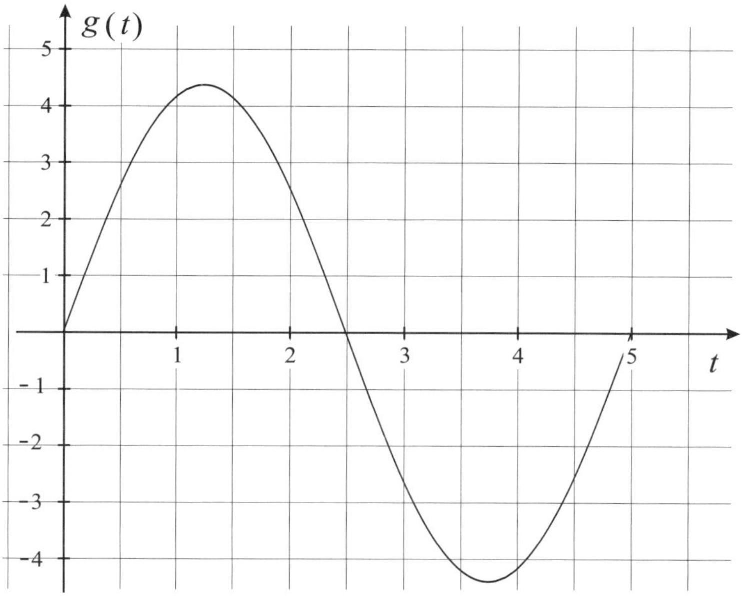

Tipps ab Seite 189, Lösungen ab Seite 202

Landesabitur 2020 Mathematik (WTR) Grundkurs
Lineare Algebra/Analytische Geometrie Prüfungsteil 2 – Vorschlag C1

Der «PeaQ-Tanztempel» in Mainz-Hechtersheim (Material 1) ist eine Lokalität, die man für Veranstaltungen mieten kann.
Material 2 zeigt einen Planungsentwurf für ein ähnliches Gebäude, das aus einer quadratischen Pyramide mit einer Grundseite der Länge 40 m und einem parallel zur x-Achse ausgerichteten Vorbau mit rechteckiger Grundfläche und symmetrischem Dach besteht. Der Ursprung des Koordinatensystems liegt in der Mitte der Grundfläche der Pyramide.
Es sind der Punkt $D(20 \mid -20 \mid 0)$ der Grundfläche und die Spitze $S(0 \mid 0 \mid 30)$ der Pyramide gegeben. Alle Einheiten sind in Meter angegeben.

1.1 Geben Sie die Koordinaten der Punkte A und C an. **(2 BE)**

1.2 Berechnen Sie das Volumen der Pyramide. **(2 BE)**

1.3 Entlang der vier Seitenkanten der Pyramide werden Lichterketten angebracht. Berechnen Sie die Gesamtlänge der Lichterketten. **(3 BE)**

1.4 Berechnen Sie den Winkel an der Spitze eines Seitendreiecks der Pyramide. [zur Kontrolle: $\measuredangle DSA \approx 58°$] **(3 BE)**

1.5 Die Spitze der Pyramide ist mit Metall verkleidet. Die Seitenkanten dieser ebenfalls quadratischen Pyramide sind 4 m lang (Material 2). Berechnen Sie die Größe der Fläche, die mit Metall verkleidet ist. **(4 BE)**

1.6 Die Seitenfläche der Pyramide mit den Eckpunkten A, S und D liegt in der Ebene E_{ASD}. Geben Sie eine Parameterform der Ebene E_{ASD} an und bestimmen Sie eine zugehörige Koordinatengleichung.
[zur Kontrolle: Eine mögliche Koordinatengleichung lautet $E_{ASD}: 3x + 2z = 60$.]
(6 BE)

2 Im Folgenden wird das Dach des Vorbaus in Material 2 betrachtet. Von der Vorderseite des Daches sind die Punkte $M(40 \mid 0 \mid 15)$ und $H(40 \mid 5 \mid 12{,}5)$ gegeben.

2.1 Zeigen Sie, dass der Punkt $M'(10 \mid 0 \mid 15)$ auf der Ebene E_{ASD} liegt, und begründen Sie ohne weitere Rechnung, dass es sich bei dem Punkt M' um denjenigen Punkt handeln muss, in dem der (durch den Punkt M verlaufende) Dachfirst des Vorbaus auf die Pyramide trifft. Beschriften Sie den Punkt M' in Material 2.
(4 BE)

2.2 Berechnen Sie die Koordinaten des Punktes H′, bei dem die Dachkante des Vorbaus, die durch den Punkt H verläuft, auf die Pyramide trifft.
[zur Kontrolle: $H'\left(\frac{35}{3} \mid 5 \mid \frac{25}{2}\right)$]

(4 BE)

2.3 Untersuchen Sie, um welche Art von Viereck es sich bei der Dachfläche HH′M′M handelt, und bestimmen Sie den Flächeninhalt der Dachfläche HH′M′M.

(6 BE)

3 Ein Besucher nähert sich dem Pyramideneingang entlang der x-Achse aus positiver Richtung. Die Augenhöhe des Besuchers ist 1,60 m über dem Boden. Erläutern Sie die Rechnung in den Zeilen (1) bis (3) im untenstehenden Kasten und erklären Sie die Bedeutung des Punktes P aus Zeile (4) im Sachzusammenhang.

(1) $M(40 \mid 0 \mid 15)$, $S(0 \mid 0 \mid 30) \Rightarrow g_{MS}: \vec{x} = \begin{pmatrix} 40 \\ 0 \\ 15 \end{pmatrix} + r \cdot \begin{pmatrix} -40 \\ 0 \\ 15 \end{pmatrix}, r \in \mathbb{R}$

(2) $1{,}6 = 15 + r \cdot 15 \Leftrightarrow r = -\frac{67}{75}$

(3) $\vec{x} = \begin{pmatrix} 40 \\ 0 \\ 15 \end{pmatrix} - \frac{67}{75} \cdot \begin{pmatrix} -40 \\ 0 \\ 15 \end{pmatrix} = \begin{pmatrix} \frac{1136}{15} \\ 0 \\ \frac{8}{5} \end{pmatrix} \approx \begin{pmatrix} 75{,}73 \\ 0 \\ 1{,}6 \end{pmatrix}$

(4) $P(75{,}73 \mid 0 \mid 0)$

(6 BE)

Material 1

https://www.pyramidemainz.de/die-pyramide (abgerufen am 11.06.2019)

Material 2

Planungsentwurf

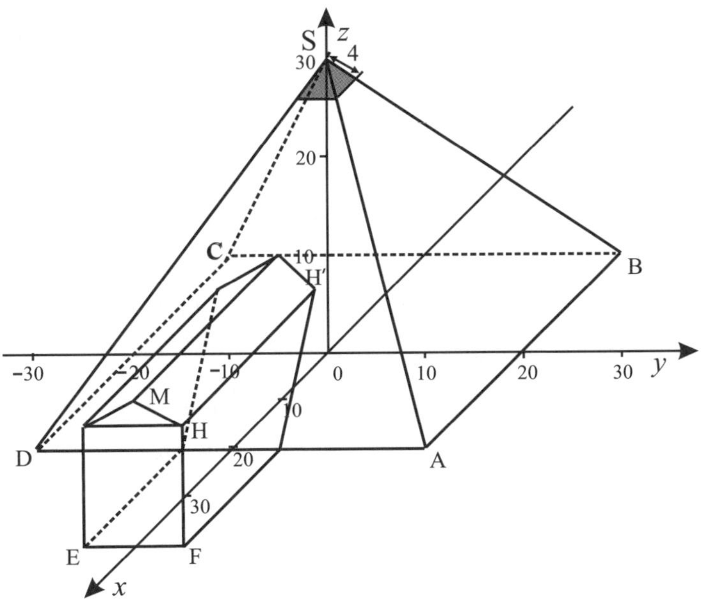

Tipps ab Seite 190, Lösungen ab Seite 207

Landesabitur 2020 Mathematik (WTR) Grundkurs
Stochastik Prüfungsteil 2 – Vorschlag C2

1 Das Postunternehmen Q stellt 95% aller Briefe am ersten Werktag nach ihrer Einlieferung zu. Für 2000 zufällig ausgewählte Briefe, die unabhängig voneinander befördert werden, wird untersucht, ob sie am ersten Werktag nach ihrer Einlieferung zugestellt werden.

1.1 Begründen Sie, dass die Binomialverteilung dafür geeignet ist, Vorhersagen zum Ergebnis der Untersuchung zu treffen. **(2 BE)**

1.2 Bestimmen Sie unter Angabe einer geeigneten Zufallsvariablen X die Wahrscheinlichkeiten der folgenden Ereignisse:
A: «Genau 1900 der Briefe werden am ersten Werktag nach ihrer Einlieferung zugestellt.»
B: «Mindestens 1900 der Briefe werden am ersten Werktag nach ihrer Einlieferung zugestellt.»
C: «Mehr als 100 der Briefe werden nicht am ersten Werktag nach ihrer Einlieferung zugestellt.» **(7 BE)**

1.3 Entscheiden Sie für jede der beiden Wahrscheinlichkeiten P(B) und P(C) aus Aufgabe 1.2, ob sie in Material 1 als dunkle Balkenfläche dargestellt wird. Begründen Sie jeweils Ihre Entscheidung. **(3 BE)**

1.4 Die Zufallsvariable Y sei binomialverteilt mit den Parametern $n = 2000$ und $p = 0{,}05$; die Zufallsvariable Z sei binomialverteilt mit den Parametern $n = 2000$ und $p = 0{,}95$. Entscheiden Sie für jeden der beiden Terme I und II, ob er die Wahrscheinlichkeit dafür angibt, dass mindestens 100 der ausgewählten Briefe nicht am ersten Werktag ihrer Einlieferung zugestellt werden. Begründen Sie jeweils Ihre Entscheidung.

I: $P(Y \leqslant 100) = F(2000; 0{,}05; 100)$
II: $P(Z \leqslant 1900) = F(2000; 0{,}95; 1900)$ **(3 BE)**

1.5 Berechnen Sie den Erwartungswert für die Anzahl der Briefe, die am ersten Werktag nach ihrer Einlieferung zugestellt werden. **(2 BE)**

1.6 Ermitteln Sie, wie viele Briefe zufällig ausgewählt werden müssten, damit die Standardabweichung für die Anzahl der Briefe, die am ersten Werktag nach ihrer Einlieferung zugestellt werden, doppelt so groß ist wie bei 2000 Briefen.

(3 BE)

2 Eine große Firma versendet einen Teil ihrer Briefe mit dem Postunternehmen Q aus Aufgabe 1, den anderen Teil mit einem anderen Postunternehmen. Ein Brief der Firma wird zufällig ausgewählt und daraufhin untersucht, ob er am ersten Werktag nach seiner Einlieferung zugestellt wird (Ereignis E). Die Abbildung in Material 2 stellt den Sachverhalt dar.

2.1 Berechnen Sie für $a = 0,25$ die Wahrscheinlichkeit dafür, dass der ausgewählte Brief nicht am ersten Werktag nach seiner Einlieferung zugestellt wird. **(3 BE)**

2.2 Prüfen Sie für $a = 0,25$, ob die Ereignisse «der ausgewählte Brief wird vom Postunternehmen Q befördert» und «der ausgewählte Brief wird am ersten Werktag nach seiner Einlieferung zugestellt» stochastisch unabhängig sind. **(3 BE)**

2.3 Der ausgewählte Brief wird nicht am ersten Werktag nach seiner Einlieferung zugestellt. Leiten Sie einen vom Parameter a abhängigen Term für die Wahrscheinlichkeit her, dass er vom Postunternehmen Q befördert wurde. **(3 BE)**

3 Das Konkurrenzunternehmen R behauptet, eine bessere Zustellquote zu besitzen als das Unternehmen Q aus Aufgabe 1. Diese Behauptung soll mithilfe eines Hypothesentests überprüft werden. Dabei wird für 200 zufällig ausgewählte, von R zugestellte Briefe untersucht, ob sie am ersten Werktag nach ihrer Einlieferung zugestellt werden. Bei diesem Test wird festgelegt, dass die Wahrscheinlichkeit für einen Fehler 1. Art höchstens 5% betragen soll.
Die kritische Zahl k gibt an, wie viele der im Rahmen des Tests untersuchten Briefe mindestens am ersten Werktag nach ihrer Einlieferung zugestellt werden müssen, damit die Hypothese H_0 zugunsten von H_1 verworfen wird.

3.1 Geben Sie die Hypothesen H_0 und H_1 für diesen Test an. **(2 BE)**

3.2 Bei Unternehmen Q erwartet man, dass durchschnittlich 190 von 200 Briefen am ersten Werktag nach ihrer Einlieferung zugestellt werden. Begründen Sie ohne Rechnung, dass die kritische Zahl k bei dem angegebenen Hypothesentest größer als 190 sein muss. **(2 BE)**

3.3 Ermitteln Sie die kritische Zahl k für diesen Hypothesentest und formulieren Sie eine Entscheidungsregel im Sachzusammenhang. **(5 BE)**

3.4 Beschreiben Sie den Fehler 1. Art im Sachzusammenhang. **(2 BE)**

Material 1

Binomialverteilung für $n = 2000$ **und** $p = 0{,}95$

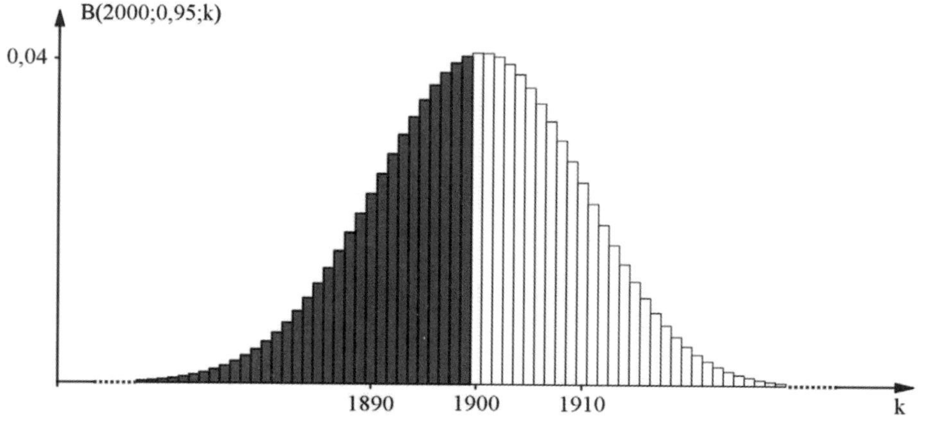

Material 2

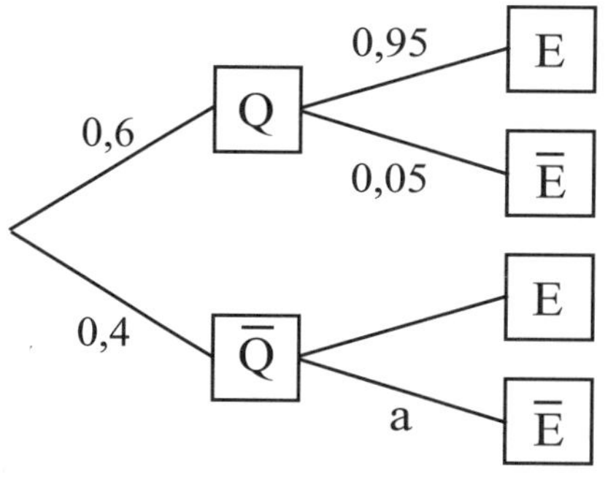

Tipps

Aufgabe B1 (WTR)

1.1 Berechnen Sie die sogenannten Wachstumsfaktoren, indem Sie aufeinanderfolgende Bevölkerungszahlen durcheinander teilen.

1.2 Die Funktionswerte bestimmen Sie mit dem Taschenrechner. Beachten Sie, dass die Weltbevölkerung im Jahr 2020 dem Funktionswert bei $t = 60$ entspricht.

1.3 Beschreiben Sie, in welchen Zeiträumen Werte in etwa übereinstimmen und wo es Abweichungen gibt.

1.4 Den Wert des angegebenen Integrals erhalten Sie mithilfe des Hauptsatzes der Differential- und Integralrechnung: $\int_a^b f(x)\mathrm{d}x = \Big[\mathrm{F}(x)\Big]_a^b = \mathrm{F}(b) - \mathrm{F}(a)$, wobei F eine Stammfunktion von f ist. Beachten Sie, dass durch $\frac{1}{b-a} \cdot \int_a^b f(x)\mathrm{d}x$ ein Mittelwert berechnet wird. Überlegen Sie den zugehörigen Zeitraum.

2.1 Stellen Sie mithilfe der gegebenen Daten zwei Gleichungen auf und lösen Sie das zugehörige Gleichungssystem.

2.2 Beachten Sie, dass die Funktion g eine Stammfunktion der Funktion g' ist. Verwenden Sie eine allgemeine Stammfunktion als Ansatz und setzen Sie die Nebenbedingung in diesen ein.

2.3 Beachten Sie, dass e^{-t} für $t \to \infty$ gegen Null geht.

2.4 Lösen Sie die Gleichung $g'(t) = 0{,}08$ durch Logarithmieren nach t auf. Überlegen Sie, welchem Jahr der erhaltene t-Wert entspricht.

3 Überlegen Sie, welche t-Werte den Jahreszahlen bei f bzw. g entsprechen und berechnen Sie die zugehörigen Funktionswerte mithilfe von f bzw. g. Vergleichen Sie die entsprechenden Funktionswerte mit den tatsächlichen Werten aus Material 1 und beschreiben Sie, wo es Abweichungen oder Übereinstimmungen gibt.

Aufgabe B2 (WTR)

1.1 Die Nullstellen von f erhalten Sie, indem Sie die Gleichung $f(t) = 0$ nach t auflösen. Klammern Sie t^2 aus und verwenden Sie den Satz vom Nullprodukt sowie die abc-Formel. Bestimmen Sie die 1. und 2. Ableitung von f. Als notwendige Bedingung für Extremstellen lösen Sie die Gleichung $f'(t) = 0$ nach t auf. Klammern Sie t aus und verwenden Sie den Satz vom Nullprodukt sowie die abc-Formel. Die zugehörigen y-Werte erhalten Sie, indem Sie die t-Werte in $f(t)$ einsetzen. Beachten Sie den Verlauf des Graphen von f anhand von Material 1. Als notwendige Bedingung für Wendestellen lösen Sie die Gleichung $f''(t) = 0$ nach t auf. Verwenden Sie die abc-Formel. Die zugehörigen y-Werte erhalten Sie, indem Sie die t-Werte in $f(t)$ einsetzen. Aufgrund der berechneten Werte können Sie die Achsen des Koordinatensystems skalieren.

1.2 Beachten Sie, dass Extremstellen des Graphen von f zu Nullstellen von f' werden und überlegen Sie den Vorzeichenwechsel. Beachten Sie, dass Wendestellen des Graphen von f zu Extremstellen von f' werden. Beachten Sie, dass der Graph von f' unterhalb der t-Achse verläuft, wenn f streng monoton fallend ist.

1.3.1 Bestimmen Sie den Wert des Parameters a durch Koeffizientenvergleich.

1.3.2 Um zu zeigen, dass alle Scharfunktionen f_a dieselben Nullstellen besitzen, lösen Sie die Gleichung $f_a(t) = 0$ nach t auf. Klammern Sie t^2 aus und verwenden Sie den Satz vom Nullprodukt sowie die abc-Formel. Überlegen Sie, ob die Nullstellen von a abhängig sind.

1.3.3 Beachten Sie, dass die Funktionswerte von f_a kleiner werden, je größer a ist, da durch a geteilt wird.

2.1 Beschreiben Sie, in welchen Zeiträumen das Luftvolumen zunimmt, maximal wird und wieder abnimmt.

2.2 Setzen Sie $t = 1{,}5$ in $f(t)$ bzw. $f'(t)$ ein. Beachten Sie, dass $f(t)$ das Luftvolumen und $f'(t)$ die Atemgeschwindigkeit zum Zeitpunkt t angibt.

2.3 Den Wert des gegebenen Integrals erhalten Sie mithilfe des Hauptsatzes der Differential- und Integralrechnung: $\int_a^b f(x)\mathrm{d}x = \left[\mathrm{F}(x)\right]_a^b = \mathrm{F}(b) - \mathrm{F}(a)$, wobei F eine Stammfunktion von f ist. Beachten Sie, dass durch $\frac{1}{b-a} \cdot \int_a^b f(x)\mathrm{d}x$ ein Mittelwert berechnet wird. Überlegen Sie den zugehörigen Zeitraum und die Bedeutung von $f(t)$.

3.1 Überlegen Sie, mithilfe welcher Integrale das Volumen der eingeatmeten bzw. ausgeatmeten Luft berechnet wird.

3.2 Um zu bestätigen, dass G eine Stammfunktion von g ist, bestimmen Sie die 1. Ableitung von G mit der Kettenregel. Falls $\mathrm{G}'(t) = g(t)$ gilt, ist G eine Stammfunktion von g. Setzen Sie $t = 0$ in $\mathrm{G}(t)$ ein. Setzen Sie $t = 2{,}5$ in $\mathrm{G}(t)$ ein und beachten Sie, dass die Stammfunktion G von g angibt, welche Menge Luft der Spitzensportler bis zum Zeitpunkt t eingeatmet hat.

Aufgabe C1 (WTR GTR CAS)

1.1 Um die Koordinaten von A und C zu bestimmen, beachten Sie die gegebene Symmetrie.

1.2 Das Volumen V der Pyramide erhalten Sie mit der Formel $V = \frac{1}{3} \cdot G \cdot h$. Die Grundfläche G erhalten Sie durch $G = a^2$, die Höhe h der Pyramide ist gleich groß wie die z-Koordinate des Puntes S.

1.3 Die Länge l einer Seitenkante der Pyramide erhalten Sie, indem Sie die Länge der Strecke von D zu S bestimmen. Dazu berechnen Sie die Länge des entsprechenden Verbindungsvektors. Damit ergibt sich die Gesamtlänge L der Lichterketten: $L = 4 \cdot l$.

1.4 Den Winkel φ an der Spitze eines Seitendreiecks der Pyramide erhalten Sie, indem Sie den Winkel zwischen den Vektoren $\overrightarrow{SD}$ und $\overrightarrow{SA}$ berechnen. Verwenden Sie die Formel $\cos(\varphi) = \frac{\vec{a} \cdot \vec{b}}{|\vec{a}| \cdot |\vec{b}|}$ für den Winkel zwischen zwei Vektoren $\vec{a}$ und $\vec{b}$.

1.5 Die Größe der Fläche A, die mit Metall verkleidet ist und aus vier Seitenflächendreiecken besteht, erhalten Sie, indem Sie zuerst die Fläche eines Seitenflächendreiecks mit der Formel $A_\triangle = \frac{1}{2} \cdot a \cdot h_S$ berechnen. Skizzieren Sie ein Seitenflächendreieck und teilen Sie es in zwei rechtwinklige Dreiecke. Im rechtwinkligen Dreieck können Sie $\frac{a}{2}$ mithilfe des Sinusverhältnisses und h_S mithilfe des Kosinusverhältnisses bestimmen.

1.6 Verwenden Sie beispielsweise A als Stützpunkt und die verkürzten Vektoren $\overrightarrow{AS}$ und $\overrightarrow{AD}$ als zugehörige Spannvektoren. Einen Normalenvektor $\vec{n}$ von E_{ASD} erhalten Sie mithilfe des Vektorprodukts (siehe Seite 50) der Spannvektoren.
Alternativ können Sie $\vec{n}$ auch mithilfe des Skalarprodukts bestimmen. Da $\vec{n}$ sowohl auf dem verkürzten Vektor $\overrightarrow{AS}$ als auch auf dem verkürzten Vektor $\overrightarrow{AD}$ senkrecht steht, muss das jeweilige Skalarprodukt der Vektoren Null ergeben. Lösen Sie das zugehörige lineare Gleichungssystem. Eine Koordinatengleichung von E_{ASD} erhalten Sie dann, indem Sie $\vec{n}$ und die Koordinaten von A in die Ebenengleichung $n_x x + n_y y + n_z z = d$ einsetzen und d bestimmen.

2.1 Setzen Sie die Koordinaten von M′ in die Gleichung von E_{ASD} ein. Bei einer wahren Aussage liegt M′ auf der Ebene E_{ASD}. Überlegen Sie, welche Koordinaten bei M und M′ übereinstimmen und wie die Gerade durch M und M′ im Koordinatensystem liegt.

2.2 Die Koordinaten des Punktes H′ erhalten Sie, indem Sie die Gerade h, die durch H geht und parallel zur x-Achse ist, mit der Ebene E_{ASD} schneiden. Stellen Sie die Gleichung von h auf und setzen Sie den allgemeinen Punkt P_t von h in die Gleichung von E_{ASD} ein.

2.3 Um zu untersuchen, um welche Art von Viereck es sich bei der Dachfläche HH′M′M handelt, prüfen Sie, welche Seiten parallel zueinander sind. Falls nur zwei Seiten parallel zueinander sind, handelt es sich um ein Trapez. Den Flächeninhalt A der trapezförmigen

Dachfläche HH′M′M erhalten Sie mit der Formel $A = \frac{a+c}{2} \cdot h$.
Bestimmen Sie die Längen der parallelen Seiten $a = \overline{MM'}$ und $c = \overline{HH'}$, indem Sie die Beträge der entsprechenden Verbindungsvektoren berechnen. Bestimmen Sie die Länge der Höhe $h = \overline{MH}$ des Trapezes, indem Sie den Betrag des entsprechenden Verbindungsvektors berechnen.

3 Beachten Sie, dass in Zeile (1) die Gleichung einer Geraden aufgestellt wird. Überlegen Sie, welche Koordinate der Geraden in Zeile (2) mit $1{,}6$ gleichgesetzt wird und welche Bedeutung r hat. Überlegen Sie, welcher Ortsvektor welchen Punktes in Zeile (3) bestimmt wird und welche Bedeutung dieser hat. Überlegen Sie, wie der Punkt P mit diesem Punkt zusammenhängt.

Aufgabe C2 (WTR CAS)

1.1 Beachten Sie, dass es für eine Binomialverteilung zwei Kriterien gibt: Es gibt nur zwei mögliche Ausgänge eines Experiments und die Wahrscheinlichkeit bei der wiederholten Durchführung des Experiments ist immer gleich groß («Ziehen mit Zurücklegen»).

1.2 Legen Sie X als binomialverteilte Zufallsvariable für die Anzahl der Briefe, die am ersten Werktag nach ihrer Einlieferung zugestellt werden, mit den Parametern n und p fest. Die Wahrscheinlichkeit für das Ereignis A erhalten Sie mithilfe der Binomialverteilung. Die Wahrscheinlichkeit für das Ereignis B erhalten Sie mithilfe der kumulierten Binomialverteilung und der Wahrscheinlichkeit des Gegenereignisses. Legen Sie X^* als binomialverteilte Zufallsvariable für die Anzahl der Briefe, die nicht am ersten Werktag nach ihrer Einlieferung zugestellt werden, mit den Parametern n und p fest. Die Wahrscheinlichkeit für das Ereignis C erhalten Sie mithilfe der kumulierten Binomialverteilung und der Wahrscheinlichkeit des Gegenereignisses.

1.3 Beachten Sie, dass die hell dargestellte Balkenfläche der Wahrscheinlichkeit entspricht, dass mindestens 1900 Briefe zugestellt werden, also $P(X \geqslant 1900)$.

1.4 Beschreiben Sie anhand der gegebenen Parameter, welche Wahrscheinlichkeiten Term I und Term II darstellen.

1.5 Den Erwartungswert μ erhalten Sie mithilfe der Formel $\mu = n \cdot p$.

1.6 Für die Standardabweichung einer binomialverteilten Zufallsvariablen mit den Parametern n und p verwenden Sie die Formel: $\sigma = \sqrt{n \cdot p \cdot (1-p)}$. Berechnen Sie σ für $n = 2000$ und $p = 0{,}95$. Legen Sie x für die Anzahl der Briefe, die zufällig ausgewählt werden müssen, fest, stellen Sie mit σ eine Gleichung auf und lösen Sie diese nach x auf.

2.1 Skizzieren Sie für $a = 0{,}25$ das Baumdiagramm:
Die Wahrscheinlichkeit dafür, dass der ausgewählte Brief nicht am ersten Werktag nach seiner Einlieferung zugestellt wird, erhalten Sie mithilfe der Pfadregeln.

2.2 Bestimmen Sie die Wahrscheinlichkeit P(Q), dass der ausgewählte Brief vom Postunternehmen Q befördert wird, und die Wahrscheinlichkeit $P(E) = 1 - P(\overline{E})$, dass der ausgewählte Brief am ersten Werktag nach seiner Einlieferung zugestellt wird sowie $P(Q) \cdot P(E)$ und $P(Q \cap E)$. Falls $P(Q) \cdot P(E) = P(Q \cap E)$ sind die beiden Ereignisse stochastisch unabhängig.

2.3 Die Wahrscheinlichkeit, dass der Brief vom Postunternehmen Q befördert wurde, unter der Bedingung, dass der ausgewählte Brief nicht am ersten Werktag nach seiner Einlieferung zugestellt wird, erhalten Sie mit der Formel für die bedingte Wahrscheinlichkeit: $P_{\overline{E}}(Q) = \frac{P(Q \cap \overline{E})}{P(\overline{E})}$. Beachten Sie, dass Sie $P(\overline{E})$ mithilfe der Pfadregeln in Abhängigkeit von a bestimmen können.

3.1 Beachten Sie, dass die Hypothese H_1 die Behauptung des Konkurrenzunternehmens R, dass es eine bessere Zustellquote besitzt als das Unternehmen Q, ist, und bestimmen Sie damit auch H_0.

3.2 Überlegen Sie, ob es sich um einen links- oder rechtsseitigen Test handelt und ob daher k größer oder kleiner als der Erwartungswert sein muss.

3.3 Beachten Sie, dass es sich wegen $H_1:\ p > \ldots$ um einen rechtsseitigen Test mit dem Ablehnungsbereich $\overline{A} = \{k, \ldots, n\}$ und dem Signifikanzniveau (maximale Irrtumswahrscheinlichkeit) $\alpha \leqslant 5\,\%$ handelt. Legen Sie X als binomialverteilte Zufallsvariable für die Anzahl der Briefe, die am ersten Werktag nach der Einlieferung zugestellt werden, mit den Parametern n und p fest. Bestimmen Sie mithilfe der Wahrscheinlichkeit der kumulierten Binomialverteilung und der Wahrscheinlichkeit des Gegenereignisses unter Verwendung des Taschenrechners ein minimales $k \in \mathbb{N}$ so, dass gilt: $P(X \in \overline{A}) \leqslant \alpha$ bzw. $P(X \geqslant k) \leqslant \alpha$. Bestimmen Sie damit den Ablehnungsbereich $\overline{A}$ und formulieren Sie die Entscheidungsregel.

3.4 Beachten Sie, dass beim Fehler 1. Art die Nullhypothese verworfen wird, obwohl sie richtig ist.

Lösungen

Aufgabe B1 (WTR)

1.1 Um zu zeigen, dass die Entwicklung der Weltbevölkerung im Zeitraum von 1960 bis 1985 als exponentieller Wachstumsprozess modelliert werden kann, berechnet man die Wachstumsfaktoren, indem man aufeinanderfolgende Bevölkerungszahlen durcheinander teilt:

$$1960-1965: \frac{3,32}{3,02} \approx 1,099$$
$$1965-1970: \frac{3,68}{3,32} \approx 1,108$$
$$1970-1975: \frac{4,06}{3,68} \approx 1,103$$
$$1975-1980: \frac{4,44}{4,06} \approx 1,094$$
$$1980-1985: \frac{4,85}{4,44} \approx 1,092$$

Da die Wachstumsfaktoren fast gleich sind, kann die Entwicklung der Weltbevölkerung im Zeitraum von 1960 bis 1985 als exponentieller Wachstumsprozess modelliert werden.

1.2 Es ist $f(t) = 3,02 \cdot e^{0,019 \cdot t}$ ($f(t)$ in Milliarden Menschen, Zeit t in Jahren nach Beginn des Jahres 1960). Die Funktionswerte bestimmt man mit dem Taschenrechner.

frv.tv/cf

t	0	10	20	30	40	50	60
$f(t)$	3,02	3,65	4,42	5,34	6,46	7,81	9,44

Damit kann man den Graphen der Funktion f zeichnen:

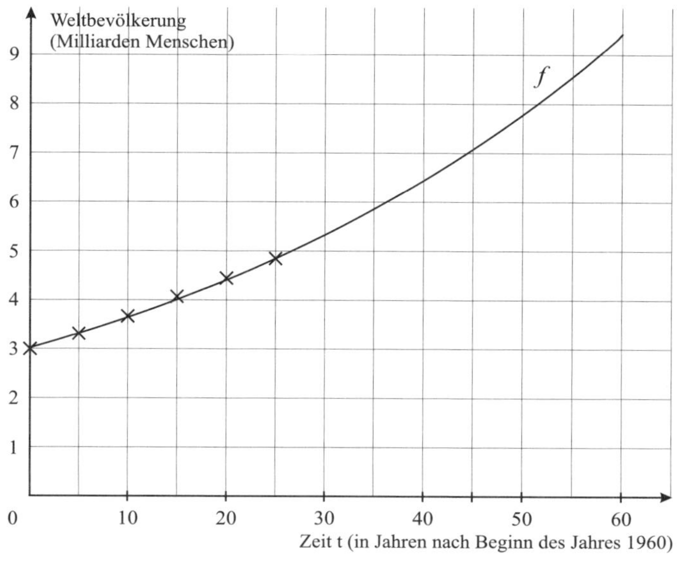

Dem Jahr 2020 entspricht der Funktionswert bei $t = 60$.

Der Wissenschaftler prognostiziert bei dieser Modellierung für den Beginn des Jahres 2020 eine Weltbevölkerung von 9,44 Milliarden Menschen.

1.3 Die Punkte werden in das Material eingezeichnet:

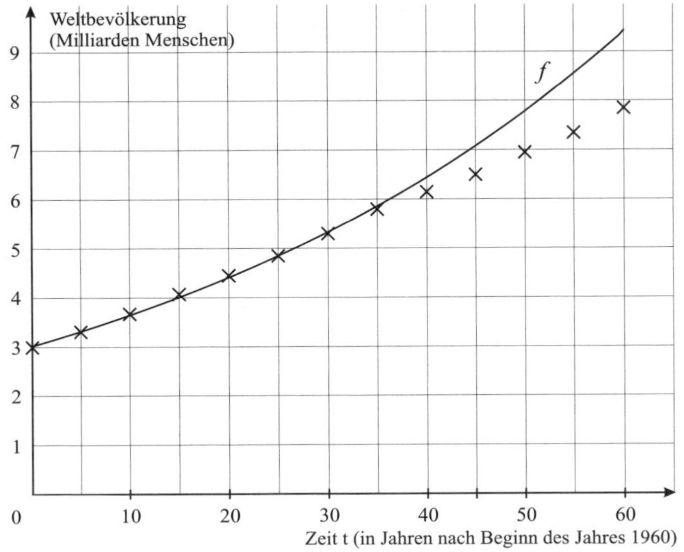

Für die ersten 30 Jahre nach 1960, also im Zeitraum von 1960 bis 1990, unterscheiden sich die Werte aus Material 1 kaum von den Funktionswerten der Funktion f. Ab etwa 1995 liegen die tatsächlichen Werte aus Material 1 stets unterhalb der Funktionswerte der Funktion f, mit steigenden Jahreszahlen wird der Abstand sogar immer größer.
Somit ist die Funktion f zur Modellierung der Bevölkerungszahlen nur für den Zeitraum von 1960 bis 1990 geeignet.

1.4 Den Wert des Terms $\frac{1}{20} \cdot \int_5^{25} 3{,}02 \cdot e^{0{,}019 \cdot t} \mathrm{d}t$ erhält man mithilfe des Hauptsatzes der Differential- und Integralrechnung:

$$\begin{aligned} \frac{1}{20} \cdot \int_5^{25} 3{,}02 \cdot e^{0{,}019 \cdot t} \mathrm{d}t &= \frac{1}{20} \cdot \left[\frac{3{,}02 \cdot e^{0{,}019 \cdot t}}{0{,}019} \right]_5^{25} \\ &= \frac{1}{20} \cdot \left(\frac{3{,}02 \cdot e^{0{,}019 \cdot 25}}{0{,}019} - \left(\frac{3{,}02 \cdot e^{0{,}019 \cdot 5}}{0{,}019} \right) \right) \\ &\approx 4{,}04 \end{aligned}$$

Mithilfe des angegebenen Integrals wird der Durchschnittswert der Funktionswerte von f im Intervall $[5\,;25]$ berechnet. Im Sachzusammenhang bedeutet dies, dass entsprechend der Modellierung durch die Funktion f die durchschnittliche Weltbevölkerung in den Jahren von 1965 bis 1985 etwa 4,04 Milliarden Menschen betrug.

2.1 Es ist $g'(t) = d \cdot e^{k \cdot t}$ die momentane Änderungsrate der Weltbevölkerung ($t = 0$ zu Beginn des Jahres 1985).

Da man zu Beginn des Jahres 1985 von einer momentanen Änderungsrate von $0,0891$ Milliarden Menschen pro Jahr ausgeht, gilt: $g'(0) = 0,0891$.

Da man für den Beginn des Jahres 2020 nur noch eine Änderungsrate von $0,078$ Milliarden Menschen pro Jahr annimmt, gilt: $g'(35) = 0,078$.

Dies führt zu folgendem Gleichungssystem:

$$\begin{array}{lrcl} \text{I} & d \cdot e^{k \cdot 0} & = & 0,0891 \\ \text{II} & d \cdot e^{k \cdot 35} & = & 0,078 \end{array}$$

Aus Gleichung I ergibt sich: $d = 0,0891$.

Setzt man $d = 0,0891$ in Gleichung II ein, erhält man:

$$\begin{aligned} 0,0891 \cdot e^{k \cdot 35} &= 0,078 \\ e^{35k} &= \frac{0,078}{0,0891} \\ 35k &= \ln\left(\frac{0,078}{0,0891}\right) \\ k &= \frac{\ln\left(\frac{0,078}{0,0891}\right)}{35} \\ k &\approx -0,004 \end{aligned}$$

Somit hat die Funktion g' die Gleichung:

$$g'(t) = 0,0891 \cdot e^{-0,004 \cdot t}$$

2.2 Die Funktion g ist eine Stammfunktion der Funktion $g'(t) = 0,0891 \cdot e^{-0,004 \cdot t}$.

Damit erhält man folgenden Ansatz:

$$g(t) = \frac{0,0891 \cdot e^{-0,004 \cdot t}}{-0,004} + c = -22,275 \cdot e^{-0,004 \cdot t} + c$$

Da der Funktionswert von g für den Beginn des Jahres 1985 ($t = 0$) mit dem Tabellenwert $4,85$ dieses Jahres übereinstimmen soll, gilt: $g(0) = 4,85$.

Daraus ergibt sich:

$$\begin{aligned} -22,275 \cdot e^{-0,004 \cdot 0} + c &= 4,85 \\ -22,275 \cdot 1 + c &= 4,85 \\ c &= 4,85 + 22,275 \\ c &= 27,125 \end{aligned}$$

Somit hat die Funktion g die Gleichung:

$$g(t) = 27,125 - 22,275 \cdot e^{-0,004 \cdot t}$$

2.3 Für $t \to \infty$ geht $e^{-0,004 \cdot t} \to 0$ und damit geht auch $22,275 \cdot e^{-0,004 \cdot t} \to 0$.
Damit geht $g(t) \to 27,125$.
Somit nähert sich die Weltbevölkerung nach diesem Modell langfristig dem Wert $27,125$ Milliarden Menschen an.

2.4 Gesucht ist der Zeitpunkt, ab dem die Weltbevölkerung nach diesem Modell um weniger als $0,08$ Milliarden Menschen pro Jahr zunimmt. Um diesen zu berechnen, löst man die Gleichung $g'(t) = 0,08$ durch Logarithmieren nach t auf:

$$\begin{aligned} 0,0891 \cdot e^{-0,004 \cdot t} &= 0,08 \\ e^{-0,004 \cdot t} &= \frac{0,08}{0,0891} \\ -0,004 \cdot t &= \ln\left(\frac{0,08}{0,0891}\right) \\ t &= \frac{\ln\left(\frac{0,08}{0,0891}\right)}{-0,004} \\ t &\approx 26,93 \end{aligned}$$

Zum Zeitpunkt $t \approx 27$, also etwa zu Beginn des Jahres 2012 nimmt die Weltbevölkerung nach diesem Modell um weniger als $0,08$ Milliarden Menschen pro Jahr zu.

3 Um zu untersuchen, ob sich die Funktion g zur Modellierung der Entwicklung der Weltbevölkerung für den Zeitraum von 1995 bis 2020 besser eignet als die Funktion f, vergleicht man die entsprechenden Funktionswerte mit den tatsächlichen Werten aus Material 1:

Jahr	1995	2005	2020
Funktionswert von f	$f(35) \approx 5,87$	$f(45) \approx 7,10$	$f(60) \approx 9,44$
Funktionswert von g	$g(10) \approx 5,72$	$g(20) \approx 6,56$	$g(35) \approx 7,76$
tatsächlicher Wert	$5,74$	$6,52$	$7,78$

Während die Funktionswerte von f deutlich von den tatsächlichen Werten abweichen, werden durch die Funktionswerte von g annähernd die tatsächlichen Werte getroffen.
Somit eignet sich die Funktion g zur Modellierung der Entwicklung der Weltbevölkerung für den Zeitraum von 1995 bis 2020 besser als die Funktion f.

Aufgabe B2 (WTR)

Es ist $f(t) = 0,25 \cdot t^4 - 2 \cdot t^3 + 4 \cdot t^2$

1.1 Die Nullstellen von f erhält man, indem man die Gleichung $f(t) = 0$ nach t auflöst:

$$0,25 \cdot t^4 - 2 \cdot t^3 + 4 \cdot t^2 = 0$$
$$t^2 \cdot \left(0,25 \cdot t^2 - 2 \cdot t + 4\right) = 0$$

Mithilfe des Satzes vom Nullprodukt erhält man aus $t^2 = 0$ die Lösung $t_1 = 0$ und aus $0,25 \cdot t^2 - 2 \cdot t + 4 = 0$ mithilfe der *abc*-Formel die Lösung $t_2 = 4$.
Somit hat f die Nullstellen $t_1 = 0$ und $t_2 = 4$.
Zur Bestimmung der Extrem- und Wendepunkte des Graphen von f verwendet man die 1. und 2. Ableitung von f:

$$f'(t) = t^3 - 6t^2 + 8t$$
$$f''(t) = 3t^2 - 12t + 8$$

Als notwendige Bedingung für Extremstellen löst man die Gleichung $f'(t) = 0$ nach t auf:

$$t^3 - 6t^2 + 8t = 0$$
$$t \cdot \left(t^2 - 6t + 8\right) = 0$$

Mithilfe des Satzes vom Nullprodukt erhält man die Lösung $t_1 = 0$ und aus $t^2 - 6t + 8 = 0$ mithilfe der *abc*-Formel die Lösungen $t_2 = 2$ und $t_3 = 4$.
Die zugehörigen y-Werte erhält man, indem man die t-Werte in $f(t)$ einsetzt:

$$y_1 = f(0) = 0,25 \cdot 0^4 - 2 \cdot 0^3 + 4 \cdot 0^2 = 0$$
$$y_2 = f(2) = 0,25 \cdot 2^4 - 2 \cdot 2^3 + 4 \cdot 2^2 = 4$$
$$y_3 = f(4) = 0,25 \cdot 4^4 - 2 \cdot 4^3 + 4 \cdot 4^2 = 0$$

Aufgrund des Verlaufs des Graphen von f anhand von Material 1 erhält man zwei Tiefpunkte mit den Koordinaten $T_1(0 \mid 0)$ und $T_2(4 \mid 0)$ sowie einen Hochpunkt mit den Koordinaten $H(2 \mid 4)$.
Als notwendige Bedingung für Wendestellen löst man die Gleichung $f''(t) = 0$ nach t auf:

$$3t^2 - 12t + 8 = 0$$

Mithilfe der *abc*-Formel erhält man die Lösungen $t_1 \approx 0,85$ und $t_2 \approx 3,15$.

Die zugehörigen y-Werte erhält man, indem man die t-Werte in $f(t)$ einsetzt:

$$y_1 = f(0{,}85) = 0{,}25 \cdot 0{,}85^4 - 2 \cdot 0{,}85^3 + 4 \cdot 0{,}85^2 \approx 1{,}80$$
$$y_2 = f(3{,}15) = 0{,}25 \cdot 3{,}15^4 - 2 \cdot 3{,}15^3 + 4 \cdot 3{,}15^2 \approx 1{,}80$$

Damit haben die Wendepunkte des Graphen von f die Koordinaten $W_1(0{,}85 \mid 1{,}8)$ und $W_2(3{,}15 \mid 1{,}8)$.
Aufgrund der berechneten Werte kann man die Achsen des Koordinatensystems skalieren:

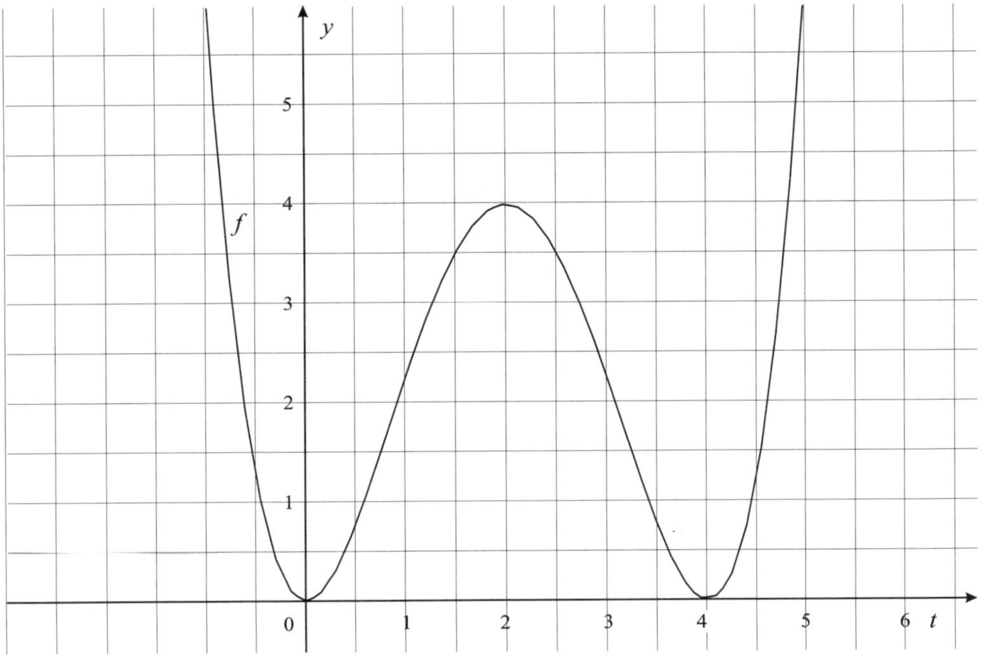

1.2
- Der Graph von f hat bei $t_1 = 0$ und $t_3 = 4$ Tiefpunkte, also hat der Graph von f' bei $t_1 = 0$ und $t_3 = 4$ Nullstellen mit Vorzeichenwechsel von $-$ nach $+$.
- Der Graph von f hat bei $t_2 = 2$ einen Hochpunkt, also hat der Graph von f' bei $t_2 = 2$ eine Nullstelle mit Vorzeichenwechsel von $+$ nach $-$.
- Der Graph von f hat bei $t_4 \approx 0{,}85$ und $t_5 \approx 3{,}15$ Wendestellen, also hat der Graph von f' an diesen Stellen Extrempunkte.
- Der Graph von f ist für $t < 0$ streng monoton fallend, also verläuft der Graph von f' für $t < 0$ unterhalb der t-Achse.

Damit kann die Ableitungsfunktion f' gezeichnet werden (siehe die folgende Seite):

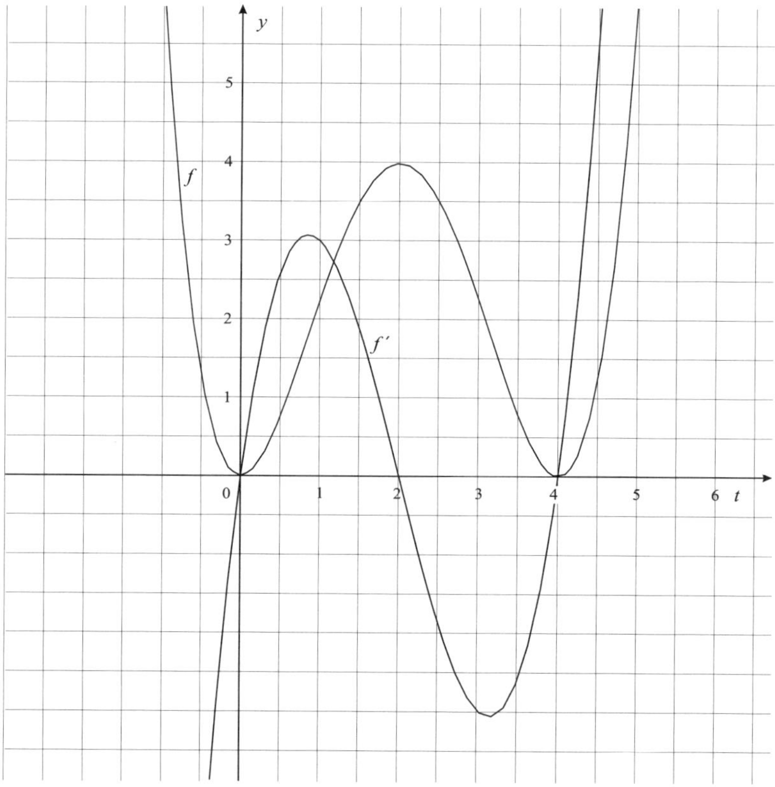

1.3.1 Die Funktion f mit $f(t) = 0,25 \cdot t^4 - 2 \cdot t^3 + 4 \cdot t^2$ gehört zur Funktionenschar f_a mit

$$f_a(t) = \frac{1}{a} \cdot \left(t^4 - 8 \cdot t^3 + 16 \cdot t^2\right) = \frac{1}{a} \cdot t^4 - \frac{8}{a} \cdot t^3 + \frac{16}{a} \cdot t^2 \, , \; a > 0$$

Um den Wert des Parameters a anzugeben, der zu f gehört, macht man einen Koeffizientenvergleich, z.B. durch Gleichsetzen der Koeffizienten vor t^3:

$$-\frac{8}{a} = -2 \;\Rightarrow\; a = 4$$

Somit gehört f für $a = 4$ zur Funktionenschar f_a.

1.3.2 Um zu zeigen, dass alle Scharfunktionen f_a dieselben Nullstellen besitzen, löst man die Gleichung $f_a(t) = 0$ nach t auf:

$$\frac{1}{a} \cdot \left(t^4 - 8 \cdot t^3 + 16 \cdot t^2\right) = 0$$
$$t^4 - 8 \cdot t^3 + 16 \cdot t^2 = 0$$
$$t^2 \cdot \left(t^2 - 8t + 16\right) = 0$$

Mithilfe des Satzes vom Nullprodukt erhält man aus $t^2 = 0$ die Lösung $t_1 = 0$ und aus

$$t^2 - 8t + 16 = 0$$

mithilfe der *abc*-Formel die Lösung $t_2 = 4$.
Somit haben alle Scharfunktionen f_a die Nullstellen $t_1 = 0$ und $t_2 = 4$.
Da die Nullstellen von f_a unabhängig von a sind, besitzen alle Scharfunktionen f_a dieselben Nullstellen.

1.3.3 Je größer a ist, desto kleiner werden die Funktionswerte von f_a, da durch a geteilt wird. Somit verläuft der Graph von f_2 unterhalb des Graphen von f_1 und dieser unterhalb des Graphen von $f_{0,5}$.

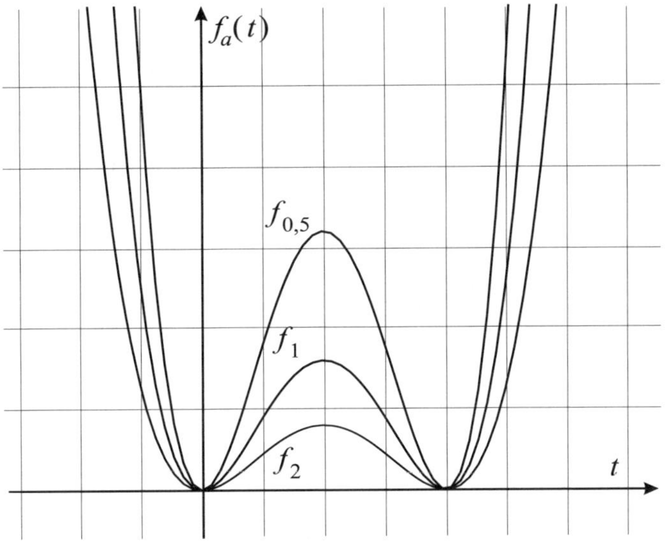

2.1 Anhand des Graphen von f aus Material 1 kann man erkennen, dass das Luftvolumen der Sportlerin nach Beginn der Messung kontinuierlich, aber nicht linear, zunimmt, bis es nach zwei Sekunden seinen Maximalwert erreicht. Anschließend nimmt das Luftvolumen wieder kontinuierlich, aber nicht linear, ab, bis es nach vier Sekunden wieder Null ist.

2.2 Setzt man $t = 1{,}5$ in $f(t) = 0{,}25 \cdot t^4 - 2 \cdot t^3 + 4 \cdot t^2$ bzw. $f'(t) = t^3 - 6t^2 + 8t$ ein, erhält man:

$$f(1{,}5) = 0{,}25 \cdot 1{,}5^4 - 2 \cdot 1{,}5^3 + 4 \cdot 1{,}5^2 \approx 3{,}52$$
$$f'(1{,}5) = 1{,}5^3 - 6 \cdot 1{,}5^2 + 8 \cdot 1{,}5 = 1{,}875$$

Nach $1{,}5$ Sekunden beträgt das Luftvolumen der Sportlerin etwa $3{,}52$ Liter und die Atemgeschwindigkeit beträgt zu diesem Zeitpunkt $1{,}875$ Liter pro Sekunde.

2.3 Den Wert des Terms $\frac{1}{4} \cdot \int_0^4 f(t)\mathrm{d}t$ erhält man mithilfe des Hauptsatzes der Differential- und Integralrechnung:

$$\begin{aligned}\frac{1}{4} \cdot \int_0^4 f(t)\mathrm{d}t &= \frac{1}{4} \cdot \int_0^4 \left(0{,}25 \cdot t^4 - 2 \cdot t^3 + 4 \cdot t^2\right) \mathrm{d}t \\ &= \frac{1}{4} \cdot \left[\frac{0{,}25}{5} t^5 - \frac{2}{4} t^4 + \frac{4}{3} t^3\right]_0^4 \\ &= \frac{1}{4} \cdot \left[0{,}05 t^5 - 0{,}5 t^4 + \frac{4}{3} t^3\right]_0^4 \\ &= \frac{1}{4} \cdot \left(0{,}05 \cdot 4^5 - 0{,}5 \cdot 4^4 + \frac{4}{3} \cdot 4^3 - \left(0{,}05 \cdot 0^5 - 0{,}5 \cdot 0^4 + \frac{4}{3} \cdot 0^3\right)\right) \\ &\approx 2{,}13\end{aligned}$$

Mithilfe des angegebenen Integrals wird der Durchschnittswert der Funktionswerte von f im Intervall $[0; 4]$ berechnet. Im Sachzusammenhang bedeutet dies, dass das durchschnittliche Luftvolumen der Sportlerin in den ersten vier Sekunden nach Beginn der Messung etwa 2,13 Liter beträgt.

3.1 Mithilfe des Integrals $\int_0^{2,5} g(t)\mathrm{d}t$ wird das Volumen der eingeatmeten Luft in den ersten 2,5 Sekunden, mithilfe des Integrals $\int_{2,5}^{5} g(t)\mathrm{d}t$ wird das Volumen der ausgeatmeten Luft in den nächsten 2,5 Sekunden berechnet. Wegen

$$\int_0^5 g(t)\mathrm{d}t = \int_0^{2,5} g(t)\mathrm{d}t + \int_{2,5}^5 g(t)\mathrm{d}t = 0$$

ist innerhalb der ersten fünf Sekunden das Volumen der eingeatmeten Luft gleich groß wie das Volumen der ausgeatmeten Luft.

3.2 Um zu bestätigen, dass G mit $\mathrm{G}(t) = \frac{11}{\pi} \cdot \left(1 - \cos\left(\frac{2}{5} \cdot \pi \cdot t\right)\right)$ eine Stammfunktion von $g(t) = 4{,}4 \cdot \sin\left(\frac{2}{5} \cdot \pi \cdot t\right)$ ist, bestimmt man die 1. Ableitung von G mit der Kettenregel:

$$\mathrm{G}'(t) = \frac{11}{\pi} \cdot \left(0 - \left(-\sin\left(\frac{2}{5} \cdot \pi \cdot t\right) \cdot \frac{2}{5} \cdot \pi\right)\right) = \frac{11}{\pi} \cdot \frac{2}{5} \cdot \pi \cdot \sin\left(\frac{2}{5} \cdot \pi \cdot t\right) = \frac{22}{5} \cdot \sin\left(\frac{2}{5} \cdot \pi \cdot t\right) = g(t)$$

Wegen $\mathrm{G}'(t) = g(t)$ ist G eine Stammfunktion von g.
Setzt man $t = 0$ in $\mathrm{G}(t)$ ein, ergibt sich:

$$\mathrm{G}(0) = \frac{11}{\pi} \cdot \left(1 - \cos\left(\frac{2}{5} \cdot \pi \cdot 0\right)\right) = \frac{11}{\pi} \cdot (1 - \cos(0)) = \frac{11}{\pi} \cdot (1 - 1) = 0$$

Somit ist G diejenige Stammfunktion von g, für die gilt: $\mathrm{G}(0) = 0$.

Setzt man $t = 2,5$ in $\mathrm{G}(t)$ ein, erhält man:

$$\mathrm{G}(2,5) = \frac{11}{\pi} \cdot \left(1 - \cos\left(\frac{2}{5} \cdot \pi \cdot 2,5\right)\right) \approx 7,0$$

Die Stammfunktion G von g gibt an, welche Menge Luft der Spitzensportler bis zum Zeitpunkt t eingeatmet hat.
Somit bedeutet $\mathrm{G}(2,5) \approx 7,0$, dass der Spitzensportler in den ersten $2,5$ Sekunden etwa 7 Liter Luft eingeatmet hat.

Aufgabe C1

1.1 Aufgrund der Symmetrie haben die Punkte A und C die Koordinaten $A(20 \mid 20 \mid 0)$ und $C(-20 \mid -20 \mid 0)$.

1.2 Das Volumen V der Pyramide erhält man mit der Formel $V = \frac{1}{3} \cdot G \cdot h$.
Für die Grundfläche G gilt: $G = 40\,\text{m} \cdot 40\,\text{m} = 1600\,\text{m}^2$.
Die Höhe h der Pyramide ist gleich groß wie die z-Koordinate des Punktes S, also $h = 30\,\text{m}$.
Damit ergibt sich:

$$V = \frac{1}{3} \cdot G \cdot h = V = \frac{1}{3} \cdot 1600\,\text{m}^2 \cdot 30\,\text{m} = 16000\,\text{m}^3$$

Die Pyramide hat ein Volumen von $16000\,\text{m}^3$.

1.3 Die Länge l einer Seitenkante der Pyramide erhält man, indem man die Länge der Strecke von D zu S bestimmt. Dazu berechnet man die Länge des entsprechenden Verbindungsvektors:

$$\overline{DS} = \left|\overrightarrow{DS}\right| = \left|\begin{pmatrix} -20 \\ 20 \\ 30 \end{pmatrix}\right| = \sqrt{(-20)^2 + 20^2 + 30^2} = \sqrt{1700}$$

Damit ergibt sich die Gesamtlänge L der Lichterketten:

$$L = 4 \cdot l = 4 \cdot \sqrt{1700} \approx 164{,}92$$

Die Gesamtlänge der Lichterketten beträgt etwa $164{,}92\,\text{m}$.

1.4 Den Winkel φ an der Spitze eines Seitendreiecks der Pyramide erhält man, indem man den Winkel zwischen den Vektoren $\overrightarrow{SD}$ und $\overrightarrow{SA}$ berechnet:

$$\cos(\varphi) = \frac{\overrightarrow{SD} \cdot \overrightarrow{SA}}{\left|\overrightarrow{SD}\right| \cdot \left|\overrightarrow{SA}\right|}$$

$$\cos(\varphi) = \frac{\begin{pmatrix} 20 \\ -20 \\ -30 \end{pmatrix} \cdot \begin{pmatrix} 20 \\ 20 \\ -30 \end{pmatrix}}{\left|\begin{pmatrix} 20 \\ -20 \\ -30 \end{pmatrix}\right| \cdot \left|\begin{pmatrix} 20 \\ 20 \\ -30 \end{pmatrix}\right|}$$

$$\cos(\varphi) = \frac{20 \cdot 20 + (-20) \cdot 20 + (-30) \cdot (-30)}{\sqrt{20^2 + (-20)^2 + (-30)^2} \cdot \sqrt{20^2 + 20^2 + (-30)^2}}$$

$$\cos(\varphi) = \frac{9}{17}$$

$$\varphi = \cos^{-1}\left(\frac{9}{17}\right) \Rightarrow \varphi \approx 58{,}03^\circ$$

Der Winkel an der Spitze eines Seitendreiecks beträgt etwa 58°.

1.5 Die Größe der Fläche A, die mit Metall verkleidet ist, erhält man, indem man zuerst die Fläche eines Seitenflächendreiecks mit der Formel $A_\triangle = \frac{1}{2} \cdot a \cdot h_S$ berechnet.
Im rechtwinkligen Dreieck kann man $\frac{a}{2}$ und h_S bestimmen:

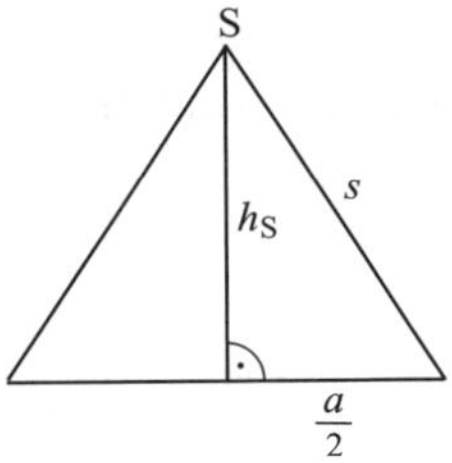

$$\begin{aligned} \sin\left(\frac{\varphi}{2}\right) &= \frac{\frac{a}{2}}{s} \\ \sin\left(\frac{\varphi}{2}\right) \cdot s &= \frac{a}{2} \\ \sin(29°) \cdot 4 &= \frac{a}{2} \\ \frac{a}{2} &\approx 1{,}94 \\ a &\approx 3{,}88 \end{aligned}$$

und

$$\begin{aligned} \cos\left(\frac{\varphi}{2}\right) &= \frac{h_S}{s} \\ \cos\left(\frac{\varphi}{2}\right) \cdot s &= h_S \\ \cos(29°) \cdot 4 &= h_S \\ h_S &\approx 3{,}50 \end{aligned}$$

Damit ergibt sich:

$$A_\triangle = \frac{1}{2} \cdot a \cdot h_S = \frac{1}{2} \cdot 3{,}88 \cdot 3{,}50 \approx 6{,}79$$

und

$$A = 4 \cdot A_\triangle = 4 \cdot 6{,}79 = 27{,}16$$

Die mit Metall verkleidete Fläche hat eine Größe von etwa $27\,\mathrm{m}^2$.

1.6 Die Ebene E_{ASD} enthält die Punkte $A(20 \mid 20 \mid 0)$, $S(0 \mid 0 \mid 30)$ und $D(20 \mid -20 \mid 0)$. Sie hat beispielsweise den Stützpunkt A und die beiden Spannvektoren

$$\overrightarrow{AS} = \begin{pmatrix} -20 \\ -20 \\ 30 \end{pmatrix} = -10 \cdot \begin{pmatrix} 2 \\ 2 \\ -3 \end{pmatrix} \text{ und } \overrightarrow{AD} = \begin{pmatrix} 0 \\ -40 \\ 0 \end{pmatrix} = -40 \cdot \begin{pmatrix} 0 \\ 1 \\ 0 \end{pmatrix}$$

Damit hat E_{ASD} die Parametergleichung:

$$E_{ASD}: \vec{x} = \begin{pmatrix} 20 \\ 20 \\ 0 \end{pmatrix} + s \cdot \begin{pmatrix} 2 \\ 2 \\ -3 \end{pmatrix} + t \cdot \begin{pmatrix} 0 \\ 1 \\ 0 \end{pmatrix}; \; s,t \in \mathbb{R}$$

Einen Normalenvektor $\vec{n}$ von E_{ASD} erhält man mithilfe des Vektorprodukts (siehe Seite 50) der verkürzten Spannvektoren:

$$\begin{pmatrix} 2 \\ 2 \\ -3 \end{pmatrix} \times \begin{pmatrix} 0 \\ 1 \\ 0 \end{pmatrix} = \begin{pmatrix} 3 \\ 0 \\ 2 \end{pmatrix} \Rightarrow \vec{n} = \begin{pmatrix} 3 \\ 0 \\ 2 \end{pmatrix}$$

Alternativ kann man $\vec{n}$ auch mithilfe des Skalarprodukts bestimmen, da $\vec{n}$ auf beiden verkürzten Spannvektoren senkrecht steht. Damit gilt:

$$\begin{pmatrix} n_x \\ n_y \\ n_z \end{pmatrix} \cdot \begin{pmatrix} 2 \\ 2 \\ -3 \end{pmatrix} = 0 \quad \text{und} \quad \begin{pmatrix} n_x \\ n_y \\ n_z \end{pmatrix} \cdot \begin{pmatrix} 0 \\ 1 \\ 0 \end{pmatrix} = 0$$

Daraus ergibt sich das lineare Gleichungssystem:

$$\begin{array}{lccccccc} \text{I} & 2 \cdot n_x & + & 2 \cdot n_y & - & 3 \cdot n_z & = & 0 \\ \text{II} & 0 & + & 1 \cdot n_y & + & 0 & = & 0 \end{array}$$

Aus Gleichung II ergibt sich: $n_y = 0$.
Setzt man $n_y = 0$ in Gleichung I ein, ergibt sich:

$$2n_x - 3n_z = 0$$

Wählt man geschickterweise $n_x = 3$, so erhält man:

$$2 \cdot 3 - 3 \cdot n_z = 0 \Rightarrow n_z = 2$$

Damit ergibt sich ein Normalenvektor $\vec{n} = \begin{pmatrix} 3 \\ 0 \\ 2 \end{pmatrix}$.
Die Ebene E_{ASD} hat damit die Form:

$$E_{ASD} : 3x + 2z = d$$

Die Koordinatengleichung von E_{ASD} erhält man, indem man z.B. die Koordinaten des Punktes $A(20 \mid 20 \mid 0)$ in obige Gleichung einsetzt und so die Konstante d bestimmt:

$$3 \cdot 20 + 2 \cdot 0 = d \Rightarrow d = 60$$

Somit hat die Ebene E_{ASD} die Koordinatengleichung $E_{ASD}:\ 3x + 2z = 60$.

2.1 Um zu zeigen, dass der Punkt $M'(10 \mid 0 \mid 15)$ auf der Ebene $E_{ASD}:\ 3x + 2z = 60$ liegt, setzt man die Koordinaten von M' in die Gleichung von E_{ASD} ein:

$$3 \cdot 10 + 2 \cdot 15 = 60 \Rightarrow 60 = 60$$

Aufgrund der wahren Aussage liegt M' auf der Ebene E_{ASD}.

Die Punkte M$(40 \mid 0 \mid 15)$ und M$'(10 \mid 0 \mid 15)$ stimmen in den y- und z-Koordinaten überein. Damit liegen sie auf einer Geraden g, die parallel zur x-Achse ist. Da M$'$ auf E_{ASD} und auf g liegt, handelt es sich bei dem Punkt M$'$ um denjenigen Punkt, in dem der (durch den Punkt M verlaufende) Dachfirst des Vorbaus auf die Pyramide trifft.

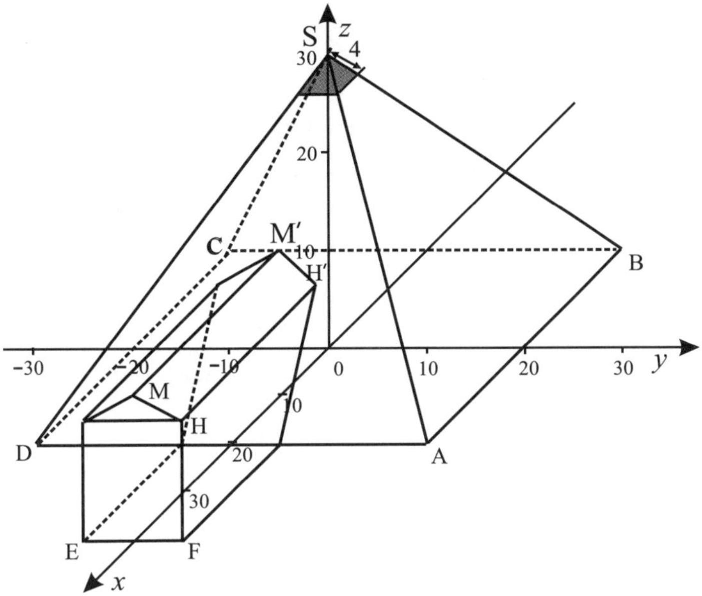

2.2 Die Koordinaten des Punktes H$'$ erhält man, indem man die Gerade h, die durch H geht und parallel zur x-Achse ist, mit der Ebene E_{ASD}: $3x + 2z = 60$ schneidet.
Die Gerade h hat die Gleichung:

$$h\colon \vec{x} = \begin{pmatrix} 40 \\ 5 \\ 12,5 \end{pmatrix} + t \cdot \begin{pmatrix} 1 \\ 0 \\ 0 \end{pmatrix}$$

Die Koordinaten des Schnittpunkts H$'$ von h und E_{ASD} erhält man, indem man den allgemeinen Punkt $P_t(40 + t \mid 5 \mid 12,5)$ von h in die Gleichung von E_{ASD} einsetzt:

$$\begin{aligned} 3 \cdot (40 + t) + 2 \cdot 12,5 &= 60 \\ 120 + 3t + 25 &= 60 \\ 3t &= -85 \\ t &= -\frac{85}{3} \end{aligned}$$

Setzt man $t = -\frac{85}{3}$ in P_t ein, ergibt sich: H$'\left(\frac{35}{3} \mid 5 \mid 12,5\right)$.

2.3 Um zu untersuchen, um welche Art von Viereck es sich bei der Dachfläche HH′M′M handelt, kann man sich Folgendes überlegen:
Die beiden Kanten $\overline{\mathrm{MM}'}$ und $\overline{\mathrm{HH}'}$ verlaufen parallel zur x-Achse und parallel zueinander.
Es gilt:

$$\overrightarrow{\mathrm{MH}} = \begin{pmatrix} 0 \\ 5 \\ -2,5 \end{pmatrix} \quad \text{und} \quad \overrightarrow{\mathrm{M'H'}} = \begin{pmatrix} \frac{5}{3} \\ 5 \\ -2,5 \end{pmatrix}$$

Wegen $\overrightarrow{\mathrm{MH}} \neq \overrightarrow{\mathrm{M'H'}}$ handelt es sich bei der Dachfläche HH′M′M nicht um ein Parallelogramm, sondern um ein Trapez.
Den Flächeninhalt A der trapezförmigen Dachfläche HH′M′M erhält man mit der Formel $\mathrm{A} = \frac{a+c}{2} \cdot h$. Die parallelen Seiten sind

$$a = \overline{\mathrm{MM}'} = |\overrightarrow{\mathrm{MM}'}| = \left| \begin{pmatrix} -30 \\ 0 \\ 0 \end{pmatrix} \right| = \sqrt{(-30)^2 + 0^2 + 0^2} = 30$$

und

$$c = \overline{\mathrm{HH}'} = |\overrightarrow{\mathrm{HH}'}| = \left| \begin{pmatrix} -\frac{85}{3} \\ 0 \\ 0 \end{pmatrix} \right| = \sqrt{\left(-\frac{85}{3}\right)^2 + 0^2 + 0^2} = \frac{85}{3}$$

Die Höhe h des Trapezes ist

$$h = \overline{\mathrm{MH}} = |\overrightarrow{\mathrm{MH}}| = \left| \begin{pmatrix} 0 \\ 5 \\ -2,5 \end{pmatrix} \right| = \sqrt{0^2 + 5^2 + (-2,5)^2} = \sqrt{31,25}$$

Damit ergibt sich:

$$\mathrm{A} = \frac{a+c}{2} \cdot h = \frac{30 + \frac{85}{3}}{2} \cdot \sqrt{31,25} \approx 163,05$$

Der Flächeninhalt der Dachfläche beträgt etwa $163\,\mathrm{m}^2$.

3 In Zeile (1) wird die Gleichung der Geraden g_{MS} durch die Punkte M und S aufgestellt.
In Zeile (2) wird die z-Koordinate von g_{MS} gleich 1,6 gesetzt und die Gleichung nach dem Geradenparameter r aufgelöst.
In Zeile (3) wird der berechnete Geradenparameter in die Gleichung von g_{MS} eingesetzt und so der Ortsvektor des Punktes bestimmt, der auf der Geraden g_{MS} liegt und dessen z-Koordinate den Wert 1,6 hat. Von diesem Punkt aus sieht der Besucher die Spitze S der Pyramide gerade noch, wenn er sich auf die Pyramide zubewegt. Der Punkt P liegt unterhalb dieses Punktes und gibt die Position des Besuchers auf dem Boden an, ab der er die Pyramidenspitze nicht mehr sehen kann, wenn er sich der Pyramide entlang der x-Achse aus positiver Richtung nähert.

Aufgabe C2 (WTR CAS)

1.1 Um zu begründen, dass die Binomialverteilung dafür geeignet ist, Vorhersagen zum Ergebnis der Untersuchung zu treffen, kann man sich Folgendes überlegen: Es gibt nur zwei mögliche Ausgänge der Untersuchung, nämlich ein Brief am ersten Werktag wird zugestellt oder nicht, und die Wahrscheinlichkeit, dass ein Brief am ersten Werktag zugestellt wird, ist immer gleich groß, da sie unabhängig voneinander befördert werden.
Somit sind beide Kriterien für eine Binomialverteilung erfüllt.

1.2 Legt man X als Zufallsvariable für die Anzahl der Briefe, die am ersten Werktag nach ihrer Einlieferung zugestellt werden, fest, so ist X binomialverteilt mit den Parametern $n = 2000$ und $p = 0{,}95$.
Die Wahrscheinlichkeit für das Ereignis A: «Genau 1900 der Briefe werden am ersten Werktag nach ihrer Einlieferung zugestellt.» erhält man mithilfe der Binomialverteilung:

$$P(A) = P(X = 1900) = B(2000; 0{,}95; 1900) \approx 0{,}041 = 4{,}1\%$$

frv.tv/ci

Die Wahrscheinlichkeit für das Ereignis B: «Mindestens 1900 der Briefe werden am ersten Werktag nach ihrer Einlieferung zugestellt.» erhält man mithilfe der kumulierten Binomialverteilung und der Wahrscheinlichkeit des Gegenereignisses:

$$P(B) = P(X \geqslant 1900) = 1 - P(X \leqslant 1899) = 1 - F(2000; 0{,}95; 1899) \approx 1 - 0{,}473 = 0{,}527 = 52{,}7\%$$

frv.tv/ck

Legt man X^* als Zufallsvariable für die Anzahl der Briefe, die nicht am ersten Werktag nach ihrer Einlieferung zugestellt werden, fest, so ist X^* binomialverteilt mit den Parametern $n = 2000$ und $p = 1 - 0{,}95 = 0{,}05$.
Die Wahrscheinlichkeit für das Ereignis C: «Mehr als 100 der Briefe werden nicht am ersten Werktag nach ihrer Einlieferung zugestellt.» erhält man mithilfe der kumulierten Binomialverteilung und der Wahrscheinlichkeit des Gegenereignisses:

$$P(C) = P(X^* > 100) = 1 - P(X^* \leqslant 100) = 1 - F(2000; 0{,}05; 100) \approx 1 - 0{,}527 = 0{,}473 = 47{,}3\%$$

frv.tv/ck

1.3 Die hell dargestellte Balkenfläche entspricht der Wahrscheinlichkeit, dass mindestens 1900 Briefe zugestellt werden, und damit $P(X \geqslant 1900)$, also $P(B)$.
Somit entspricht die dunkel dargestellte Balkenfläche der Wahrscheinlichkeit, dass weniger als 1900 Briefe zugestellt werden, also mehr als 100 Briefe nicht zugestellt werden, und damit $P(C)$.

1.4 Der Term I: $P(Y \leqslant 100) = F(2000;\ 0{,}05;\ 100)$ beschreibt wegen $Y \leqslant 100$ und dem Wert von $p = 0{,}05 = 1 - 0{,}95$ die Wahrscheinlichkeit, dass höchstens 100 Briefe nicht am ersten Werktag ihrer Einlieferung zugestellt werden.
Der Term II: $P(Z \leqslant 1900) = F(2000;\ 0{,}95;\ 1900)$ beschreibt wegen $Z \leqslant 1900$ und dem Wert von $p = 0{,}95$ die Wahrscheinlichkeit, dass höchstens 1900 Briefe am ersten Werktag ihrer Einlieferung zugestellt werden, also mindestens 100 Briefe nicht am ersten Werktag ihrer Einlieferung zugestellt werden.

1.5 Den Erwartungswert μ für die Anzahl der Briefe, die am ersten Werktag nach ihrer Einlieferung zugestellt werden, erhält man mithilfe der Formel $\mu = n \cdot p$:

$$\mu = n \cdot p = 2000 \cdot 0,95 = 1900$$

Der gesuchte Erwartungswert beträgt 1900.

1.6 Für die Standardabweichung einer binomialverteilten Zufallsvariablen mit den Parametern n und p gilt: $\sigma = \sqrt{n \cdot p \cdot (1-p)}$. Für $n = 2000$ und $p = 0,95$ ergibt sich:

$$\sigma = \sqrt{2000 \cdot 0,95 \cdot (1-0,95)} = \sqrt{95}$$

Um zu ermitteln, wie viele Briefe (x) zufällig ausgewählt werden müssten, damit die Standardabweichung für die Anzahl der Briefe, die am ersten Werktag nach ihrer Einlieferung zugestellt werden, doppelt so groß ist wie bei 2000 Briefen, löst man folgende Gleichung nach x auf:

$$\sqrt{x \cdot 0,95 \cdot (1-0,95)} = 2 \cdot \sqrt{95}$$
$$x \cdot 0,95 \cdot (1-0,95) = 4 \cdot 95$$
$$x = \frac{4 \cdot 95}{0,95 \cdot (1-0,95)}$$
$$x = 8000$$

Somit müssten 8000 Briefe zufällig ausgewählt werden.

2.1 Für $a = 0,25$ erhält man folgendes Baumdiagramm:

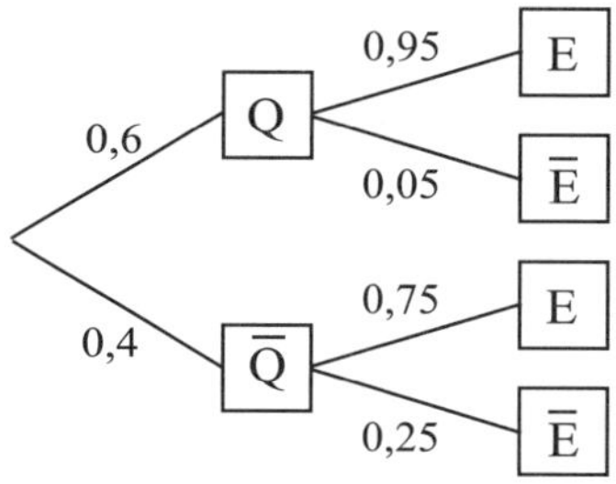

Die Wahrscheinlichkeit dafür, dass der ausgewählte Brief nicht am ersten Werktag nach seiner Einlieferung zugestellt wird, erhält man mithilfe der Pfadregeln:

$$\begin{aligned} P(\text{Brief nicht zugestellt}) &= P\left(\overline{E}\right) \\ &= P\left(Q \cap \overline{E}\right) + P\left(\overline{Q} \cap \overline{E}\right) \\ &= 0,6 \cdot 0,05 + 0,4 \cdot 0,25 \\ &= 0,13 \end{aligned}$$

Die Wahrscheinlichkeit, dass der ausgewählte Brief nicht am ersten Werktag nach seiner Einlieferung zugestellt wird, beträgt 13%.

2.2 Die Wahrscheinlichkeit, dass der ausgewählte Brief vom Postunternehmen Q befördert wird, beträgt $P(Q) = 0,6$.
Die Wahrscheinlichkeit, dass der ausgewählte Brief am ersten Werktag nach seiner Einlieferung zugestellt wird, beträgt

$$P(E) = 1 - P\left(\overline{E}\right) = 1 - 0,13 = 0,87$$

Um zu prüfen, ob die Ereignisse «der ausgewählte Brief wird vom Postunternehmen Q befördert» und «der ausgewählte Brief wird am ersten Werktag nach seiner Einlieferung zugestellt» stochastisch unabhängig sind, berechnet man $P(Q) \cdot P(E)$ und $P(Q \cap E)$:

$$P(Q) \cdot P(E) = 0,6 \cdot 0,87 = 0,522$$
$$P(Q \cap E) = 0,6 \cdot 0,95 = 0,57$$

Wegen $P(Q) \cdot P(E) \neq P(Q \cap E)$ sind die beiden Ereignisse nicht stochastisch unabhängig.

2.3 Die Wahrscheinlichkeit, dass der Brief vom Postunternehmen Q befördert wurde, unter der Bedingung, dass der ausgewählte Brief nicht am ersten Werktag nach seiner Einlieferung zugestellt wird, erhält man mit der Formel für die bedingte Wahrscheinlichkeit. Bestimmen Sie $P\left(\overline{E}\right)$ mithilfe der Pfadregeln in Abhängigkeit von a:

$$\begin{aligned} P_{\overline{E}}(Q) &= \frac{P\left(Q \cap \overline{E}\right)}{P\left(\overline{E}\right)} \\ &= \frac{P\left(Q \cap \overline{E}\right)}{P\left(Q \cap \overline{E}\right) + P\left(\overline{Q} \cap \overline{E}\right)} \\ &= \frac{0,6 \cdot 0,05}{0,6 \cdot 0,05 + 0,4 \cdot a} \\ &= \frac{0,03}{0,03 + 0,4a} \end{aligned}$$

3.1 Die Hypothese H_0 ist die momentane Zustellquote von Q, die Hypothese H_1 ist die Behauptung des Konkurrenzunternehmens R, dass es eine bessere Zustellquote besitzt als das Unternehmen Q:

$$H_0 : p = 0,95$$
$$H_1 : p > 0,95$$

3.2 Wegen $H_1 : \ p > 0,95$ handelt es sich um einen rechtsseitigen Test. Damit muss die kritische Zahl k bei dem angegebenen Hypothesentest größer als der Erwartungswert des Unternehmens Q, also größer als 190 sein.

3.3 Wegen $H_1: p > 0,95$ handelt es sich um einen rechtsseitigen Test mit dem Ablehnungsbereich $\overline{A} = \{k, ..., 200\}$ und dem Signifikanzniveau (maximale Irrtumswahrscheinlichkeit) $\alpha \leqslant 5\,\%$. Legt man X als Zufallsvariable für die Anzahl der Briefe, die am ersten Werktag nach der Einlieferung zugestellt werden, fest, so ist X binomialverteilt mit den Parametern $n = 200$ und $p = 0,95$.
Es ist also ein minimales $k \in \mathbb{N}$ so zu bestimmen, dass gilt: $P\left(X \in \overline{A}\right) \leqslant \alpha$. Mithilfe der Wahrscheinlichkeit des Gegenereignisses erhält man:

$$\begin{aligned} P\left(X \in \overline{A}\right) &\leqslant \alpha \\ P(X \geqslant k) &\leqslant 0,05 \\ 1 - P(X \leqslant k-1) &\leqslant 0,05 \\ 0,95 &\leqslant P(X \leqslant k-1) \end{aligned}$$

Mithilfe der Wahrscheinlichkeit der kumulierten Binomialverteilung unter Verwendung des Taschenrechners ergibt sich: trbinol

frv.tv/cl

$$P(X \leqslant 194) = F_{200;\,0,95}(194) \approx 0,9377$$
$$P(X \leqslant 195) = F_{200;\,0,95}(195) \approx 0,9736$$

Somit ist $k - 1 = 195 \Rightarrow k = 196$ das minimale k und man erhält den Ablehnungsbereich der Nullhypothese:

$$\overline{A} = \{196, \ldots, 200\}$$

Damit ergibt sich folgende Entscheidungsregel:
Falls mindestens 196 Briefe am ersten Werktag zugestellt werden, ist die Nullhypothese zu verwerfen, d.h. man geht davon aus, dass die Zustellquote von R mehr als 95% beträgt.

3.4 Beim Fehler 1. Art wird die Nullhypothese verworfen, obwohl sie richtig ist.
Im Sachzusammenhang bedeutet dies, dass man bei mindestens 196 am ersten Werktag nach Einlieferung zugestellten Briefen davon ausgeht, dass die Zustellquote von R besser ist als die Zustellquote von Q, obwohl dies nicht der Fall ist.

Abitur 2021

Tipps ab Seite 224, Lösungen ab Seite 231

Landesabitur 2021 Mathematik (WTR) Grundkurs
Analysis Prüfungsteil 2 – Vorschlag B1

An einem geradlinig verlaufenden Fluss steht ein Deich älteren Baujahres, der erhöht werden soll, um den Hochwasserschutz zu verbessern. Das horizontale ebene Gelände links und rechts des Deichs liegt bei der folgenden Modellierung auf der Höhe der x-Achse. Die Funktionswerte der folgenden Funktionen geben die Höhe des Deichs in Bezug auf dieses ebene Gelände an. Eine Einheit im Koordinatensystem entspricht einem Meter.

1 Die obere Profillinie des alten Deichs wird für $0 \leqslant x \leqslant 20$ durch den Graphen einer Funktion f mit $f(x) = \frac{3}{4} \cdot x \cdot e^{1-\frac{1}{4}x}$ beschrieben (Material 1). Für $20 \leqslant x \leqslant x_N$ wird die obere Profillinie des Deichs durch die Tangente t an den Graphen von f im Punkt $P(20 \mid f(20))$ beschrieben, wobei x_N die Nullstelle der Tangente t bezeichnet.

1.1 Berechnen Sie die Funktionsgleichung der Tangente t.
Zeigen Sie, dass der Deich eine Breite von 25 m besitzt.
Zeichnen Sie die Tangente im Bereich $20 \leqslant x \leqslant x_N$ in das Koordinatensystem im Material 1.
[zur Kontrolle: $t(x) = -\frac{3}{e^4} \cdot x + \frac{75}{e^4}$] **(9 BE)**

1.2 Berechnen Sie den höchsten Punkt der Profillinie des Deichs. Die Untersuchung der notwendigen Bedingung ist hierbei ausreichend.
Beschriften Sie die y-Achse im Koordinatensystem im Material 1 mit einer geeigneten Skalierung. **(4 BE)**

1.3 Berechnen Sie mithilfe des Formansatzes $F(x) = (a \cdot x + b) \cdot e^{1-\frac{1}{4}x}$ eine Stammfunktion der Funktion f.
[zur Kontrolle: $F(x) = (-3 \cdot x - 12) \cdot e^{1-\frac{1}{4}x}$] **(5 BE)**

1.4 Berechnen Sie das Volumen des gesamten Erdreichs, das zum Bau des 1 km langen alten Deichs aufgeschüttet wurde. **(5 BE)**

2 Der alte Deich soll nun durch einen neuen, gleich langen aber höheren Deich ersetzt werden, dessen obere Profillinie für $0 \leqslant x \leqslant 25$ durch den Graphen einer Funktion g beschrieben wird, wobei g eine Funktion der Funktionenschar g_k mit $g_k(x) = \frac{k}{1000} \cdot x \cdot (x-25)^2$ für $k > 0$ ist. Die Hochpunkte der Graphen der Funktionenschar g_k liegen in Abhängigkeit vom Parameter k bei $H\left(\frac{25}{3} \mid \frac{125}{54}k\right)$.

2.1 Geben Sie an, welchen Einfluss der Parameter k auf die Höhe und auf die Breite des neuen Deichs besitzt. Berücksichtigen Sie dabei auch die Lage der Nullstellen. Berechnen Sie, wie der Parameter k gewählt werden muss, damit der neue Deich höher als 3 m ist.

(3 BE)

2.2 Zeigen Sie, dass die Graphen der Funktionenschar g_k unabhängig vom Parameter k einen Wendepunkt an der Stelle $x_W = \frac{50}{3}$ besitzen.
[zur Kontrolle: $g_k{}'(x) = \frac{3 \cdot k}{1000} \cdot x^2 - \frac{k}{10} \cdot x + \frac{5 \cdot k}{8}$]

(6 BE)

2.3 Moderne Deiche werden mit einem möglichst flachen Gefälle auf der Flusseite konstruiert. Für den Steigungswinkel α des (flussseitigen) Deichprofils gegenüber der Horizontalen soll $|\alpha| \leqslant 30^\circ$ gelten.
Berechnen Sie, für welchen Wert des Parameters k der Graph der Funktionenschar g_k die Bedingung $|\alpha| = 30^\circ$ an der steilsten Stelle des (flussseitigen) Deichprofils erfüllt.

(4 BE)

2.4 Für die Profillinie des neuen Deichs wird die Funktion g mit $g(x) = g_2(x)$ gewählt und die Rechnung im unten stehenden Kasten durchgeführt.
Erläutern Sie mithilfe von Material 2 die Rechenschritte und deuten Sie das Ergebnis in Zeile (2) im Sachzusammenhang.

(1) $g(x) = f(x) \Leftrightarrow \frac{2}{1000} \cdot x \cdot (x-25)^2 = \frac{3}{4} \cdot x \cdot e^{1-\frac{1}{4}x} \Rightarrow x_1 = 0, x_2 \approx 3 \quad (x_3 \approx 23, x_4 \approx 26)$

(2) $\Rightarrow \mathrm{V} = 1000 \cdot \int_0^3 (f(x) - g(x))\,\mathrm{d}x \approx 889$

(4 BE)

Material 1

Der alte Deich

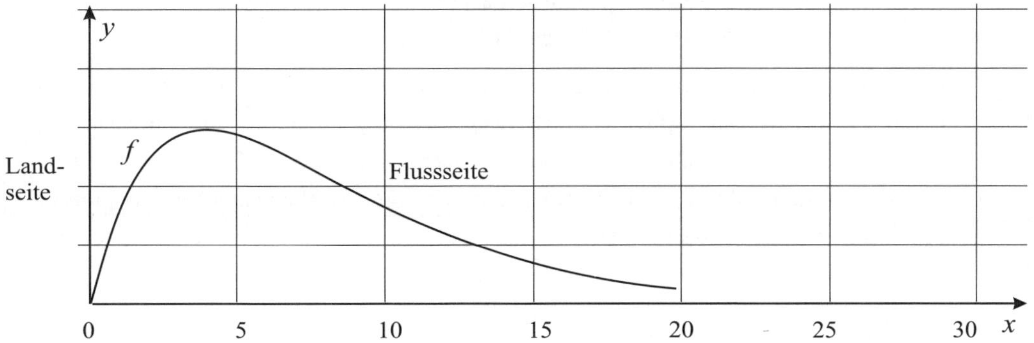

Material 2

Profillinie des alten und des neuen Deichs

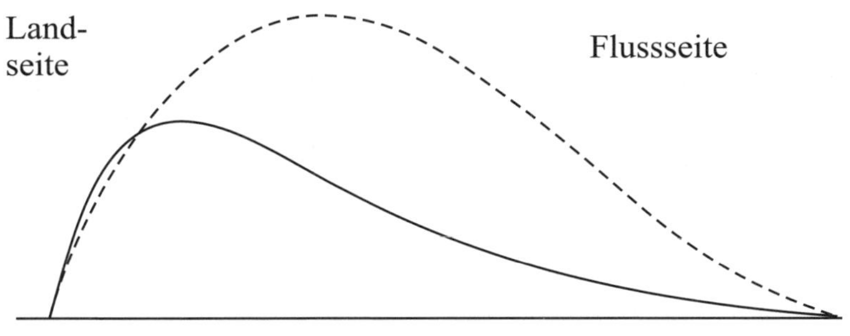

Tipps ab Seite 225, Lösungen ab Seite 237

Landesabitur 2021 Mathematik (WTR) Grundkurs
Analysis Prüfungsteil 2 – Vorschlag B2

1 In einem Zoo wird ein Giraffenweibchen mit einer Körpergröße von 1,80 Metern geboren. Die Wachstumsphase des Giraffenweibchens beginnt unmittelbar mit der Geburt und endet nach sechs Jahren. Die Funktion g mit $g(t) = -2,5t^3 + 22,5t^2 - 60t + 90$ beschreibt im Intervall $0 \leqslant t \leqslant 6$ in sehr guter Näherung die Wachstumsgeschwindigkeit des Giraffenweibchens (in cm pro Jahr) in Abhängigkeit von der Zeit t (in Jahren nach der Geburt). Der Graph von g ist in Material 1 dargestellt.

1.1 Berechnen Sie $g(0)$ und $g(6)$.
Erläutern Sie die Bedeutung dieser beiden Werte im Sachzusammenhang und beschriften Sie die Achsen in Material 1. **(6 BE)**

1.2 Berechnen Sie zunächst ohne Beachtung des Sachkontexts die Koordinaten der Extrempunkte des Graphen von g.
Hinweis: Die Untersuchung der notwendigen Bedingung ist ausreichend. **(5 BE)**

1.3 Erläutern Sie nun, warum die in Aufgabe 1.2 für t berechneten Werte in Bezug auf die gesamte Wachstumsphase des Giraffenweibchens nicht diejenigen sind, an denen die Wachstumsgeschwindigkeit am größten bzw. am kleinsten ist. **(2 BE)**

1.4 Berechnen Sie den Wert des Terms $\frac{1}{3} \cdot \int_1^4 g(t)\,\mathrm{d}t$.
Deuten Sie das Ergebnis im Sachzusammenhang. **(6 BE)**

1.5 Für $0 \leqslant t \leqslant 6$ stellt die Funktion G die Größe des Giraffenweibchens (in cm) in Abhängigkeit von der Zeit t (in Jahren nach der Geburt) dar.
Geben Sie eine Funktionsgleichung von G an und erläutern Sie die Bedeutung des Wertes von G zum Zeitpunkt $t = 0$. **(3 BE)**

1.6 Begründen Sie mithilfe des Verlaufs des Graphen von g, dass der Graph der Funktion G im betrachteten Intervall monoton steigend ist, und erklären Sie, wie viele Wendepunkte der Graph von G besitzt. **(3 BE)**

2 In einem anderen Zoo wird zur selben Zeit wie das Weibchen in Aufgabe 1 ein Giraffenmännchen mit einer Körpergröße von $1,95$ Metern geboren. Das Weibchen wird $4,50$ Meter groß, das Männchen erreicht dagegen am Ende seiner sechsjährigen Wachstumsphase eine Größe von 6 Metern.
Es wird angenommen, dass die Wachstumsgeschwindigkeit des Männchens für $0 \leqslant t \leqslant 6$ durch eine Funktion der Schar f_a mit $f_a(t) = a \cdot g(t)$ beschrieben wird, wobei der Parameter a eine positive reelle Zahl ist.

2.1 Erklären Sie den Einfluss des Parameters a auf den Verlauf des Graphen von f_a und beschreiben Sie, was $a > 1$ in Bezug auf das Wachstum des Giraffenmännchens bedeutet. **(3 BE)**

2.2 Untersuchen Sie den Einfluss des Parameters a auf die jeweilige Lage des Wendepunktes der Graphen der Schar f_a. **(3 BE)**

2.3 Erläutern Sie die Ergebnisse der Berechnungen in Zeile (1) und (2) im Sachzusammenhang.
Zeigen Sie mithilfe des folgenden Kastens, dass $a = 1,5$ gelten muss.
Geben Sie an, um wieviel Prozent die Wachstumsgeschwindigkeit des Männchens größer ist als die des Weibchens.

(1) $\int_0^6 a \cdot g(t)\mathrm{d}t = 600 - 195 = 405$

(2) $\int_0^6 g(t)\mathrm{d}t = 450 - 180 = 270$

(3) Es gilt: $\int_0^6 a \cdot g(t)\mathrm{d}t = a \cdot \int_0^6 g(t)\mathrm{d}t$

(5 BE)

3 Der Größenunterschied zwischen Männchen und Weibchen wird für $0 \leqslant t \leqslant 6$ durch die Funktion D mit $\mathrm{D}(t) = -0,3125t^4 + 3,75t^3 - 15t^2 + 45t + 15$ beschrieben.
Der Graph von D ist in Material 2 abgebildet.
Die Fläche unter dem Graphen von D soll wie in der Abbildung dargestellt in ein flächeninhaltsgleiches Rechteck gleicher Breite umgewandelt werden.
Es gilt daher $\int_0^6 \mathrm{D}(t)\mathrm{d}t = m \cdot 6$, wobei m die Höhe des Rechtecks angibt.
Bestimmen Sie den Wert von m und deuten Sie das Ergebnis im Sachzusammenhang. **(4 BE)**

Material 1

Verlauf der Wachstumsgeschwindigkeit des Giraffenweibchens

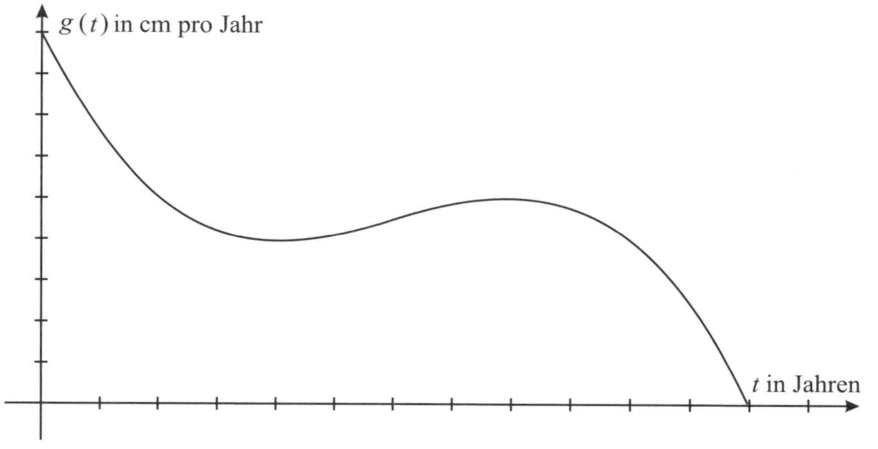

Material 2

Größenunterschied von Giraffenmännchen und Giraffenweibchen

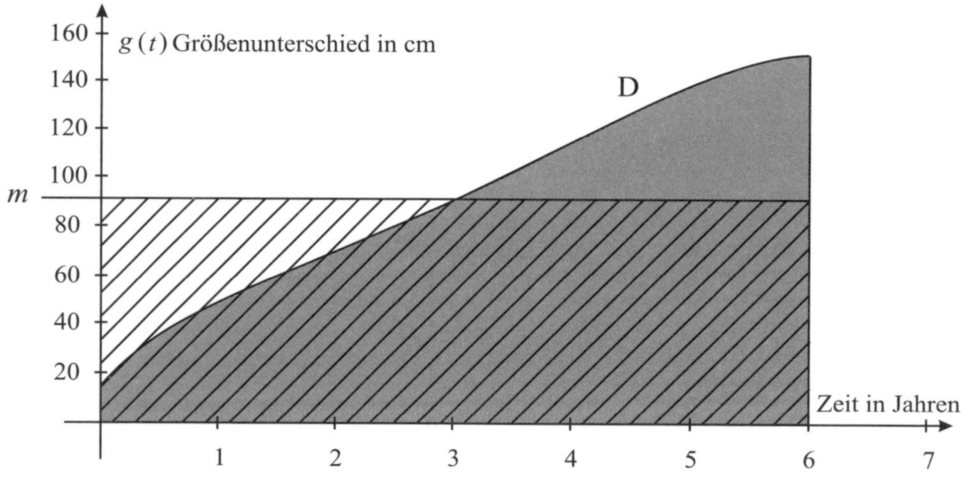

Tipps ab Seite 226, Lösungen ab Seite 241

Landesabitur 2021 Mathematik (WTR/CAS) Grundkurs
Lineare Algebra/Analytische Geometrie Prüfungsteil 2 – Vorschlag C1

In Südtirol ragt im aufgestauten Reschensee ein versunkener Kirchturm empor (Material 1). Zur Beschreibung des Kirchturms wird ein räumliches Koordinatensystem gewählt. Die Wasseroberfläche liegt in der x-y-Ebene.
Eine Einheit in dem Koordinatensystem entspricht einem Meter.

1 Der Kirchturm besteht aus einem 22 m hohen, quaderförmigen unteren Teil mit $36\,\text{m}^2$ großer quadratischer Grundfläche. Darüber befindet sich ein 9 m hohes, symmetrisches Dach in Form einer Pyramide. Je nach Wasserstand ragt der Turm unterschiedlich weit aus dem Reschensee empor.

1.1 Zu einem bestimmten Zeitpunkt befindet sich die Grundfläche ABCD des Turms 7 m unter der Wasseroberfläche (Material 2). Die Kante AE liegt auf der z-Achse.
Geben Sie die Koordinaten der Punkte A, B, G, H und S in Material 2 an. **(5 BE)**

1.2 Für eine Restaurierung im Jahr 2009 wurde das Dach erneuert.
Berechnen Sie den Flächeninhalt der Dachfläche. **(4 BE)**

2 Zur Untersuchung des Reschensees wurden zwei Tauchroboter R1 und R2 eingesetzt, die sich mit konstanten Geschwindigkeiten auf geradlinigen Bahnen unter Wasser fortbewegen und Daten an eine Forschungsstation senden. Im Verlauf des ersten Tauchganges werden folgende Ortungsdaten gesendet:

Ortungsdaten von R1: zum Zeitpunkt t_1: $P_1(24\mid 8\mid -1)$ zum Zeitpunkt t_2: $P_2(20\mid 5\mid -3)$
Ortungsdaten von R2: zum Zeitpunkt t_1: $Q_1(15\mid 0\mid -5{,}5)$ zum Zeitpunkt t_2: $Q_2(9\mid -2\mid -8{,}5)$

2.1 Bestimmen Sie die Parametergleichung der beiden Geraden, die die Tauchbahnen der Roboter modellieren.
(4 BE)

2.2 Ermitteln Sie den Schnittpunkt T der beiden Geraden aus Aufgabe 2.1.
[zur Kontrolle: $T(12\mid -1\mid -7)$]
(4 BE)

2.3 Die beiden Roboter starten gleichzeitig vom Punkt P_1 bzw. Q_1 zum Zeitpunkt t_1 und bewegen sich auf ihren Tauchbahnen zum Schnittpunkt T.
Begründen Sie, dass der Schnittpunkt T auf dem Weg des Roboters R1 nicht zwischen P_1 und P_2 liegt, und ermitteln Sie die Koordinaten des Punktes U, an dem sich R1 befindet, wenn der Tauchroboter R2 am Schnittpunkt T angelangt ist. **(4 BE)**

2.4 Berechnen Sie den Winkel α zwischen den beiden Vektoren $\vec{n} = \begin{pmatrix} 0 \\ 0 \\ -1 \end{pmatrix}$ und $\overrightarrow{P_1P_2}$.
Deuten Sie den Winkel $\beta = 90° - \alpha$ im Sachzusammenhang. **(4 BE)**

Bei den folgenden Aufgaben werden die Tauchroboter als punktförmig angesehen.

2.5 Bei einem zweiten Tauchgang kann man ab einem bestimmten Zeitpunkt die Tauchbahnen der beiden Tauchroboter R1 und R2 folgendermaßen beschreiben:

$$\text{R1}: \vec{x} = \begin{pmatrix} 15 \\ -22 \\ -2 \end{pmatrix} + t \cdot \begin{pmatrix} -7 \\ 11 \\ -3 \end{pmatrix} \quad \text{und} \quad \text{R2}: \vec{x} = \begin{pmatrix} 27 \\ -6 \\ -6 \end{pmatrix} + t \cdot \begin{pmatrix} -10 \\ 7 \\ -2 \end{pmatrix}$$

Dabei ist $t \geqslant 0$ die Zeit in Minuten ab diesem Zeitpunkt.
Die Vektorgleichung

$$\begin{pmatrix} 15 \\ -22 \\ -2 \end{pmatrix} + t \cdot \begin{pmatrix} -7 \\ 11 \\ -3 \end{pmatrix} = \begin{pmatrix} 27 \\ -6 \\ -6 \end{pmatrix} + t \cdot \begin{pmatrix} -10 \\ 7 \\ -2 \end{pmatrix}$$ besitzt die Lösung $t = 4$.

Deuten Sie diese Lösung im Sachzusammenhang. **(3 BE)**

3 Im Reschensee befindet sich ein feinmaschiges ebenes Netz. Das Netz verläuft durch die Punkte $N_1(-19 \mid -5 \mid -5{,}5)$, $N_2(-23 \mid -7 \mid -1{,}5)$ und $N_3(-16 \mid -3 \mid -5{,}5)$.

3.1 Geben Sie eine Parametergleichung der Ebene N an, in der das Netz liegt, und bestimmen Sie eine Koordinatengleichung dieser Ebene N.
[Eine mögliche Koordinatengleichung von N lautet $8x - 12y + 2z = -103$] **(6 BE)**

3.2 Ein weiterer Tauchroboter R3 ist mit Sensoren ausgestattet, die bei einer Abstandsunterschreitung von 2 Metern zu einem Hindernis Alarm auslösen. Der Roboter R3 befindet sich im Punkt $P_3(-9 \mid 6 \mid -6)$ in der Nähe des Netzes.
Zeigen Sie, dass die Sensoren an diesem Punkt keinen Alarm auslösen. **(6 BE)**

Material 1

https://commons.wikimedia.org/wiki/File/:Campanile_Curon_Venosta.jpg (abgerufen am 2.06.2021)

Material 2

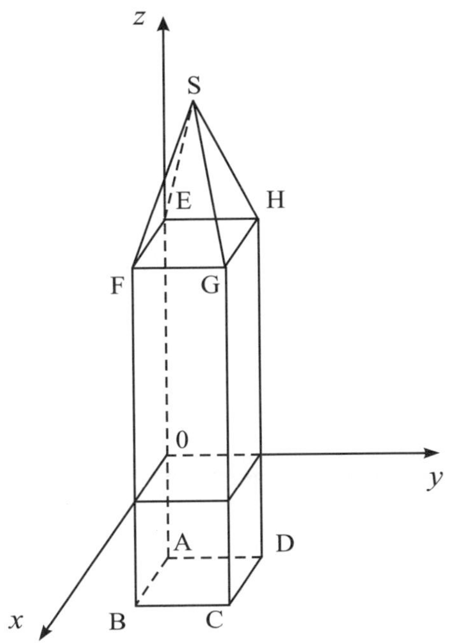

Tipps ab Seite 227, Lösungen ab Seite 247

Landesabitur 2021 Mathematik (WTR) Grundkurs
Stochastik Prüfungsteil 2 – Vorschlag C2.1

1 In einem großen Unternehmen werden Elektronikgeräte hergestellt. Erfahrungsgemäß sind 3% der hergestellten Geräte defekt.

1.1 Bestimmen Sie die Wahrscheinlichkeiten der folgenden Ereignissse.
A: Von 500 zufällig ausgewählten Geräten sind genau 10 defekt.
B: Von 750 zufällig ausgewählten Geräten sind maximal 25 defekt.
C: Von 400 zufällig ausgewählten Geräten funktionieren mindestens 381 einwandfrei. **(6 BE)**

1.2 Geben Sie im vorliegenden Sachzusammenhang ein Ereignis D an, für das gilt:

$$P(D) = \binom{100}{3} \cdot 0,03^3 \cdot 0,97^{100-3} + \binom{100}{4} \cdot 0,03^4 \cdot 0,97^{100-4} + \binom{100}{5} \cdot 0,03^5 \cdot 0,97^{100-5}$$ **(2 BE)**

1.3 Berechnen Sie die Anzahl der Geräte, die man mindestens überprüfen muss, um mit einer Wahrscheinlichkeit von mindestens 99% mindestens ein defektes Gerät zu erhalten. **(4 BE)**

1.4 Man testet 300 zufällig ausgewählte Geräte.
Berechnen Sie den Erwartungswert für die Anzahl der defekten Geräte. **(2 BE)**

1.5 Das Unternehmen hat ein neues Bauteil entwickelt, das in viele Elektronikgeräte eingebaut wurde. Es wird vermutet, dass sich dadurch der Anteil der defekten Geräte verringert hat.
Zur Überprüfung dieser Vermutung werden 300 zufällig ausgewählte Geräte auf ihre Funktionstüchtigkeit getestet. Entwickeln Sie einen linksseitigen Hypothesentest auf einem Signifikanzniveau von 5%.
Formulieren Sie eine Entscheidungsregel im Sachzusammenhang. **(6 BE)**

2 In einem großen Unternehmen sind 77% aller Beschäftigten mit der Höhe ihres Gehalts zufrieden. 5% aller Beschäftigten sind in der Werbeabteilung tätig und nicht zufrieden mit der Höhe ihres Gehalts.
Insgesamt gehören der Werbeabteilung 12% aller Beschäftigten an.

2.1 Stellen Sie den Sachzusammenhang in einer vollständig ausgefüllten Vierfeldertafel dar. **(3 BE)**

2.2 Untersuchen Sie, ob der Anteil der Beschäftigten, die mit ihrem Gehalt nicht zufrieden sind, in der Werbeabteilung größer ist als im übrigen Unternehmen. **(3 BE)**

2.3 Bestimmen Sie die Wahrscheinlichkeit dafür, dass sich unter 500 zufällig ausgewählten Beschäftigten mehr als 400 befinden, die mit ihrem Gehalt zufrieden sind. **(2 BE)**

2.4 Beschreiben Sie die Bedeutung des Terms $1 - F(600; 0{,}23; 400)$ im Sachzusammenhang. **(3 BE)**

Im Rahmen einer Befragung soll ermittelt werden, wie viele Beschäftigte beabsichtigen, das Unternehmen innerhalb der nächsten zwölf Monate zu verlassen. Um zu vermeiden, dass Befragte aus Sorge vor negativen Konsequenzen nicht wahrheitsgemäß antworten, wird ein besonderes Verfahren angewendet. Dabei wird 70% aller Beschäftigten die folgende Frage A zugeteilt, den übrigen Beschäftigten die folgende Frage B:
A: «Beabsichtigen Sie, das Unternehmen innerhalb der nächsten zwölf Monate zu verlassen?»
B: «Beabsichtigen Sie, für die nächsten zwölf Monate im Unternehmen zu bleiben?»
Nur der befragten Person selbst ist bekannt, welche Frage ihr zugeteilt wurde. Die befragte Person beantwortet die Frage wahrheitsgemäß.
Das Baumdiagramm im Material stellt einen Teil des beschriebenen Verfahrens dar.

2.5 Geben Sie die Bedeutung von y im Sachzusammenhang an. **(2 BE)**

Von den 2700 Beschäftigten antworten 1024 mit «Ja». Es kann davon ausgegangen werden, dass der Anteil der Beschäftigten mit der Absicht, das Unternehmen innerhalb der nächsten zwölf Monate zu verlassen, unter denjenigen, denen die Frage A zugeteilt wurde, ebenso groß ist wie unter denjenigen, denen die Frage B zugeteilt wurde.

2.6 Zeigen Sie, dass aufgrund des Ergebnisses der Befragung davon auszugehen ist, dass etwa 20% der Beschäftigten beabsichtigen, das Unternehmen innerhalb der nächsten zwölf Monate zu verlassen. **(4 BE)**

2.7 Eine beschäftigte Person, die mit «Ja» geantwortet hat, wird zufällig ausgewählt. Ermitteln Sie die Wahrscheinlichkeit dafür, dass diese Person beabsichtigt, das Unternehmen innerhalb der nächsten zwölf Monate zu verlassen. **(3 BE)**

Material: Baumdiagramm

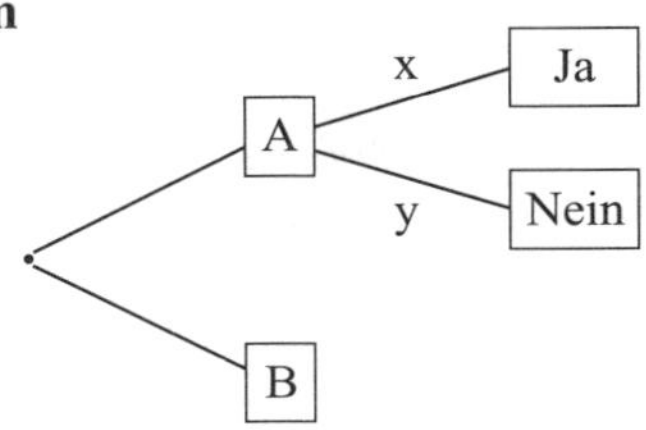

Tipps ab Seite 229, Lösungen ab Seite 252

Landesabitur 2021 Mathematik (WTR/CAS) Grundkurs
Stochastik Prüfungsteil 2 – Vorschlag C2.2

1 In einer Bäckerei werden handgemachte Berliner (ein Süßgebäck) hergestellt. In einer Tagesproduktion sind 60% der Berliner mit Marmelade gefüllt, der Rest ist ungefüllt. 25% der mit Marmelade gefüllten Berliner und 50% der nicht mit Marmelade gefüllten Berliner sind mit Zuckerguss überzogen, die übrigen sind mit Puderzucker bestreut.
Betrachtet werden folgende Ereignisse:
M: Der Berliner ist mit Marmelade gefüllt.
Z: Der Berliner ist mit Zuckerguss überzogen.

1.1 Stellen Sie den beschriebenen Sachzusammenhang in einem Baumdiagramm dar. **(3 BE)**

1.2 Beschreiben Sie die Bedeutung des Terms $P(M \cap Z)$ im Sachzusammenhang und berechnen Sie den entsprechenden Wert. **(3 BE)**

1.3 Zeigen Sie rechnerisch, dass insgesamt 35% der Berliner mit Zuckerguss überzogen sind. **(2 BE)**

1.4 Berechnen Sie, welcher Anteil der mit Zuckerguss überzogenen Berliner mit Marmelade gefüllt ist. **(2 BE)**

1.5 Es werden aus der Tagesproduktion 10 Berliner zufällig ausgewählt und überprüft, ob sie mit Marmelade gefüllt sind. Gehen Sie davon aus, dass es sich bei diesem Zufallsexperiment um eine Bernoulli-Kette handelt.

1.5.1 Erörtern Sie, welchen Einfluss die Gesamtzahl der Berliner in der Tagesproduktion auf die Modellierung des Sachzusammenhangs mit einer Bernoulli-Kette hat. **(3 BE)**

1.5.2 Beschreiben Sie im gegebenen Sachzusammenhang ein Ereignis E, für das gilt:

$$P(E) = 0{,}4^{10} + 10 \cdot 0{,}6 \cdot 0{,}4^9 + \binom{10}{2} \cdot 0{,}6^2 \cdot 0{,}4^8 + \binom{10}{3} \cdot 0{,}6^3 \cdot 0{,}4^7$$

und geben Sie die Wahrscheinlichkeit $P(E)$ an. **(3 BE)**

1.5.3 Bestimmen Sie die Wahrscheinlichkeiten der folgenden Ereignisse.
G: Genau 6 Berliner sind mit Marmelade gefüllt.
H: Mindestens 8 Berliner sind mit Marmelade gefüllt.
I: Die Anzahl der mit Marmelade gefüllten Berliner weicht um höchstens 2 vom Erwartungswert ab. **(8 BE)**

2 Zwei Mitarbeiter stellen jeweils 50 Berliner von Hand her und bestimmen deren Gewicht mit einer auf Gramm genauen Waage. Die Ergebnisse sind im Material dargestellt.

2.1 Stellen Sie die Daten von Mitarbeiter A graphisch in einem Diagramm dar. **(5 BE)**

2.2 Zeigen Sie rechnerisch, dass der arithmetische Mittelwert des Gewichts der Berliner bei beiden Mitarbeitern jeweils gleich groß ist. **(4 BE)**

2.3 Erörtern Sie ohne weitere Rechnung, bei welchem der beiden Mitarbeiter die (empirische) Standardabweichung des Gewichts größer ist. **(3 BE)**

3 Beim Bezahlen an der Kasse bietet die Bäckerei bei einer Rabattaktion zwei Varianten an:

Variante 1: Der Kunde erhält 3% Rabatt auf den Einkauf.

Variante 2: Es wird mit herkömmlichen Spielwürfeln gewürfelt, die jeweils mit den Zahlen 1, 2, 3, 4, 5, 6 beschriftet sind. Fallen dabei zwei Sechsen, bekommt der Kunde seinen Einkauf geschenkt. Andernfalls muss er den vollen Preis bezahlen.

Untersuchen Sie, welche Variante langfristig für den Kunden günstiger ist. **(4 BE)**

Material

Untersuchung des Gewichts der Berliner

Mitarbeiter A

Gewicht in Gramm	88	89	90	91	92	93
Anzahl Berliner	6	9	10	12	8	5

Mitarbeiter B

Gewicht in Gramm	88	89	90	91	92	93
Anzahl Berliner	2	5	20	16	6	1

Tipps

Aufgabe B1 (WTR)

1.1 Die Funktionsgleichung $t(x)$ der Tangente t an den Graphen von f im Punkt P erhalten Sie mit dem Ansatz $t(x) = m \cdot x + b$. Die Steigung m der Tangente t erhalten Sie mithilfe der 1. Ableitung von f, die Sie mit der Produkt- und Kettenregel bestimmen. Setzen Sie anschließend den x-Wert von P in $f'(x)$ ein. Den y-Wert des Punktes P erhalten Sie, indem Sie den x-Wert von P in $f(x)$ einsetzen. Setzen Sie m und die Koordinaten von P in den Ansatz $t(x) = m \cdot x + b$ ein, um b zu bestimmen. Um zu zeigen, dass der Deich eine Breite von 25 m besitzt, bestimmen Sie die Nullstelle x_f des Graphen von f und die Nullstelle x_{N} der Tangente t. Die Nullstelle x_f des Graphen von f erhalten Sie, indem Sie die Gleichung $f(x) = 0$ nach x auflösen. Beachten Sie, dass $e^{1-\frac{1}{4}x} \neq 0$ ist. Die Nullstelle x_{N} der Tangente t erhalten Sie, indem Sie die Gleichung $t(x) = 0$ nach x auflösen. Die Breite b des Deichs erhalten Sie, indem Sie die Nullstellen voneinander subtrahieren: $b = x_{\mathrm{N}} - x_f$. Zum Zeichnen der Tangente t verwenden Sie den Punkt P und die Nullstelle x_{N}.

1.2 Den höchsten Punkt der Profillinie des Deichs erhalten Sie, indem Sie den Hochpunkt H des Graphen von f mithilfe der 1. Ableitung von f berechnen. Als notwendige Bedingung lösen Sie die Gleichung $f'(x) = 0$ nach x auf. Beachten Sie, dass $e^{1-\frac{1}{4}x} \neq 0$ ist. Den zugehörigen y-Wert erhalten Sie, indem Sie den erhaltenen x-Wert in $f(x)$ einsetzen. Damit können Sie die y-Achse skalieren.

1.3 Mithilfe des gegebenen Formansatzes erhalten Sie eine Stammfunktion F der Funktion f, indem Sie die 1. Ableitung von $\mathrm{F}(x)$ mit der Produkt- und Kettenregel bestimmen. Wegen $\mathrm{F}'(x) = f(x)$ erhalten Sie a und b durch einen geeigneten Koeffizientenvergleich. Lösen Sie das zugehörige Gleichungssystem.

1.4 Das Volumen V des gesamten Erdreichs, das zum Bau des $l = 1\,\mathrm{km}$ langen alten Deichs aufgeschüttet wurde, erhalten Sie mithilfe der Formel $\mathrm{V} = \mathrm{Q} \cdot l$. Beachten Sie, dass sich die Querschnittsfläche Q aus zwei Teilen Q_1 und Q_2 zusammensetzt. Den Flächeninhalt von Q_1 erhalten Sie mithilfe eines Integrals. Verwenden Sie den Hauptsatz der Differential- und Integralrechnung: $\int_a^b f(x)\mathrm{d}x = \left[\mathrm{F}(x)\right]_a^b = \mathrm{F}(b) - \mathrm{F}(a)$, wobei F eine Stammfunktion von f ist. Den Flächeninhalt von Q_2 (Dreiecksfläche) erhalten Sie mithilfe der Formel $\mathrm{A}_{\mathrm{Dreieck}} = \frac{1}{2} \cdot g \cdot h$. Bestimmen Sie die Grundseite g und die zugehörige Höhe. Damit erhalten Sie die gesamte Querschnittsfläche durch $\mathrm{Q} = \mathrm{Q}_1 + \mathrm{Q}_2$ und das Volumen V.

2.1 Überlegen Sie, wie die y-Werte von g_k von k abhängen. Die Nullstellen von g_k erhalten Sie, indem Sie die Gleichung $g_k(x) = 0$ nach x auflösen. Verwenden Sie den Satz vom Nullprodukt. Die Breite b des Deichs erhalten Sie durch $b = x_2 - x_1$. Um den Parameter k so zu bestimmen, dass der neue Deich höher als 3 m ist, wählen Sie k so, dass der y-Wert des Hochpunkts H größer als 3 ist. Dazu stellen Sie eine Ungleichung auf und lösen diese nach k auf.

2.2 Um zu zeigen, dass die Graphen der Funktionenschar g_k unabhängig vom Parameter k einen Wendepunkt an der Stelle $x_W = \frac{50}{3}$ besitzen, verwenden Sie die 2. und 3. Ableitung von $g_k(x)$. Dazu bestimmen Sie zuerst die 1. Ableitung von g_k, die Sie mit der Produkt- und Kettenregel bestimmen. Als notwendige Bedingung lösen Sie die Gleichung $g_k''(x) = 0$ nach x auf. Setzen Sie den erhaltenen x-Wert in $g_k'''(x)$ ein. Beachten Sie, dass $k > 0$ ist.

2.3 Beachten Sie, dass die steilste Stelle des (flussseitigen) Deichprofils die Wendestelle von g_k ist. Um zu berechnen, für welchen Wert des Parameters k der Graph der Funktionenschar g_k die Bedingung $|\alpha| = 30°$ an der Wendestelle erfüllt, lösen Sie die Gleichung $\tan(\alpha) = m_W$ nach k auf. Die Steigung m_W an der Wendestelle erhalten Sie, indem Sie x_W in $g_k'(x)$ einsetzen. Beachten Sie, dass bei negativer Steigung auch der Steigungswinkel α negativ ist.

2.4 Überlegen Sie, welche Stellen der Graphen von g und f in Zeile (1) bestimmt werden und welche relevant sind. Überlegen Sie, welche Querschnittsfläche durch das angegebene Integral berechnet wird und welches Volumen sich dadurch ergibt.

Aufgabe B2 (WTR)

1.1 Setzen Sie $t = 0$ und $t = 6$ in $g(t)$ ein. Beachten Sie, dass $g(t)$ die Wachstumsgeschwindigkeit des Giraffenweibchens beschreibt.

1.2 Die Koordinaten der (lokalen) Extrempunkte des Graphen von g erhalten Sie mithilfe der 1. Ableitung von g, die Sie mit der Potenzregel bestimmen. Als notwendige Bedingung lösen Sie die Gleichung $g'(t) = 0$ nach t auf. Verwenden Sie die pq- oder abc-Formel. Die zugehörigen y-Werte erhalten Sie, indem Sie die erhaltenen t-Werte in $g(t)$ einsetzen. Anhand des gegebenen Graphen können Sie die Art der Extrempunkte bestimmen.

1.3 Beachten Sie, dass die ermittelten Extrempunkte nur lokale Extrempunkte sind und prüfen Sie auch die Ränder des betrachteten Intervalls.

1.4 Den Wert des angegebenen Terms erhalten Sie mithilfe des Hauptsatzes der Differential- und Integralrechung: $\int_a^b g(x)\mathrm{d}x = \Big[\mathrm{G}(x)\Big]_a^b = \mathrm{G}(b) - \mathrm{G}(a)$, wobei G eine Stammfunktion von g ist. Beachten Sie, dass durch $\frac{1}{b-a} \cdot \int_a^b g(x)\mathrm{d}x$ ein Mittelwert berechnet wird. Bedenken Sie den zugehörigen Zeitraum und die Bedeutung von $g(t)$.

1.5 Eine Gleichung der Funktion G erhalten Sie, indem Sie eine allgemeine Stammfunktion G_c von g bestimmen. Beachten Sie die Größe des Giraffenweibchens zu Beginn der Wachstumsphase und bestimmen Sie damit c.

1.6 Beachten Sie, dass $G'(t) = g(t)$ ist und prüfen Sie anhand des Graphen von g im betrachteten Intervall den Verlauf oberhalb und unterhalb der t-Achse. Falls $G'(t) \geqslant 0$, ist der Graph von G monoton steigend. Beachten Sie, dass der Graph einer Funktion Wendepunkte an den Stellen besitzt, an deren der Graph seiner Ableitungsfunktion (lokale) Extrempunkte hat.

2.1 Beachten Sie, dass wegen $f_a(t) = a \cdot g(t)$ der Graph von g in y-Richtung gestreckt bzw. gestaucht wird.

2.2 Beachten Sie, dass wegen $f_a(t) = a \cdot g(t)$ der Graph von g in y-Richtung gestreckt bzw. gestaucht wird und überlegen Sie, wie sich dies auf die Wendestelle und den y-Wert der Wendepunkte der Graphen von f_a auswirkt.

2.3 Beachten Sie, dass durch die Zeilen (1) und (2) jeweils Größenzuwächse berechnet werden. Um zu zeigen, dass $a = 1{,}5$ gelten muss, lösen Sie die Gleichung in Zeile (3) nach a auf und verwenden Sie die Ergebnisse aus den Zeilen (1) und (2). Schreiben Sie $a = 1{,}5$ in Prozent um.

3 Den Wert des angegebenen Integrals erhalten Sie mithilfe des Taschenrechners. Lösen Sie anschließend die gegebene Gleichung nach m auf, um die Höhe des Rechtecks zu erhalten. Beachten Sie, dass durch die Umwandlung in ein flächengleiches Rechteck durch m der mittlere Größenunterschied bestimmt wird.

Aufgabe C1 (WTR CAS)

1.1 Beachten Sie, dass die Grundfläche ABCD quadratisch ist und einen Flächeninhalt von $36\,\text{m}^2$ hat. Bestimmen Sie damit die Länge einer Seite der Grundfläche. Überlegen Sie anhand der gegebenen Daten, welche z-Werte die Punkte A und B sowie G und H haben. Beachten Sie, dass sich die Spitze S 9 m über dem Mittelpunkt der Fläche EFGH befindet.

1.2 Den Flächeninhalt $A_{\text{Dachfläche}}$ der Dachfläche erhalten Sie, indem Sie zuerst die Fläche eines Seitenflächendreiecks mit der Formel $A_\triangle = \frac{1}{2} \cdot a \cdot h_S$ berechnen. Die Seitenflächenhöhe h_S erhalten Sie mit dem Satz des Pythagoras: $h_S^2 = h^2 + \left(\frac{a}{2}\right)^2$.

2.1 Bestimmen Sie mithilfe der gegebenen Punkte jeweils eine Geradengleichung in der Form $\vec{x} = \vec{p} + r \cdot \vec{u}$. Als Richtungsvektor $\vec{u}$ verwenden Sie jeweils die Verbindungsvektoren der gegebenen Punkte.

2.2 Die Koordinaten des Schnittpunkts T der beiden Geraden g_1 und g_2 erhalten Sie durch Gleichsetzen der Geradengleichungen. Stellen Sie ein Gleichungssystem auf und lösen Sie es mithilfe des Taschenrechners. Setzen Sie die erhaltenen Werte jeweils in die Geradengleichungen ein, um die Koordinaten von T zu erhalten.

2.3 Überlegen Sie, wo der Punkt T auf der Geraden durch P_1 und P_2 und auf der Geraden durch Q_1 und Q_2 aufgrund der berechneten Parameter liegen muss. Skizzieren Sie die

Problemstellung und erstellen Sie eine Vektorkette, um die Koordinaten des Punktes U zu bestimmen.

2.4 Den Winkel α zwischen den beiden Vektoren $\vec{n}$ und $\overrightarrow{P_1P_2}$ erhalten Sie mit der Formel $\cos(\varphi) = \frac{\vec{a} \cdot \vec{b}}{|\vec{a}| \cdot |\vec{b}|}$ für den Winkel zwischen zwei Vektoren $\vec{a}$ und $\vec{b}$. Skizzieren Sie die Problemstellung. Beachten Sie, dass der Vektor $\vec{n}$ von der Wasseroberfläche aus nach unten zeigt.

2.5 Beachten Sie, dass durch das Gleichsetzen von R1 und R2 ein Schnittpunkt dieser Geraden ermittelt werden kann.

3.1 Verwenden Sie beispielsweise N_1 als Stützpunkt und die verkürzten Vektoren $\overrightarrow{N_1N_2}$ und $\overrightarrow{N_1N_3}$ als zugehörige Spannvektoren. Einen Normalenvektor $\vec{n}$ von N erhalten Sie mithilfe des Vektorprodukts (siehe Seite 50) der Spannvektoren.
Alternativ können Sie $\vec{n}$ auch mithilfe des Skalarprodukts bestimmen. Da $\vec{n}$ sowohl auf dem verkürzten Vektor $\overrightarrow{N_1N_2}$ als auch auf dem Vektor $\overrightarrow{N_1N_3}$ senkrecht steht, muss das jeweilige Skalarprodukt der Vektoren Null ergeben. Lösen Sie das zugehörige lineare Gleichungssystem. Eine Koordinatengleichung von N erhalten Sie dann, indem Sie $\vec{n}$ und die Koordinaten von N_1 in die Ebenengleichung $n_x x + n_y y + n_z z = d$ einsetzen und d bestimmen.

3.2 Um zu zeigen, dass die Sensoren im Punkt P_3 keinen Alarm auslösen, berechnen Sie den Abstand d von P_3 zur Ebene N. Dazu stellen Sie zuerst die Gleichung einer Lotgeraden l auf, die durch P_3 und orthogonal zu N verläuft. Als Richtungsvektor von l verwenden Sie den Normalenvektor $\vec{n}$ von N. Die Koordinaten des Schnittpunkts L von l und N erhalten Sie, indem Sie den allgemeinen Punkt P_t von l in die Gleichung von N einsetzen. Setzen Sie den erhaltenen t-Wert in P_t ein, um L zu erhalten. Beachten Sie, dass der Abstand d von P_3 zu N gleich groß ist wie der Abstand von L zu P_3. Diesen erhalten Sie, indem Sie den Betrag des zugehörigen Verbindungsvektors berechnen. Vergleichen Sie das Ergebnis mit dem Alarm auslösenden Abstand.

Aufgabe C 2.1 (WTR CAS)

1.1 Legen Sie X als binomialverteilte Zufallsvariable für die Anzahl der defekten Geräte mit den Parametern n und p fest. Die Wahrscheinlichkeit für das Ereignis A erhalten Sie mithilfe der Binomialverteilung. Legen Sie Y als binomialverteilte Zufallsvariable für die Anzahl der defekten Geräte mit den Parametern n und p fest. Die Wahrscheinlichkeit für das Ereignis B erhalten Sie mithilfe der kumulierten Binomialverteilung. Legen Sie Z als binomialverteilte Zufallsvariable für die Anzahl der funktionierenden Geräte mit den Parametern n und p fest. Die Wahrscheinlichkeit für das Ereignis C erhalten Sie mithilfe der kumulierten Binomialverteilung und der Wahrscheinlichkeit des Gegenereignisses.

1.2 Legen Sie X als binomialverteilte Zufallsvariable für die Anzahl der defekten Geräte mit den Parametern n und p fest.
Verwenden Sie die Bernoulli-Formel $\binom{n}{k} \cdot p^k \cdot (1-p)^{n-k} = P(X=k)$ und überlegen Sie die zugehörigen Ereignisse.

1.3 Legen Sie X als binomialverteilte Zufallsvariable für die Anzahl der defekten Geräte mit den Parametern n (unbekannt) und p fest. Um die Anzahl der Geräte zu berechnen, die man mindestens überprüfen muss, um mit einer Wahrscheinlichkeit von mindestens 99% mindestens ein defektes Gerät zu erhalten, stellen Sie eine Ungleichung auf und lösen diese durch Logarithmieren nach n auf.

1.4 Legen Sie X als binomialverteilte Zufallsvariable für die Anzahl der defekten Geräte mit den Parametern n und p fest. Den Erwartungswert μ erhalten Sie mithilfe der Formel $E(X) = \mu = n \cdot p$.

1.5 Da vermutet wird, dass der Anteil der defekten Geräte gesunken ist, lautet die Alternativhypothese: $H_1: p < \ldots$. Stellen Sie die zugehörige Nullhypothese $H_0: p \geqslant \ldots$ auf. Beachten Sie, dass es sich wegen $H_1: p < \ldots$ um einen linksseitigen Test mit dem Ablehnungsbereich $\overline{A} = \{0, \ldots k\}$ und dem Signifikanzniveau (maximale Irrtumswahrscheinlichkeit) $\alpha \leqslant 5\,\%$ handelt. Legen Sie X als binomialverteilte Zufallsvariable für die Anzahl der defekten Geräte mit den Parametern n und p fest.
Bestimmen Sie mithilfe der Wahrscheinlichkeit der kumulierten Binomialverteilung unter Verwendung des Taschenrechners ein maximales $k \in \mathbb{N}$ so, dass gilt: $P\left(X \in \overline{A}\right) \leqslant \alpha$ bzw. $P(X \leqslant k) \leqslant \alpha$. Bestimmen Sie damit den Ablehnungsbereich $\overline{A}$ und formulieren Sie die Entscheidungsregel.

2.1 Bezeichnen Sie mit W: Eine Person ist in der Werbeabteilung tätig und mit Z: Eine Person ist mit ihrem Gehalt zufrieden. Bestimmen Sie anhand der gegebenen Daten P(Z), P(W) und $P\left(W \cap \overline{Z}\right)$. Tragen Sie diese Werte in eine Vierfeldertafel ein und vervollständigen Sie diese durch Differenzen- und Summenbildung.

2.2 Um zu untersuchen, ob der Anteil der Beschäftigten, die mit ihrem Gehalt nicht zufrieden sind, in der Werbeabteilung größer ist als im übrigen Unternehmen, verwenden Sie die bedingten Wahrscheinlichkeiten $P_W\left(\overline{Z}\right) = \frac{P\left(W \cap \overline{Z}\right)}{P(W)}$ und $P_{\overline{W}}\left(\overline{Z}\right) = \frac{P\left(\overline{W} \cap \overline{Z}\right)}{P\left(\overline{W}\right)}$.

2.3 Legen Sie X als binomialverteilte Zufallsvariable für die Anzahl der Beschäftigten, die mit ihrem Gehalt zufrieden sind, mit den Parametern n und p fest. Die Wahrscheinlichkeit für das Ereignis E, dass sich unter 500 zufällig ausgewählten Beschäftigten mehr als 400 befinden, die mit ihrem Gehalt zufrieden sind, erhalten Sie mithilfe der kumulierten Binomialverteilung und der Wahrscheinlichkeit des Gegenereignisses.

2.4 Legen Sie Y als binomialverteilte Zufallsvariable für die Anzahl der Beschäftigten, die mit ihrem Gehalt nicht zufrieden sind, mit den Parametern n und p fest. Formen Sie den angegebenen Term so um, dass Sie die Bedeutung ermitteln können.

2.5 Anhand des gegebenen Baumdiagramms können Sie die Voraussetzung ablesen, die zu einem «Nein» führt.

2.6 Vervollständigen Sie das gegebene Baumdiagramm. Bezeichnen Sie mit J: Person hat mit «Ja» geantwortet und mit $\overline{\text{J}}$: Person hat mit «Nein» geantwortet. Beachten Sie, dass gilt: $y = 1 - x$. Die Wahrscheinlichkeit, dass ein Beschäftigter mit «Ja» antwortet, erhalten Sie mithilfe der Pfadregeln in Abhängigkeit von x. Ermitteln Sie P(J) anhand der gegebenen Daten, stellen Sie eine Gleichung auf und lösen Sie diese nach x auf. Die Wahrscheinlichkeit, dass ein Beschäftigter innerhalb der nächsten zwölf Monate beabsichtigt, das Unternehmen zu verlassen, erhalten Sie mithilfe der Pfadregeln. Alternativ können Sie sich auch überlegen, dass x den Anteil der Beschäftigten angibt, die innerhalb der nächsten zwölf Monate beabsichtigen, das Unternehmen zu verlassen.

2.7 Bezeichnen Sie mit J: Person hat mit «Ja» geantwortet und mit V: Person beabsichtigt, das Unternehmen innerhalb der nächsten zwölf Monate zu verlassen. Die Wahrscheinlichkeit dafür, dass eine beschäftigte Person, die mit «Ja» geantwortet hat, beabsichtigt, das Unternehmen innerhalb der nächsten zwölf Monate zu verlassen, erhalten Sie mithilfe der bedingten Wahrscheinlichkeit: $P_J(V) = \frac{P(J \cap V)}{P(J)}$. Beachten Sie, dass gilt: $P(J \cap V) = P(A \cap J)$.

Aufgabe C 2.2 (WTR CAS)

1.1 Bestimmen Sie anhand der gegebenen Daten $P(M)$, $P_M(Z)$ und $P_{\overline{M}}(Z)$. Damit können Sie ein Baumdiagramm zeichnen und durch Differenzenbildung vervollständigen.

1.2 Überlegen Sie, welcher Pfad durch den Term $P(M \cap Z)$ beschrieben wird. Die zugehörige Wahrscheinlichkeit erhalten Sie mithilfe der Pfadregeln.

1.3 Verwenden Sie die Pfadregeln: $P(Z) = P(M \cap Z) + P\left(\overline{M} \cap Z\right)$.

1.4 Um den Anteil der mit Zuckerguss überzogenen Berliner, die mit Marmelade gefüllt sind, zu berechnen, verwenden Sie die bedingte Wahrscheinlichkeit: $P_Z(M) = \frac{P(M \cap Z)}{P(Z)}$.

1.5.1 Beachten Sie, dass es sich bei der Entnahme von 10 Berlinern um «Ziehen ohne Zurücklegen» handelt, und somit sich die Wahrscheinlichkeit für einen mit Marmelade gefüllten Berliner von Zug zu Zug ändert. Überlegen Sie, ob sich die Wahrscheinlichkeit von Zug zu Zug merklich ändert, wenn die Gesamtzahl der Berliner sehr groß ist.

1.5.2 Legen Sie X als binomialverteilte Zufallsvariable für die Anzahl der mit Marmelade gefüllten Berliner mit den Parametern n und p fest. Damit können Sie den angegebenen Term mithilfe der Bernoulli-Formel umformen und das Ereignis E angeben. Die zugehörige Wahrscheinlichkeit erhalten Sie mithilfe der kumulierten Binomialverteilung.

1.5.3 Legen Sie X als binomialverteilte Zufallsvariable für die Anzahl der mit Marmelade gefüllten Berliner mit den Parametern n und p fest. Die Wahrscheinlichkeit für das Ereignis G erhalten Sie mithilfe der Binomialverteilung. Die Wahrscheinlichkeit für das Ereignis H erhalten Sie mithilfe der kumulierten Binomialverteilung und der Wahrscheinlichkeit des Gegenereignisses. Den Erwartungswert μ von X erhalten Sie mithilfe der Formel $\mu = n \cdot p$. Bestimmen Sie damit die Anzahl der mit Marmelade gefüllten Berliner, die um höchstens 2 vom Erwartungswert abweicht. Die Wahrscheinlichkeit für das Ereignis I erhalten Sie mithilfe der kumulierten Binomialverteilung.

2.1 Stellen Sie die Daten von Mitarbeiter A in einem Säulendiagramm dar.

2.2 Den arithmetischen Mittelwert des Gewichts der Berliner erhalten Sie, indem Sie die Anzahlen mit den zugehörigen Gewichten multiplizieren, die Ergebnisse addieren und anschließend durch die Gesamtanzahl teilen.

2.3 Überlegen Sie anhand der Daten, bei welchem Mitarbeiter mehr Werte in der Nähe des Mittelwerts liegen oder mehr Werte um den Mittelwert streuen.

3 Die Wahrscheinlichkeit des Ereignisses K: «Der Kunde bekommt seinen Einkauf geschenkt.» erhalten Sie mithilfe der Pfadregeln. Vergleichen Sie das Ergebnis mit Variante 1.

Lösungen

Aufgabe B1 (WTR)

1 Es ist $f(x) = \frac{3}{4} \cdot x \cdot e^{1-\frac{1}{4}x}$; $0 \leqslant x \leqslant 20$.

1.1 Die Funktionsgleichung $t(x)$ der Tangente t an den Graphen von f im Punkt $\mathrm{P}(20 \mid f(20))$ erhält man mit dem Ansatz $t(x) = m \cdot x + b$. Die Steigung m der Tangente t erhält man mithilfe der 1. Ableitung von f, die man mit der Produkt- und Kettenregel bestimmt:

$$f'(x) = \frac{3}{4} \cdot e^{1-\frac{1}{4}x} + \frac{3}{4} \cdot x \cdot e^{1-\frac{1}{4}x} \cdot \left(-\frac{1}{4}\right) = \left(\frac{3}{4} - \frac{3}{16}x\right) \cdot e^{1-\frac{1}{4}x}$$

Setzt man $x = 20$ in $f'(x)$ ein, ergibt sich:

$$m = f'(20) = \left(\frac{3}{4} - \frac{3}{16} \cdot 20\right) \cdot e^{1-\frac{1}{4} \cdot 20} = -3 \cdot e^{-4} = -\frac{3}{e^4}$$

Den y-Wert des Punktes P erhält man, indem man $x = 20$ in $f(x)$ einsetzt:

$$f(20) = \frac{3}{4} \cdot 20 \cdot e^{1-\frac{1}{4} \cdot 20} = 15 \cdot e^{-4} = \frac{15}{e^4} \Rightarrow \mathrm{P}\left(20 \mid \frac{15}{e^4}\right)$$

Setzt man $m = -\frac{3}{e^4}$ und die Koordinaten von P in den Ansatz $t(x) = m \cdot x + b$ ein, ergibt sich:

$$\frac{15}{e^4} = -\frac{3}{e^4} \cdot 20 + b$$
$$\frac{75}{e^4} = b$$

Somit erhält man die Tangentengleichung $t(x) = -\frac{3}{e^4} \cdot x + \frac{75}{e^4}$.

Um zu zeigen, dass der Deich eine Breite von 25 m besitzt, bestimmt man die Nullstelle x_f des Graphen von f und die Nullstelle x_{N} der Tangente t.

Die Nullstelle x_f des Graphen von f erhält man, indem man die Gleichung $f(x) = 0$ nach x auflöst:

$$\frac{3}{4} \cdot x \cdot e^{1-\frac{1}{4}x} = 0$$

Wegen $e^{1-\frac{1}{4}x} \neq 0$ ergibt sich als einzige Lösung $x_f = 0$.

Die Nullstelle x_{N} der Tangente t erhält man, indem man die Gleichung $t(x) = 0$ nach x auflöst:

$$-\frac{3}{e^4} \cdot x + \frac{75}{e^4} = 0 \Leftrightarrow -3x + 75 = 0 \Rightarrow x_{\mathrm{N}} = 25$$

Die Breite b des Deichs erhält man, indem man die Nullstellen voneinander subtrahiert:

$$b = x_{\mathrm{N}} - x_f = 25 - 0 = 25$$

Somit hat der Deich eine Breite von 25 m.
Die Tangente t geht durch den Punkt $\mathrm{P}\left(20 \mid \frac{15}{e^4}\right)$ und schneidet die x-Achse an der Stelle $x_{\mathrm{N}} = 25$. Damit kann sie in das Koordinatensystem eingezeichnet werden.

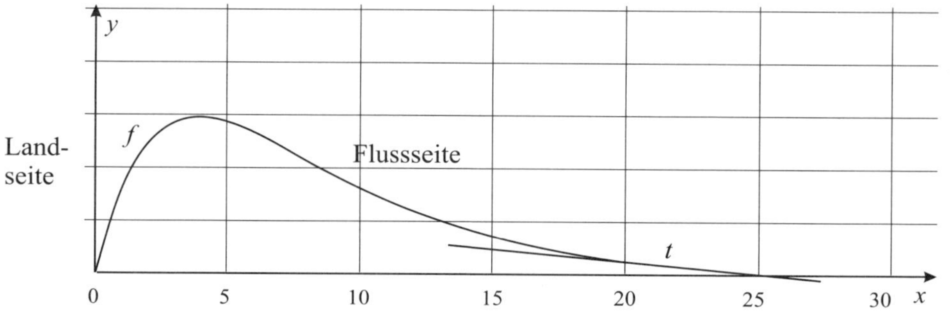

1.2 Den höchsten Punkt der Profillinie des Deichs erhält man, indem man den Hochpunkt H des Graphen von f mithilfe der 1. Ableitung von f berechnet. Als notwendige Bedingung löst man die Gleichung $f'(x) = 0$ nach x auf. Wegen $e^{1-\frac{1}{4}x} \neq 0$ ergibt sich:

$$\begin{aligned}\left(\frac{3}{4} - \frac{3}{16}x\right) \cdot e^{1-\frac{1}{4}x} &= 0 \\ \frac{3}{4} - \frac{3}{16}x &= 0 \\ \frac{3}{4} &= \frac{3}{16}x \\ x &= 4\end{aligned}$$

Den zugehörigen y-Wert erhält man, indem man $x = 4$ in $f(x)$ einsetzt:

$$y = f(4) = \frac{3}{4} \cdot 4 \cdot e^{1-\frac{1}{4}\cdot 4} = 3 \cdot e^0 = 3 \Rightarrow \mathrm{H}(4 \mid 3)$$

Der höchste Punkt H des Deichs hat die Koordinaten $\mathrm{H}(4 \mid 3)$.
Damit kann man die y-Achse skalieren:

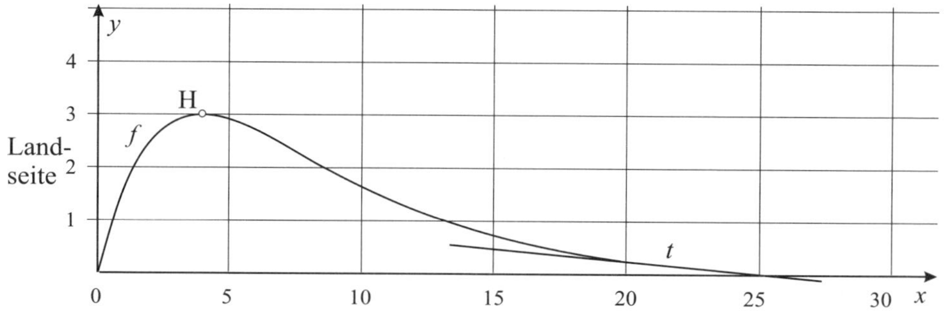

1.3 Mithilfe des Formansatzes $\mathrm{F}(x) = (a \cdot x + b) \cdot e^{1-\frac{1}{4}x}$ erhält man eine Stammfunktion F der Funktion f, indem man die 1. Ableitung von $\mathrm{F}(x)$ mit der Produkt- und Kettenregel bestimmt:

$$\mathrm{F}'(x) = a \cdot e^{1-\frac{1}{4}x} + (a \cdot x + b) \cdot e^{1-\frac{1}{4}x} \cdot \left(-\frac{1}{4}\right) = \left(a - \frac{1}{4}b - \frac{1}{4}a \cdot x\right) \cdot e^{1-\frac{1}{4}x}$$

Wegen $\mathrm{F}'(x) = f(x) = \frac{3}{4} \cdot x \cdot e^{1-\frac{1}{4}x}$ ergibt sich durch Koeffizientenvergleich:

$$\begin{array}{llcrcl} \text{I} & a & - & \frac{1}{4}b & = & 0 \\ \text{II} & -\frac{1}{4}a & & & = & \frac{3}{4} \end{array}$$

Aus Gleichung II ergibt sich: $a = -3$.
Setzt man $a = 3$ in Gleichung I ein, erhält man: $-3 - \frac{1}{4}b = 0 \Rightarrow b = -12$.
Somit ist $\mathrm{F}(x) = (-3 \cdot x - 12) \cdot e^{1-\frac{1}{4}x}$ eine Stammfunktion von f.

1.4 Das Volumen V des gesamten Erdreichs, das zum Bau des $l = 1\,\mathrm{km} = 1000\,\mathrm{m}$ langen alten Deichs aufgeschüttet wurde, erhält man mithilfe der Formel $\mathrm{V} = \mathrm{Q} \cdot l$.
Die Querschnittsfläche Q setzt sich aus zwei Teilen Q_1 und Q_2 zusammen.

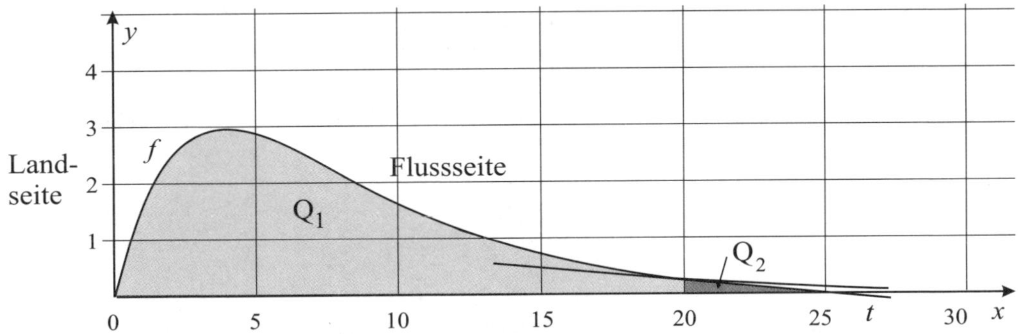

Den Flächeninhalt von Q_1 erhält man mithilfe eines Integrals:

$$\begin{aligned} \mathrm{Q}_1 &= \int_0^{20} f(x)\mathrm{d}x \\ &= [\mathrm{F}(x)]_0^{20} \\ &= \mathrm{F}(20) - \mathrm{F}(0) \\ &= (-3 \cdot 20 - 12) \cdot e^{1-\frac{1}{4}\cdot 20} - \left((-3 \cdot 0 - 12) \cdot e^{1-\frac{1}{4}\cdot 0}\right) \\ &\approx 31{,}30 \end{aligned}$$

Den Flächeninhalt von Q_2 (Dreiecksfläche) erhält man mithilfe der Formel

$A_{\text{Dreieck}} = \frac{1}{2} \cdot g \cdot h$. Mit $g = 25 - 20 = 5$ und $h = f(20) = \frac{15}{e^4}$ ergibt sich:

$$Q_2 = \frac{1}{2} \cdot 5 \cdot \frac{15}{e^4} \approx 0{,}6868$$

Damit ergibt sich für die gesamte Querschnittsfläche:

$$Q = Q_1 + Q_2 \approx 31{,}3007 + 0{,}6868 = 31{,}9875$$

Für das Volumen V erhält man damit:

$$V = Q \cdot l \approx 31{,}9875 \cdot 1000 = 31987{,}5$$

Somit beträgt das Volumen etwa $31987{,}5\,\text{m}^3$.

2 Es ist $g_k(x) = \frac{k}{1000} \cdot x \cdot (x-25)^2$ für $k > 0$ und $0 \leqslant x \leqslant 25$ sowie $H\left(\frac{25}{3} \mid \frac{125}{54}k\right)$.

2.1 Der Deich ist umso höher, je größer der Parameter k ist, da die y-Werte von g_k linear mit k ansteigen.
Die Nullstellen von g_k erhält man, indem man die Gleichung $g_k(x) = 0$ nach x auflöst:

$$\frac{k}{1000} \cdot x \cdot (x-25)^2 = 0$$

Mithilfe des Satzes vom Nullprodukt erhält man die Lösung $x_1 = 0$ und aus $(x-25)^2 = 0$ die Lösung $x_2 = 25$.
Die Breite b des Deichs ist damit:

$$b = x_2 - x_1 = 25 - 0 = 25$$

Somit ist die Breite des Deichs unabhängig vom Parameter k stets 25 m.
Damit hat der Parameter k auf die Breite des neuen Deichs keinen Einfluss.
Um den Parameter k so zu bestimmen, dass der neue Deich höher als 3 m ist, wählt man k so, dass der y-Wert y_H des Hochpunkts $H\left(\frac{25}{3} \mid \frac{125}{54}k\right)$ größer als 3 ist. Dazu löst man die Ungleichung $y_H > 3$ nach k auf:

$$\begin{aligned} \frac{125}{54}k &> 3 \\ 125k &> 162 \\ k &> \frac{162}{125} \end{aligned}$$

Für $k > \frac{162}{125}$ ist der neue Deich höher als 3 m.

2.2 Um zu zeigen, dass die Graphen der Funktionenschar g_k unabhängig vom Parameter k einen Wendepunkt an der Stelle $x_W = \frac{50}{3}$ besitzen, verwendet man die 2. und 3. Ableitung von $g_k(x) = \frac{k}{1000} \cdot x \cdot (x-25)^2$, die man mit der Produkt- und Kettenregel bestimmt:

$$\begin{aligned} {g_k}'(x) &= \frac{k}{1000} \cdot (x-25)^2 + \frac{k}{1000} \cdot x \cdot 2(x-25) \cdot 1 \\ &= \frac{k}{1000} \cdot \left(x^2 - 50x + 625 + 2x^2 - 50x\right) \\ &= \frac{k}{1000} \cdot \left(3x^2 - 100x + 625\right) \\ &= \frac{3 \cdot k}{1000} \cdot x^2 - \frac{k}{10} \cdot x + \frac{5 \cdot k}{8} \\ {g_k}''(x) &= \frac{3 \cdot k}{500} \cdot x - \frac{k}{10} \\ {g_k}'''(x) &= \frac{3 \cdot k}{500} \end{aligned}$$

Als notwendige Bedingung löst man die Gleichung ${g_k}''(x) = 0$ nach x auf:

$$\begin{aligned} \frac{3 \cdot k}{500} \cdot x - \frac{k}{10} &= 0 \\ \frac{3 \cdot k}{500} \cdot x &= \frac{k}{10} \\ 3kx &= 50k \\ x &= \frac{50}{3} \end{aligned}$$

Wegen $k > 0$ gilt: ${g_k}'''\left(\frac{50}{3}\right) = \frac{3 \cdot k}{500} \neq 0$.
Somit besitzen die Graphen der Funktionenschar g_k unabhängig vom Parameter k einen Wendepunkt an der Stelle $x_W = \frac{50}{3}$.

2.3 Die steilste Stelle des (flussseitigen) Deichprofils ist die Wendestelle $x_W = \frac{50}{3}$ von g_k. Um zu berechnen, für welchen Wert des Parameters k der Graph der Funktionenschar g_k die Bedingung $|\alpha| = 30°$ an der Wendestelle erfüllt, löst man die Gleichung $\tan(\alpha) = m_W$ nach k auf. Die Steigung m_W an der Wendestelle erhält man, indem man $x_W = \frac{50}{3}$ in ${g_k}'(x)$ einsetzt:

$$\begin{aligned} {g_k}'\left(\frac{50}{3}\right) &= \frac{3 \cdot k}{1000} \cdot \left(\frac{50}{3}\right)^2 - \frac{k}{10} \cdot \frac{50}{3} + \frac{5 \cdot k}{8} \\ &= \frac{3 \cdot k}{1000} \cdot \frac{2500}{9} - \frac{5}{3} \cdot k + \frac{5}{8} \cdot k \\ &= -\frac{5}{24} \cdot k \end{aligned}$$

Wegen $k > 0$ ist die Steigung an der Wendestelle negativ, damit ist auch der Steigungswin-

kel α negativ.
Mit $\alpha = -30^\circ$ ergibt sich:

$$\begin{aligned} \tan(-30^\circ) &= -\frac{5}{24} \cdot k \\ -\frac{\tan(-30^\circ) \cdot 24}{5} &= k \\ k &= \frac{8\sqrt{3}}{5} \\ k &\approx 2,77 \end{aligned}$$

Für $k \approx 2,77$ gilt an der steilsten Stelle $|\alpha| = 30^\circ$.

2.4 Es ist $g(x) = g_2(x)$.
In Zeile (1) werden die Schnittstellen der Graphen von g und f bestimmt. Die relevanten Lösungen sind $x_1 = 0$ und $x_2 \approx 3$.
In Zeile (2) wird der Flächeninhalt der Querschnittsfläche, die im Intervall $[0; 3]$ von den Graphen von f und g eingeschlossen wird und mithilfe des Integrals berechnet wird, mit 1000 multipliziert, um ein Volumen V von etwa 889 zu erhalten.
Im Sachzusammenhang wird in Zeile (2) der Flächeninhalt der Querschnittsfläche, die zwischen dem alten und dem neuen Deich auf der Landseite eingeschlossen wird, mit der Länge $l = 1000\,\text{m}$ multipliziert. Man erhält als Ergebnis ein Volumen von etwa $889\,\text{m}^3$. Dieses Volumen an Erde muss auf der Landseite vom alten Deich abgetragen werden, um die Profillinie des alten Deichs an den neuen Deich anzugleichen.

Aufgabe B2 (WTR)

1 Es ist $g(t) = -2,5t^3 + 22,5t^2 - 60t + 90$ für $0 \leqslant t \leqslant 6$. Dabei beschreibt $f(t)$ die Wachstumsgeschwindigkeit des Giraffenweibchens (in cm pro Jahr) in Abhängigkeit von der Zeit t (in Jahren nach der Geburt).

1.1 Setzt man $t = 0$ und $t = 6$ in $g(t)$ ein, ergibt sich:

$$g(0) = -2,5 \cdot 0^3 + 22,5 \cdot 0^2 - 60 \cdot 0 + 90 = 90$$
$$g(6) = -2,5 \cdot 6^3 + 22,5 \cdot 6^2 - 60 \cdot 6 + 90 = 0$$

Da $g(t)$ die Wachstumsgeschwindigkeit des Giraffenweibchens beschreibt, bedeutet $g(0) = 90$, dass direkt nach der Geburt die Wachstumsgeschwindigkeit 90 cm pro Jahr beträgt. Dementsprechend bedeutet $g(6) = 0$, dass sechs Jahre nach der Geburt die Wachstumsgeschwindigkeit gleich Null ist.
Damit kann man die Achsen des Koordinatensystems beschriften:

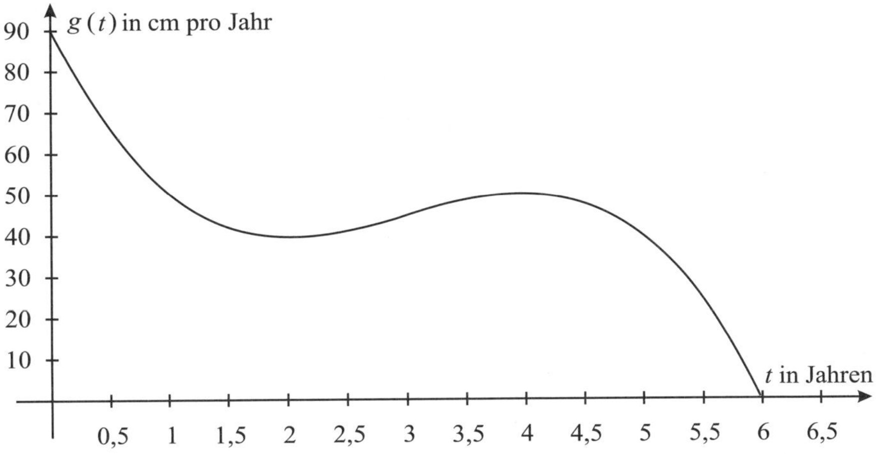

1.2 Die Koordinaten der (lokalen) Extrempunkte des Graphen von g erhält man mithilfe der 1. Ableitung von g, die man mit der Potenzregel bestimmt:

$$g'(t) = -7,5t^2 + 45t - 60$$

Als notwendige Bedingung löst man die Gleichung $g'(t) = 0$ nach t auf:

$$-7,5t^2 + 45t - 60 = 0$$
$$t^2 - 6t + 8 = 0$$

Mithilfe der *pq*- oder *abc*-Formel erhält man die Lösungen $t_1 = 2$ und $t_2 = 4$.

Die zugehörigen y-Werte erhält man, indem man $t_1 = 2$ und $t_2 = 4$ in $g(t)$ einsetzt:

$$g(2) = -2,5 \cdot 2^3 + 22,5 \cdot 2^2 - 60 \cdot 2 + 90 = 40$$
$$g(4) = -2,5 \cdot 4^3 + 22,5 \cdot 4^2 - 60 \cdot 4 + 90 = 50$$

Anhand des gegebenen Graphen kann man die Art der Extrempunkte bestimmen. Somit hat der Graph von g die Extrempunkte T(2 | 40) und H(4 | 50).

1.3 Anhand des Graphen von g kann man erkennen, dass T(2 | 40) nur ein lokaler Tiefpunkt und H(4 | 50) nur ein lokaler Hochpunkt ist. Zu Beginn der Wachstumsphase ist die Wachstumsgeschwindigkeit größer als vier Jahre nach der Geburt, am Ende der Wachstumsphase, also nach sechs Jahren, ist die Wachstumsgeschwindigkeit kleiner als nach zwei Jahren. Somit liegen die Zeitpunkte, an denen die Wachstumsgeschwindigkeit am größten bzw. am kleinsten ist, an den Rändern des betrachteten Intervalls.

1.4 Den Wert des angegebenen Terms erhält man mithilfe des Hauptsatzes der Differential- und Integralrechung:

$$\begin{aligned}
\frac{1}{3} \cdot \int_1^4 g(t)\,\mathrm{d}t &= \frac{1}{3} \cdot \int_1^4 \left(-2,5t^3 + 22,5t^2 - 60t + 90\right) \mathrm{d}t \\
&= \frac{1}{3} \cdot \left[\frac{-2,5}{4}t^4 + \frac{22,5}{3}t^3 - \frac{60}{2}t^2 + 90t\right]_1^4 \\
&= \frac{1}{3} \cdot \left[-0,625t^4 + 7,5t^3 - 30t^2 + 90t\right]_1^4 \\
&= \frac{1}{3} \cdot \big((-0,625 \cdot 4^4 + 7,5 \cdot 4^3 - 30 \cdot 4^2 + 90 \cdot 4) \\
&\quad - (-0,625 \cdot 1^4 + 7,5 \cdot 1^3 - 30 \cdot 1^2 + 90 \cdot 1)\big) \\
&= 44,375
\end{aligned}$$

Die durchschnittliche Wachstumsgeschwindigkeit des Giraffenweibchens im Zeitraum von einem Jahr bis vier Jahre nach der Geburt beträgt 44,375 cm pro Jahr.

1.5 Eine Gleichung der Funktion G, die die Größe des Giraffenweibchens (in cm) in Abhängigkeit von der Zeit t (in Jahren nach der Geburt) darstellt, erhält man, indem man zuerst eine allgemeine Stammfunktion G_c von g bestimmt:

$$G_c(t) = -0,625t^4 + 7,5t^3 - 30t^2 + 90t + c$$

Da zum Zeitpunkt $t = 0$ (Geburt) das Giraffenweibchen eine Größe von $1,80\,\text{m} = 180\,\text{cm}$ hat, muss gelten: $G(0) = 180$.

Damit kann man c bestimmen:

$$\begin{aligned} \mathrm{G}_c(0) &= 180 \\ -0{,}625 \cdot 0^4 + 7{,}5 \cdot 0^3 - 30 \cdot 0^2 + 90 \cdot 0 + c &= 180 \\ c &= 180 \end{aligned}$$

Somit ergibt sich für die Größe des Giraffenweibchens folgende Funktionsgleichung:

$$\mathrm{G}(t) = -0{,}625t^4 + 7{,}5t^3 - 30t^2 + 90t + 180$$

1.6 Der Graph von G ist monoton steigend, falls $\mathrm{G}'(t) \geqslant 0$ ist.
Da der Graph von g im betrachteten Intervall nie unterhalb der t-Achse verläuft, gilt: $g(t) \geqslant 0$.
Da $g(t)$ die Wachstumsgeschwindigkeit von G beschreibt, ist wegen $\mathrm{G}'(t) = g(t) \geqslant 0$ der Graph der Funktion G monoton steigend.
Der Graph einer Funktion besitzt Wendepunkte an den Stellen, an denen der Graph seiner Ableitungsfunktion (lokale) Extrempunkte hat.
Da der Graph von g zwei (lokale) Extrempunkte hat und g die Ableitungsfunktion von G ist, besitzt der Graph von G zwei Wendepunkte.

2 Es ist $f_a(t) = a \cdot g(t)$.

2.1 Wegen $f_a(t) = a \cdot g(t)$ wird der Graph von g in y-Richtung mit dem Faktor a für $a > 1$ gestreckt. Falls $a < 1$ ist, wird der Graph von g gestaucht. Für $a = 1$ wird der Graph von g nicht verändert.
Für $a > 1$ wächst das Giraffenmännchen stärker als das Giraffenweibchen.

2.2 Da der Parameter a nur eine Streckung oder Stauchung des Graphen von g in y-Richtung bewirkt, haben alle Wendepunkte der Graphen von f_a dieselbe Wendestelle wie g. Die y-Werte der Wendepunkte der Graphen von f_a sind hingegen a-mal so groß wie der y-Wert des Wendepunkts des Graphen von g. Somit liegen alle Wendepunkte der Schar f_a auf einer zur y-Achse parallelen Geraden durch den Wendepunkt von g.

2.3 Durch Zeile (1)

$$\int_0^6 a \cdot g(t)\mathrm{d}t = 600 - 195 = 405$$

wird der Größenzuwachs des Giraffenmännchens während der Wachstumsphase von der Geburt bis sechs Jahre nach der Geburt berechnet. Der Längenzuwachs des Giraffenmännchens beträgt 405 cm.
Durch Zeile (2)

$$\int_0^6 g(t)\mathrm{d}t = 450 - 180 = 270$$

wird der Größenzuwachs des Giraffenweibchens während der Wachstumsphase von der Geburt bis sechs Jahre nach der Geburt berechnet. Der Längenzuwachs des Giraffenweibchens beträgt 270 cm.

Um zu zeigen, dass $a = 1,5$ gelten muss, löst man die Gleichung in Zeile (3) nach a auf und verwendet die Ergebnisse aus den Zeilen (1) und (2):

$$\int_0^6 a \cdot g(t)\mathrm{d}t = a \cdot \int_0^6 g(t)\mathrm{d}t$$
$$405 = a \cdot 270$$
$$\frac{405}{270} = a$$
$$a = 1,5$$

Wegen $a = 1,5 \hat{=} 150\%$ ist die Wachstumsgeschwindigkeit des Männchens um 50% größer als die des Weibchens.

3 Es ist $\mathrm{D}(t) = -0,3125t^4 + 3,75t^3 - 15t^2 + 45t + 15$.

Den Wert des angegebenen Integrals erhält man mithilfe des Taschenrechners:

$$\int_0^6 \mathrm{D}(t)\mathrm{d}t = 549 \text{ (WTR)}$$

Wegen $\int_0^6 \mathrm{D}(t)\mathrm{d}t = m \cdot 6$ kann man die Gleichung nach m auflösen:

$$549 = m \cdot 6 \Rightarrow m = \frac{549}{6} = 91,5$$

Damit beträgt die Höhe des Rechtecks $m = 91,5$.

Durch die Umwandlung in ein flächengleiches Rechteck wird durch m der mittlere Größenunterschied bestimmt.

Somit beträgt der durchschnittliche Größenunterschied zwischen Giraffenmännchen und Giraffenweibchen in den ersten sechs Jahren nach der Geburt 91,5 cm.

Aufgabe C1 (WTR CAS)

1.1 Da die Grundfläche ABCD quadratisch ist und einen Flächeninhalt von $36\,\text{m}^2$ hat, beträgt die Länge einer Seite der Grundfläche 6m. Da sich die Grundfläche ABCD des Turms 7m unter der Wasseroberfläche befindet, haben die Punkte A und B die Koordinaten $A(0 \mid 0 \mid -7)$ und $B(6 \mid 0 \mid -7)$.
Da die quadratische Säule eine Höhe von 22m hat, haben die Punkte G und H die Koordinaten $G(6 \mid 6 \mid 15)$ und $H(0 \mid 6 \mid 15)$.
Da sich die Spitze S 9m über dem Mittelpunkt der Fläche EFGH befindet, hat der Punkt S die Koordianten $S(3 \mid 3 \mid 24)$.

1.2 Den Flächeninhalt $A_{\text{Dachfläche}}$ der Dachfläche erhält man, indem man zuerst die Fläche eines Seitenflächendreiecks mit der Formel $A_\triangle = \frac{1}{2} \cdot a \cdot h_S$ berechnet.

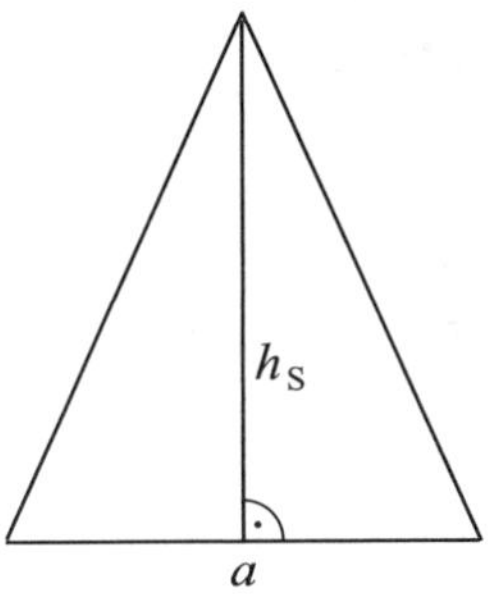

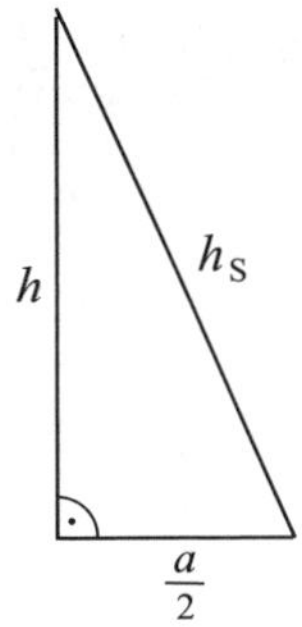

Die Seitenflächenhöhe h_S erhält man mit dem Satz des Pythagoras. Mit $h = 9$ und $\frac{a}{2} = 3$ ergibt sich:

$$h_S^2 = h^2 + \left(\frac{a}{2}\right)^2$$
$$h_S^2 = 9^2 + 3^2$$
$$h_S^2 = 90$$
$$h_S = \sqrt{90}$$

Damit ergibt sich:

$$A_\triangle = \frac{1}{2} \cdot a \cdot h_S = \frac{1}{2} \cdot 6 \cdot \sqrt{90} = 3 \cdot \sqrt{90} \approx 28,46$$

und

$$A_{\text{Dachfläche}} = 4 \cdot A_\triangle = 4 \cdot 3 \cdot \sqrt{90} \approx 4 \cdot 28,46 = 113,84$$

Der Flächeninhalt der Dachfläche beträgt etwa $113,84\,\text{m}^2$.

2.1 Für den Roboter R1 ergibt sich die Gerade g_1, die durch $P_1(24 \mid 8 \mid -1)$ und $P_2(20 \mid 5 \mid -3)$ verläuft, mit der Gleichung:

$$g_1: \vec{x} = \overrightarrow{OP_1} + r \cdot \overrightarrow{P_1P_2} = \begin{pmatrix} 24 \\ 8 \\ -1 \end{pmatrix} + r \cdot \begin{pmatrix} -4 \\ -3 \\ -2 \end{pmatrix}$$

Für den Roboter R2 ergibt sich die Gerade g_2, die durch $Q_1(15 \mid 0 \mid -5,5)$ und $Q_2(9 \mid -2 \mid -8,5)$ verläuft, mit der Gleichung:

$$g_2: \vec{x} = \overrightarrow{OQ_1} + s \cdot \overrightarrow{Q_1Q_2} = \begin{pmatrix} 15 \\ 0 \\ -5,5 \end{pmatrix} + s \cdot \begin{pmatrix} -6 \\ -2 \\ -3 \end{pmatrix}$$

2.2 Die Koordinaten des Schnittpunkts T der beiden Geraden g_1 und g_2 erhält man durch Gleichsetzen:

$$\begin{pmatrix} 24 \\ 8 \\ -1 \end{pmatrix} + r \cdot \begin{pmatrix} -4 \\ -3 \\ -2 \end{pmatrix} = \begin{pmatrix} 15 \\ 0 \\ -5,5 \end{pmatrix} + s \cdot \begin{pmatrix} -6 \\ -2 \\ -3 \end{pmatrix}$$

Dies führt zu folgendem Gleichungssystem:

$$\begin{array}{lrcrcrcr} \text{I} & 24 & - & 4r & = & 15 & - & 6s \\ \text{II} & 8 & - & 3r & = & & - & 2s \\ \text{III} & -1 & - & 2r & = & -5,5 & - & 3s \end{array}$$

bzw.

$$\begin{array}{lrcrcr} \text{I} & 6s & - & 4r & = & -9 \\ \text{II} & 2s & - & 3r & = & -8 \\ \text{III} & 3s & - & 2r & = & -4,5 \end{array}$$

Mithilfe des Taschenrechners erhält man daraus die Lösungen $r = 3$ und $s = 0,5$.
Setzt man $r = 3$ und $s = 0,5$ in g_1 bzw. g_2 ein, ergibt sich:

$$\vec{t} = \begin{pmatrix} 24 \\ 8 \\ -1 \end{pmatrix} + 3 \cdot \begin{pmatrix} -4 \\ -3 \\ -2 \end{pmatrix} = \begin{pmatrix} 12 \\ -1 \\ -7 \end{pmatrix}$$

$$\vec{t} = \begin{pmatrix} 15 \\ 0 \\ -5,5 \end{pmatrix} + 0,5 \cdot \begin{pmatrix} -6 \\ -2 \\ -3 \end{pmatrix} = \begin{pmatrix} 12 \\ -1 \\ -7 \end{pmatrix}$$

Somit hat der Schnittpunkt der beiden Geraden die Koordinaten $T(12 \mid -1 \mid -7)$.

2.3 Wenn T zwischen P_1 und P_2 liegen würde, so müsste für den Parameter r gelten: $0 < r < 1$. Wegen $r = 3$ ist dies aber nicht der Fall, so dass T nicht zwischen P_1 und P_2 liegt.
Wegen $s = 0,5$ liegt der Punkt T in der Mitte von Q_1 und Q_2.
Wenn der Tauchroboter R2 am Schnittpunkt T angelangt ist, befindet sich der Tauchroboter R1 in der Mitte (Punkt U) zwischen P_1 und P_2.

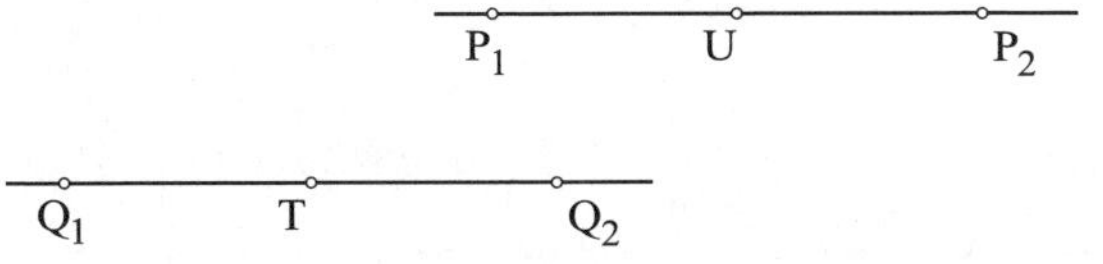

Damit erhält man die Koordinaten von U, indem man den Mittelpunkt von P_1 und P_2 bestimmt:

$$\overrightarrow{OU} = \overrightarrow{OP_1} + 0,5 \cdot \overrightarrow{P_1P_2} = \begin{pmatrix} 24 \\ 8 \\ -1 \end{pmatrix} + 0,5 \cdot \begin{pmatrix} -4 \\ -3 \\ -2 \end{pmatrix} = \begin{pmatrix} 22 \\ 6,5 \\ -2 \end{pmatrix}$$

Somit hat der Punkt U die Koordinaten $U(22 \mid 6,5 \mid -2)$.

2.4 Den Winkel α zwischen den beiden Vektoren $\vec{n} = \begin{pmatrix} 0 \\ 0 \\ -1 \end{pmatrix}$ und $\overrightarrow{P_1P_2}$ erhält man mit der Formel $\cos(\alpha) = \frac{\vec{n} \cdot \overrightarrow{P_1P_2}}{|\vec{n}| \cdot \left|\overrightarrow{P_1P_2}\right|}$:

$$\cos(\alpha) = \frac{\vec{n} \cdot \overrightarrow{P_1P_2}}{|\vec{n}| \cdot \left|\overrightarrow{P_1P_2}\right|}$$

$$\cos(\alpha) = \frac{\begin{pmatrix} 0 \\ 0 \\ -1 \end{pmatrix} \cdot \begin{pmatrix} -4 \\ -3 \\ -2 \end{pmatrix}}{\left|\begin{pmatrix} 0 \\ 0 \\ -1 \end{pmatrix}\right| \cdot \left|\begin{pmatrix} -4 \\ -3 \\ -2 \end{pmatrix}\right|}$$

$$\cos(\alpha) = \frac{0 \cdot (-4) + 0 \cdot (-3) + (-1) \cdot (-2)}{\sqrt{0^2 + 0^2 + (-1)^2} \cdot \sqrt{(-4)^2 + (-3)^2 + (-2)^2}}$$

$$\cos(\alpha) = \frac{2}{1 \cdot \sqrt{29}}$$

$$\alpha = \cos^{-1}\left(\frac{2}{\sqrt{29}}\right)$$

$$\alpha \approx 68,20^\circ$$

Der Winkel zwischen $\vec{n}$ und $\overrightarrow{P_1P_2}$ beträgt etwa $68,2^\circ$.

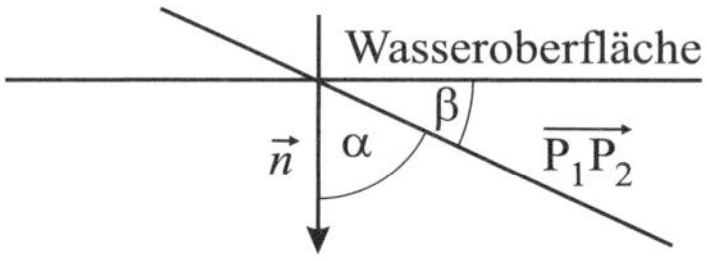

Anhand der Zeichnung kann man erkennen, dass der Winkel β derjenige Winkel ist, unter dem sich der Tauchroboter R1 in Bezug zur Wasseroberfläche nach unten bewegt.

2.5 Es ist $R1: \vec{x} = \begin{pmatrix} 15 \\ -22 \\ -2 \end{pmatrix} + t \cdot \begin{pmatrix} -7 \\ 11 \\ -3 \end{pmatrix}$ und $R2: \vec{x} = \begin{pmatrix} 27 \\ -6 \\ -6 \end{pmatrix} + t \cdot \begin{pmatrix} -10 \\ 7 \\ -2 \end{pmatrix}$ für $t \geqslant 0$.

Da die gegebene Vektorgleichung die Lösung $t = 4$ besitzt, haben die beiden Tauchbahnen von R1 und R2 für denselben Zeitpunkt t einen Schnittpunkt Z.
Somit kollidieren die beiden Tauchroboter vier Minuten nach dem (durch $t = 0$ beschriebenen) Zeitpunkt.

3.1 Die Ebene N enthält die Punkte $N_1(-19 \mid -5 \mid -5{,}5)$, $N_2(-23 \mid -7 \mid -1{,}5)$ und $N_3(-16 \mid -3 \mid -5{,}5)$. Sie hat beispielsweise den Stützpunkt N_1 und die beiden Spannvektoren

$$\overrightarrow{N_1N_2} = \begin{pmatrix} -4 \\ -2 \\ 4 \end{pmatrix} = -2 \cdot \begin{pmatrix} 2 \\ 1 \\ -2 \end{pmatrix} \text{ und } \overrightarrow{N_1N_3} = \begin{pmatrix} 3 \\ 2 \\ 0 \end{pmatrix}$$

Damit hat N die Parametergleichung:

$$N: \vec{x} = \begin{pmatrix} -19 \\ -5 \\ -5{,}5 \end{pmatrix} + s \cdot \begin{pmatrix} 2 \\ 1 \\ -2 \end{pmatrix} + t \cdot \begin{pmatrix} 3 \\ 2 \\ 0 \end{pmatrix}; \; s, t \in \mathbb{R}$$

Einen Normalenvektor $\vec{n}$ von N erhält man mithilfe des Vektorprodukts (siehe Seite 50) der verkürzten Spannvektoren:

$$\begin{pmatrix} 2 \\ 1 \\ -2 \end{pmatrix} \times \begin{pmatrix} 3 \\ 2 \\ 0 \end{pmatrix} = \begin{pmatrix} 4 \\ -6 \\ 1 \end{pmatrix} \Rightarrow \vec{n} = \begin{pmatrix} 4 \\ -6 \\ 1 \end{pmatrix}$$

Alternativ kann man $\vec{n}$ auch mithilfe des Skalarprodukts bestimmen, da $\vec{n}$ auf beiden verkürzten Spannvektoren senkrecht steht. Damit gilt:

$$\begin{pmatrix} n_x \\ n_y \\ n_z \end{pmatrix} \cdot \begin{pmatrix} 2 \\ 1 \\ -2 \end{pmatrix} = 0 \text{ und } \begin{pmatrix} n_x \\ n_y \\ n_z \end{pmatrix} \cdot \begin{pmatrix} 3 \\ 2 \\ 0 \end{pmatrix} = 0$$

Daraus ergibt sich das lineare Gleichungssystem:

$$\begin{array}{lccccccc} \text{I} & 2 \cdot n_x & + & n_y & - & 2 \cdot n_z & = & 0 \\ \text{II} & 3 \cdot n_x & + & 2 \cdot n_y & + & 0 & = & 0 \end{array}$$

Wählt man in Gleichung II geschickterweise $n_x = 2$, ergibt sich:

$$3 \cdot 2 + 2n_y = 0 \Rightarrow n_y = -3$$

Setzt man $n_x = 2$ und $n_y = -3$ in Gleichung I ein, ergibt sich:

$$2 \cdot 2 - 3 - 2n_z = 0 \Rightarrow n_z = 0,5$$

Damit ergibt sich ein Normalenvektor $\begin{pmatrix} 2 \\ -3 \\ 0,5 \end{pmatrix}$ oder $\vec{n} = \begin{pmatrix} 4 \\ -6 \\ 1 \end{pmatrix}$.

Die Ebene N hat mit $\vec{n} = \begin{pmatrix} 4 \\ -6 \\ 1 \end{pmatrix}$ die Form:

$$\mathrm{N}: 4x - 6y + z = d$$

Die Koordinatengleichung von N erhält man, indem man z.B. die Koordinaten des Punktes $\mathrm{N}_1(-19 \mid -5 \mid -5,5)$ in obige Gleichung einsetzt und so die Konstante d bestimmt:

$$4 \cdot (-19) - 6 \cdot (-5) + (-5,5) = d \Rightarrow d = -51,5$$

Somit hat die Ebene N die Koordinatengleichung $\mathrm{N}\colon 4x - 6y + z = -51,5$. Verdoppelt man diese Gleichung erhält man die als Zwischenergebnis angegebene Gleichung.

3.2 Um zu zeigen, dass die Sensoren im Punkt $\mathrm{P}_3(-9 \mid 6 \mid -6)$ keinen Alarm auslösen, berechnet man den Abstand d von P_3 zur Ebene N mit der Gleichung $\mathrm{N}\colon 8x - 12y + 2z = -103$.

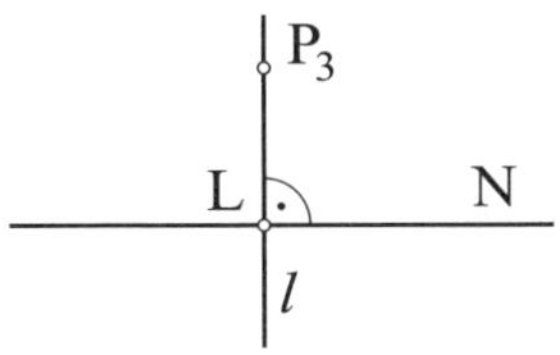

Dazu stellt man zuerst die Gleichung einer Lotgeraden l auf, die durch P_3 und orthogonal zu N verläuft. Als Richtungsvektor von l verwendet man den Normalenvektor $\vec{n} = \begin{pmatrix} 8 \\ -12 \\ 2 \end{pmatrix}$ von N. Damit ergibt sich:

$$l\colon \vec{x} = \begin{pmatrix} -9 \\ 6 \\ -6 \end{pmatrix} + t \cdot \begin{pmatrix} 8 \\ -12 \\ 2 \end{pmatrix}$$

Die Koordinaten des Schnittpunkts L von l und N erhält man, indem man den allgemeinen

Punkt $P_t(-9+8t \mid 6-12t \mid -6+2t)$ von l in die Gleichung von N einsetzt:

$$\begin{aligned} 8\cdot(-9+8t)-12\cdot(6-12t)+2\cdot(-6+2t) &= -103 \\ -72+64t-72+144t-12+4t &= -103 \\ 212t &= 53 \\ t &= \frac{1}{4} \end{aligned}$$

Setzt man $t=\frac{1}{4}$ in P_t ein, ergibt sich: $L(-7 \mid 3 \mid -5,5)$.
Der Abstand d von P_3 zu N ist gleich groß wie der Abstand von L zu P_3. Diesen erhält man, indem man den Betrag des zugehörigen Verbindungsvektors berechnet:

$$\mathrm{d}=\overline{\mathrm{LP_3}}=\left|\overrightarrow{\mathrm{LP_3}}\right|=\left|\begin{pmatrix}-2\\3\\0,5\end{pmatrix}\right|=\sqrt{(-2)^2+3^2+(-0,5)^2}=\sqrt{13,25}\approx 3,64>2$$

Der Abstand von P_3 zur Ebene E beträgt etwa $3,64\,\mathrm{m}$.
Da dieser Abstand größer als zwei Meter ist, lösen die Sensoren im Punkt P_3 keinen Alarm aus.

Aufgabe C 2.1 (WTR CAS)

1.1 Legt man X als Zufallsvariable für die Anzahl der defekten Geräte fest, so ist X binomialverteilt mit den Parametern $n = 500$ und $p = 0,03$.
Die Wahrscheinlichkeit für das Ereignis A: «Von 500 zufällig ausgewählten Geräten sind genau 10 defekt.» erhält man mithilfe der Binomialverteilung:

$$P(A) = P(X = 10) = B(500; 0,03; 10) \approx 0,048 = 4,8\%$$

frv.tv/ci

Legt man Y als Zufallsvariable für die Anzahl der defekten Geräte fest, so ist Y binomialverteilt mit den Parametern $n = 750$ und $p = 0,03$. Die Wahrscheinlichkeit für das Ereignis B: «Von 750 zufällig ausgewählten Geräten sind maximal 25 defekt.» erhält man mithilfe der kumulierten Binomialverteilung:

$$P(B) = P(Y \leqslant 25) = F(750; 0,03; 25) \approx 0,746 = 74,6\%$$

frv.tv/ci

Legt man Z als Zufallsvariable für die Anzahl der funktionierenden Geräte fest, so ist Z binomialverteilt mit den Parametern $n = 400$ und $p = 1 - 0,03 = 0,97$.
Die Wahrscheinlichkeit für das Ereignis C: «Von 400 zufällig ausgewählten Geräten funktionieren mindestens 381 einwandfrei.» erhält man mithilfe der kumulierten Binomialverteilung und der Wahrscheinlichkeit des Gegenereignisses:

$$P(C) = P(Z \geqslant 381) = 1 - P(Z \leqslant 380) = 1 - F(400; 0,97; 380) \approx 1 - 0,020 = 0,980 = 98,0\%$$

frv.tv/ci

Alternativ kann man auch mit dem Gegenereignis rechnen, dann ist Z Zufallsvariable für die Anzahl der defekten Geräte. Z ist dann binomialverteilt mit den Parametern $n = 400$ und $p = 0,03$. Die Wahrscheinlichkeit für das Ereignis C: «Von 400 zufällig ausgewählten Geräten sind maximal 19 defekt.», erhält man mithilfe der kumulierten Binomialverteilung:

$$P(C) = P(Z \leqslant 19) = F(400; 0,03; 19) \approx 0,980 = 98,0\%$$

frv.tv/ci

1.2 Legt man X als Zufallsvariable für die Anzahl der defekten Geräte fest, so ist X binomialverteilt mit den Parametern $n = 100$ und $p = 0,03$. Damit gilt:

$$\begin{aligned} P(D) &= \binom{100}{3} \cdot 0,03^3 \cdot 0,97^{100-3} + \binom{100}{4} \cdot 0,03^4 \cdot 0,97^{100-4} + \binom{100}{5} \cdot 0,03^5 \cdot 0,97^{100-5} \\ &= P(X = 3) + P(X = 4) + P(X = 5) \end{aligned}$$

Somit lautet das Ereignis D: «Von 100 zufällig ausgewählten Geräten sind mindestens drei aber höchstens fünf defekt.».

1.3 Legt man X als Zufallsvariable für die Anzahl der defekten Geräte fest, so ist X binomialverteilt mit den Parametern n (unbekannt) und $p = 0,03$. Um die Anzahl der Geräte zu berechnen, die man mindestens überprüfen muss, um mit einer Wahrscheinlichkeit von mindestens 99% mindestens ein defektes Gerät zu erhalten, löst man folgende Ungleichung nach n auf:

$$
\begin{aligned}
P(X \geqslant 1) &\geqslant 0,99 \\
1 - P(X = 0) &\geqslant 0,99 \\
0,01 &\geqslant P(X = 0) \\
0,01 &\geqslant \binom{n}{0} \cdot 0,03^0 \cdot 0,97^{n-0} \\
0,01 &\geqslant 0,97^n \\
\log_{0,97}(0,01) &\leqslant n \cdot \log_{0,97}(0,97) \\
\log_{0,97}(0,01) &\leqslant n \\
151,2 &\leqslant n
\end{aligned}
$$

Somit müssen mindestens 152 Geräte überprüft werden.

1.4 Legt man X als Zufallsvariable für die Anzahl der defekten Geräte fest, so ist X binomialverteilt mit den Parametern $n = 300$ und $p = 0,03$.
Den Erwartungswert für die Anzahl der defekten Geräte erhält man mithilfe der Formel $E(X) = \mu = n \cdot p$:

$$E(X) = \mu = n \cdot p = 300 \cdot 0,03 = 9$$

Der gesuchte Erwartungswert beträgt 9.

1.5 Mithilfe eines geeigneten Hypothesentests soll überprüft werden, ob sich der Anteil der defekten Geräte verringert hat. Da vermutet wird, dass der Anteil gesunken ist, lautet die Alternativhypothese: $H_1: p < 0,03$. Die zugehörige Nullhypothese lautet: $H_0: p \geqslant 0,03$. Wegen $H_1: p < 0,03$ handelt es sich um einen linksseitigen Test mit dem Ablehnungsbereich $\overline{A} = \{0, \ldots k\}$ und dem Signifikanzniveau (maximale Irrtumswahrscheinlichkeit) $\alpha \leqslant 5\,\%$. Legt man X als Zufallsvariable für die Anzahl der defekten Geräte fest, so ist X binomialverteilt mit den Parametern $n = 300$ und $p = 0,03$.
Es ist also ein maximales $k \in \mathbb{N}$ so zu bestimmen, dass gilt: $P\left(X \in \overline{A}\right) \leqslant \alpha$ bzw. $P(X \leqslant k) \leqslant 0,05$. Mithilfe der Wahrscheinlichkeit der kumulierten Binomialverteilung unter Verwendung des Taschenrechners ergibt sich:

frv.tv/cl

$$
\begin{aligned}
P(X \leqslant 4) &= F_{300;\,0,03}(4) \approx 0,052 \\
P(X \leqslant 3) &= F_{300;\,0,03}(3) \approx 0,020
\end{aligned}
$$

Somit ist $k = 3$ das maximale k und man erhält den Ablehnungsbereich der Nullhypothese: $\overline{A} = \{0, \ldots, 3\}$.
Damit ergibt sich folgende Entscheidungsregel:
Wenn unter den 300 zufällig ausgewählten Geräten höchstens drei Geräte defekt sind, ist die Nullhypothese zu verwerfen, d.h. der Anteil der Geräte, die defekt sind, ist mit einer Irrtumswahrscheinlichkeit von höchstens 5% unter 3% gesunken.

2.1 Man bezeichnet mit W: Eine Person ist in der Werbeabteilung tätig und mit Z: Eine Person ist mit ihrem Gehalt zufrieden.
Da 77% aller Beschäftigten mit der Höhe ihres Gehalts zufrieden sind, gilt: $P(Z) = 0,77$.
Da 12% aller Beschäftigten der Werbeabteilung angehören, gilt: $P(W) = 0,12$.
Da 5% aller Beschäftigten in der Werbeabetilung tätig sind und nicht zufrieden mit der Höhe ihres Gehalts sind, gilt: $P\left(W \cap \overline{Z}\right) = 0,05$. Durch Differenzen- und Summenbildung erhält man folgende Vierfeldertafel:

	Z	$\overline{Z}$	
W	0,07	0,05	0,12
$\overline{W}$	0,70	0,18	0,88
	0,77	0,23	1

2.2 Um zu untersuchen, ob der Anteil der Beschäftigten, die mit ihrem Gehalt nicht zufrieden sind, in der Werbeabteilung größer ist als im übrigen Unternehmen, verwendet man die bedingte Wahrscheinlichkeit. Den Anteil der Beschäftigten der Werbeabteilung, die mit ihrem Gehalt nicht zufrieden sind, erhält man durch:

$$P_W\left(\overline{Z}\right) = \frac{P\left(W \cap \overline{Z}\right)}{P(W)} = \frac{0,05}{0,12} \approx 0,417 = 41,7\%$$

Den Anteil der nicht in der Werbeabteilung Beschäftigten, die mit ihrem Gehalt nicht zufrieden sind, erhält man durch:

$$P_{\overline{W}}\left(\overline{Z}\right) = \frac{P\left(\overline{W} \cap \overline{Z}\right)}{P\left(\overline{W}\right)} = \frac{0,18}{0,88} \approx 0,205 = 20,5\%$$

Wegen $P_W\left(\overline{Z}\right) > P_{\overline{W}}\left(\overline{Z}\right)$ ist der Anteil der Beschäftigten, die mit ihrem Gehalt nicht zufrieden sind, in der Werbeabteilung größer als im übrigen Unternehmen.

2.3 Legt man X als Zufallsvariable für die Anzahl der Beschäftigten, die mit ihrem Gehalt zufrieden sind, fest, so ist X binomialverteilt mit den Parametern $n = 500$ und $p = 0,77$. Die Wahrscheinlichkeit für das Ereignis E, dass sich unter 500 zufällig ausgewählten Beschäftigten mehr als 400 befinden, die mit ihrem Gehalt zufrieden sind, erhält man mithilfe der kumulierten Binomialverteilung und der Wahrscheinlichkeit des Gegenereignisses:

$$P(E) = P(X > 400) = 1 - P(X \leqslant 400) = 1 - F(500; 0,77; 400) \approx 1 - 0,952 = 0,048 = 4,8\%$$

frv.tv/ci

Die Wahrscheinlichkeit für das Ereignis E beträgt etwa 4,8 %.

2.4 Legt man Y als Zufallsvariable für die Anzahl der Beschäftigten, die mit ihrem Gehalt nicht zufrieden sind, fest, so ist Y binomialverteilt mit den Parametern $n = 600$ und $p = 0,23$.

Die Bedeutung des angegebenen Terms erhält man durch Umformen:

$$1 - \mathrm{F}(600; 0,23; 400) = 1 - \mathrm{P}(\mathrm{Y} \leqslant 400) = \mathrm{P}(\mathrm{Y} > 400)$$

Somit berechnet man mit dem angegebenen Term die Wahrscheinlichkeit, dass sich unter 600 zufällig ausgewählten Beschäftigten mehr als 400 befinden, die mit ihrem Gehalt nicht zufrieden sind.

2.5 Anhand des gegebenen Baumdiagramms kann man erkennen, dass y für die Befragten, denen die Frage A zugeteilt wurde, den Anteil derjenigen angibt, die mit «Nein» geantwortet haben.

2.6 Um zu zeigen, dass aufgrund des Ergebnisses der Befragung davon auszugehen ist, dass etwa 20% der Beschäftigten beabsichtigen, das Unternehmen innerhalb der nächsten zwölf Monate zu verlassen, vervollständigt man das gegebene Baumdiagramm. Man bezeichnet mit J: Person hat mit «Ja» geantwortet und mit $\overline{\mathrm{J}}$: Person hat mit «Nein» geantwortet. Mit $y = 1 - x$ ergibt sich:

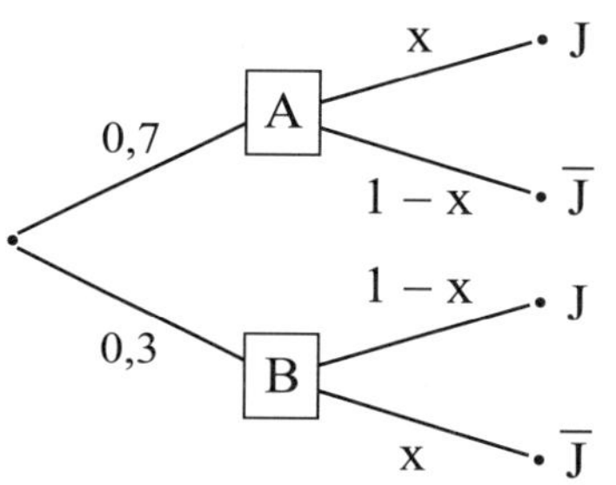

Die Wahrscheinlichkeit, dass mit «Ja» geantwortet wurde, erhält man mithilfe der Pfadregeln in Abhängigkeit von x:

$$\mathrm{P}(\mathrm{J}) = \mathrm{P}(\mathrm{A} \cap \mathrm{J}) + \mathrm{P}(\mathrm{B} \cap \mathrm{J}) = 0,7 \cdot x + 0,3 \cdot (1 - x) = 0,4x + 0,3$$

Da von den 2700 Beschäftigten 1024 mit «Ja» geantwortet haben, kann man die Gleichung $\mathrm{P}(\mathrm{J}) = \frac{1024}{2700}$ nach x auflösen:

$$0,4x + 0,3 = \frac{1024}{2700} \Rightarrow x = \frac{\frac{1024}{2700} - 0,3}{0,4} = \frac{107}{540} \approx 0,198 = 19,8\% \approx 20\%$$

Damit ergibt sich folgendes Baumdiagramm:

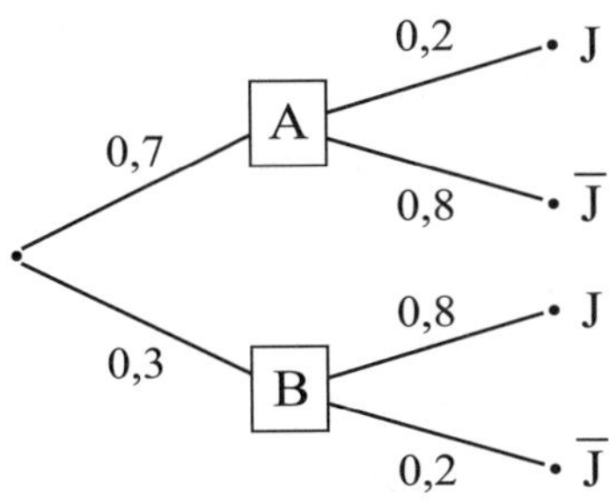

Die Wahrscheinlichkeit P(V), dass ein Beschäftigter innerhalb der nächsten zwölf Monate beabsichtigt, das Unternehmen zu verlassen, erhält man mithilfe der Pfadregeln:

$$P(V) = P(A \cap J) + P\left(B \cap \bar{J}\right) = 0,7 \cdot 0,2 + 0,3 \cdot 0,2 = 0,2 = 20\%$$

Alternativ kann man sich auch überlegen, dass x den Anteil der Beschäftigten angibt, die innerhalb der nächsten zwölf Monate beabsichtigen, das Unternehmen zu verlassen.
Somit beabsichtigen etwa 20% der Beschäftigten, das Unternehmen innerhalb der nächsten zwölf Monate zu verlassen.

2.7 Man bezeichnet mit J: Person hat mit «Ja» geantwortet und mit V: Person beabsichtigt, das Unternehmen innerhalb der nächsten zwölf Monate zu verlassen.
Die Wahrscheinlichkeit dafür, dass eine beschäftigte Person, die mit «Ja» geantwortet hat, beabsichtigt, das Unternehmen innerhalb der nächsten zwölf Monate zu verlassen, erhält man mithilfe der bedingten Wahrscheinlichkeit:

$$P_J(V) = \frac{P(J \cap V)}{P(J)} = \frac{P(A \cap J)}{P(J)} = \frac{0,7 \cdot 0,2}{\frac{1024}{2700}} = \frac{189}{512} \approx 0,369 = 36,9\%$$

Die Wahrscheinlichkeit beträgt etwa 36,9 %.

Aufgabe C 2.2 (WTR CAS)

1.1 Man bezeichnet mit M: Der Berliner ist mit Marmelade gefüllt und mit Z: Der Berliner ist mit Zuckerguss überzogen.
Da 60% der Berliner mit Marmelade gefüllt sind, gilt: $P(M) = 0,6$.
Da 25% der mit Marmelade gefüllten Berliner und 50% der nicht mit Marmelade gefüllten Berliner mit Zuckerguss überzogen sind, gilt: $P_M(Z) = 0,25$ und $P_{\overline{M}}(Z) = 0,5$.
Damit kann man ein Baumdiagramm zeichnen und durch Differenzen- und Summenbildung vervollständigen:

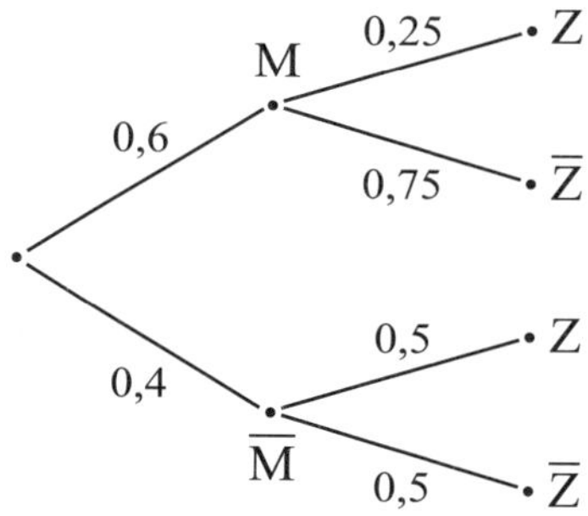

1.2 Der Term $P(M \cap Z)$ beschreibt die Wahrscheinlichkeit, dass ein Berliner mit Marmelade gefüllt ist und mit Zuckerguss überzogen ist. Mithilfe der Pfadregeln erhält man:

$$P(M \cap Z) = 0,6 \cdot 0,25 = 0,15 = 15\%$$

Die Wahrscheinlichkeit beträgt 15%.

1.3 Um zu zeigen, dass insgesamt 35% der Berliner mit Zuckerguss überzogen sind, verwendet man die Pfadregeln:

$$P(Z) = P(M \cap Z) + P\left(\overline{M} \cap Z\right) = 0,6 \cdot 0,25 + 0,4 \cdot 0,5 = 0,35 = 35\%$$

Die Wahrscheinlichkeit beträgt 35%.

1.4 Um zu berechnen, wie groß der Anteil der mit Zuckerguss überzogenen Berliner, die mit Marmelade gefüllt sind, ist, verwendet man die bedingte Wahrscheinlichkeit:

$$P_Z(M) = \frac{P(M \cap Z)}{P(Z)} = \frac{0,15}{0,35} = \frac{3}{7} \approx 0,429 = 42,9\%$$

Die Wahrscheinlichkeit beträgt etwa 42,9 %.

1.5.1 Es handelt sich bei der Entnahme von 10 Berlinern um «Ziehen ohne Zurücklegen», somit ändert sich die Wahrscheinlichkeit für einen mit Marmelade gefüllten Berliner von Zug zu Zug. Ist die Gesamtzahl der Berliner klein, so spielt die Änderung der Wahrscheinlichkeit eine große Rolle. Ist die Gesamtanzahl der Berliner sehr groß, so ändert sich die

Wahrscheinlichkeit von Zug zu Zug kaum. Man kann bei einer sehr großen Gesamtzahl an Berlinern in guter Näherung davon ausgehen, dass die Wahrscheinlichkeit für einen mit Marmelade gefüllten Berliner von Zug zu Zug gleich bleibt, so dass man für die Modellierung eine Bernoulli-Kette verwenden kann.

1.5.2 Legt man X als Zufallsvariable für die Anzahl der mit Marmelade gefüllten Berliner fest, so ist X binomialverteilt mit den Parametern $n = 10$ und $p = 0,6$. Damit kann man den angegebenen Term mithilfe der Bernoulli-Formel umformen:

$$\begin{aligned}
P(E) &= 0,4^{10} + 10 \cdot 0,6 \cdot 0,4^9 + \binom{10}{2} \cdot 0,6^2 \cdot 0,4^8 + \binom{10}{3} \cdot 0,6^3 \cdot 0,4^7 \\
&= \binom{10}{0} \cdot 0,6^0 \cdot 0,4^{10} + \binom{10}{1} \cdot 0,6^1 \cdot 0,4^9 + \binom{10}{2} \cdot 0,6^2 \cdot 0,4^8 + \binom{10}{3} \cdot 0,6^3 \cdot 0,4^7 \\
&= P(X=0) + P(X=1) + P(X=2) + P(X=3) \\
&= P(X \leqslant 3)
\end{aligned}$$

Damit lautet das Ereignis E: «Von 10 zufällig ausgewählten Berlinern sind höchstens drei mit Marmelade gefüllt.».

Die zugehörige Wahrscheinlichkeit erhält man mithilfe der kumulierten Binomialverteilung:

$$P(E) = P(X \leqslant 3) = F(10; 0,6; 3) \approx 0,055 = 5,5\%$$

frv.tv/ci

Die Wahrscheinlichkeit für das Ereignis E beträgt etwa 5,5 %.

1.5.3 Legt man X als Zufallsvariable für die Anzahl der mit Marmelade gefüllten Berliner fest, so ist X binomialverteilt mit den Parametern $n = 10$ und $p = 0,6$.

Die Wahrscheinlichkeit für das Ereignis G: «Genau 6 Berliner sind mit Marmelade gefüllt.» erhält man mithilfe der Binomialverteilung:

$$P(X = 6) = B(10; 0,6; 6) \approx 0,251 = 25,1\%$$

frv.tv/ci

Die Wahrscheinlichkeit für das Ereignis G beträgt etwa 25,1 %.

Die Wahrscheinlichkeit für das Ereignis H: «Mindestens 8 Berliner sind mit Marmelade gefüllt.» erhält man mithilfe der kumulierten Binomialverteilung und der Wahrscheinlichkeit des Gegenereignisses:

$$P(H) = P(X \geqslant 8) = 1 - P(X \leqslant 7) = 1 - F(10; 0,6; 7) \approx 1 - 0,833 = 0,167 = 16,7\%$$

frv.tv/ci

Die Wahrscheinlichkeit für das Ereignis H beträgt etwa 16,7 %.

Den Erwartungswert μ von X erhält man mithilfe der Formel $\mu = n \cdot p$:

$$\mu = n \cdot p = 10 \cdot 0,6 = 6$$

Wenn die Anzahl der mit Marmelade gefüllten Berliner um höchstens 2 vom Erwartungs-

frv.tv/ci

wert abweicht, so gilt: $6-2 \leqslant X \leqslant 6+2$ bzw. $4 \leqslant X \leqslant 8$.
Die Wahrscheinlichkeit für das Ereignis I: «Die Anzahl der mit Marmelade gefüllten Berliner weicht um höchstens 2 vom Erwartungswert ab.» erhält man mithilfe der kumulierten Binomialverteilung:

$$\begin{aligned} P(I) &= P(4 \leqslant X \leqslant 8) \\ &= P(X \leqslant 8) - P(X \leqslant 3) \\ &= F(10;0,6;8) - F(10;0,6;3) \\ &\approx 0,954 - 0,055 = 0,899 = 89,9\% \end{aligned}$$

Die Wahrscheinlichkeit für das Ereignis I beträgt etwa $89,9\,\%$.

2.1 Die Daten von Mitarbeiter A kann man graphisch in einem Säulendiagramm darstellen:

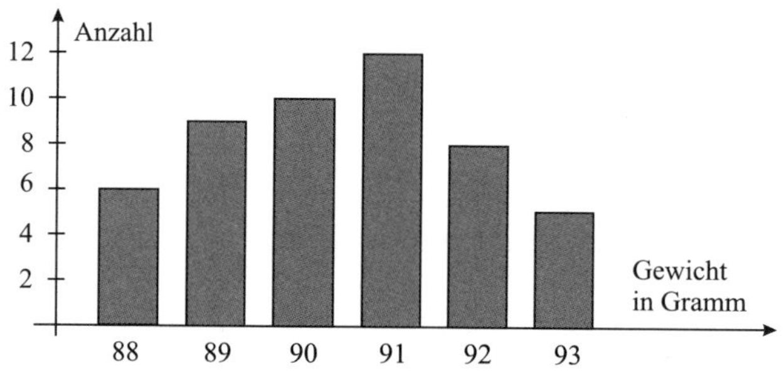

2.2 Den arithmetischen Mittelwert a des Gewichts der Berliner von Mitarbeiter A erhält man, indem man die Anzahlen mit den zugehörigen Gewichten multipliziert, die Ergebnisse addiert und anschließend durch die Gesamtanzahl teilt:

$$a = \frac{6 \cdot 88 + 9 \cdot 89 + 10 \cdot 90 + 12 \cdot 91 + 8 \cdot 92 + 5 \cdot 93}{50} = 90,44$$

Entsprechend erhält man den arithmetischen Mittelwert b des Gewichts der Berliner von Mitarbeiter B:

$$b = \frac{2 \cdot 88 + 5 \cdot 89 + 20 \cdot 90 + 16 \cdot 91 + 6 \cdot 92 + 1 \cdot 93}{50} = 90,44$$

Somit ist der arithmetische Mittelwert des Gewichts der Berliner bei beiden Mitarbeitern jeweils gleich groß.

2.3 Die (empirische) Standardabweichung des Gewichts der Berliner ist bei Mitarbeiter A größer. Dies kann man anhand der Daten daran erkennen, dass bei Mitarbeiter B die meisten Werte in der Nähe des Mittelwerts liegen (viele Berliner mit 90g oder 91g), während bei Mitarbeiter A die Ergebnisse mehr um den Mittelwert streuen (viele Berliner mit 88g, 89g, 92g oder 93g).